高等职业教育机电类专业新形态教材

UG NX12.0产品设计基础教程

主　编　李海波　刘让贤　魏道德

副主编　赵学清　宋　韬　尹子兵　唐美强

参　编　陈　立　董　铭　张舒英　于　宁　于天成

机 械 工 业 出 版 社

本书旨在使读者快速掌握 UG NX12.0 的基础建模功能并快速提高产品设计能力。本书主要内容包括 UG NX12.0 系统环境与基本设置、UG NX12.0 草图设计、基准特征与模型测量、建模基础（一）、建模基础（二）、几何特征的基础操作、工程图设计、装配设计和基础建模应用实例共 9 章，各章既相对独立又构成体系，语言简练、浅显易懂、图文并茂，思路清晰。

本书以步进图例的方式完成对操作过程的介绍，增强了内容的可读性和逻辑性。其次，书中的实例对接实际产品的设计过程，具有很强的实用性，能使读者较快进入设计实战状态。

为便于学习，本书重要知识点和实例均配置了微课资源，扫描书中的二维码即可观看。另外，本书还建有在线开放课程（https://mooc1.chaoxing.com/course/224034584.html），以支撑立体化教学。为便于教学，本书还配套有电子课件、模型源文件等资源，凡使用本书作为教材的教师，登录机械工业出版社教育服务网（http://www.cmpedu.com）注册后可免费下载，咨询电话：010-88379375。

本书可作为高等职业教育专科院校机械类专业或各类培训机构的教学用书，也可供工程技术人员参考。

图书在版编目（CIP）数据

UG NX12.0 产品设计基础教程/李海波，刘让贤，魏道德主编. —北京：机械工业出版社，2023.8（2025.1 重印）
高等职业教育机电类专业新形态教材
ISBN 978-7-111-73448-2

Ⅰ.①U… Ⅱ.①李… ②刘… ③魏… Ⅲ.①工业产品-产品设计-计算机辅助设计-应用软件-高等职业教育-教材 Ⅳ.①TB472-39

中国国家版本馆 CIP 数据核字（2023）第 121673 号

机械工业出版社（北京市百万庄大街 22 号 邮政编码 100037）
策划编辑：王英杰 责任编辑：王英杰
责任校对：韩佳欣 刘雅娜 陈立辉 封面设计：马若濛
责任印制：常天培
固安县铭成印刷有限公司印刷
2025 年 1 月第 1 版第 5 次印刷
184mm×260mm · 13.5 印张 · 332 千字
标准书号：ISBN 978-7-111-73448-2
定价：46.50 元

电话服务 网络服务
客服电话：010-88361066 机 工 官 网：www.cmpbook.com
010-88379833 机 工 官 博：weibo.com/cmp1952
010-68326294 金 书 网：www.golden-book.com
 机工教育服务网：www.cmpedu.com

前　言

本书以高等职业教育专科人才培养目标为依据编写，结合《国家职业教育改革实施方案》(即“职教20条”)《职业院校教材管理办法》等文件要求，以党的二十大报告有关推进产教融合、职业教育数字化的精神为指导，注重教材的基础性、实践性、科学性、先进性和通用性。

本书以UG NX12.0软件为平台，以实例的形式全面讲解了产品设计的流程、方法和技巧。本书主要具有以下特色：

1）以图例形式完成对操作过程的介绍，增强了内容的可读性和逻辑性。

2）详细介绍了UG NX12.0软件基础建模、工程图设计、装配设计的命令工具和相应操作方法，并附有综合实例和习题，辅助操作练习。

3）对重要的知识点配有微课视频，扫描书中二维码即可观看，使读者更直观、详细地看到重点和难点知识的讲解与操作过程。

4）配套资源丰富。本书配有电子课件、模型源文件和在线开放课程，能够支撑立体化教学模式，更加方便教学。

本书由李海波、刘让贤、魏道德任主编，赵学清、宋韬、尹子兵、唐美强任副主编。参编人员还有陈立、董铭、张舒英、于宁和于天成。全书由李海波统稿。

限于编者水平，书中难免存在不足之处，恳请读者批评指正。编者团队期待与各位读者沟通交流，共同进步！

编　者

目　录

第1章　UG NX12.0系统环境与基本设置

1.1　概　　述

UG 软件（现为 NX 软件，为突出沿续性，一般称其为 UG NX 软件）是 Unigraphics Solutions 公司（现已被德国西门子公司收购）的 CAD/CAM/CAE 拳头产品。UG 软件最早应用于美国麦道公司和美国通用汽车公司。它是从三维绘图、数控加工编程、曲面造型等功能发展起来的软件，所以其数控加工功能较强。换句话说，UG 和 Pro/ENGINEER 等软件正好相反，UG 软件的制造模块功能强，但造型设计功能稍弱。

我国有重型制造业、汽车业、航天航空和船舶制造等众多行业，UG NX 软件能够很好地满足这些行业的需求，因此 UG 软件在我国有广泛的市场。

UG NX 软件的发展经历了一个逐渐升级改进的过程。升级到 UG NX12.0 版本之后，相比之前的版本，在操作界面上发生了较大的变化，改变了以往下拉层级式菜单的模式，对各项命令按功能模块进行分类，并以按钮群结合简短名称的方式直观地展示在工具栏区域，用户可以即读即用，极大地优化了用户的体验和使用效率。

针对一些用户习惯使用经典界面的情况，软件设计人员提供了相关的途径。用户需要先创建环境变量，使 UGII_DISPLAY_DEBUG = 1，然后启动软件，新建模型文件，再按图 1-1 所示流程进行操作。

图 1-1　用户界面的更改

1.2 UG NX12.0 工作界面

用户界面是软件与用户进行人机交流的基础，很多用户在使用软件时经常找不到命令的位置，或者学习一段时间后以为自己对软件很熟悉了，当需要完成一些比较复杂的工作任务（如做竞赛真题）时，才发现不能举一反三。这一方面是因为 UG NX 软件的命令设计得多而细，相对其他三维软件，其命令的集成度不是很高，这既是缺点也是优点；另一方面是因为用户对软件界面组成不熟悉，没有整体概念。

通过本章对 UG NX12.0 界面详细的介绍，可以让读者避免或者解决大多数操作界面类的问题。读者只要认清 UG NX 软件的整体组织结构，掌握一些辅助手段（如“命令查找”功能），后续操作时就能得心应手。

UG NX 软件设计有许多不同的模块，可以在不同的工作模式下进行工作。但是，不同工作模式的工作界面基本一致。

在软件界面上依次单击“文件”→“新建”按钮，打开图 1-2 所示界面，在文件定义区输入文件名和文件保存路径（可以单击右侧的文件夹打开按钮进行快捷定义）后，单击下方的“确定”按钮，即可打开图 1-3 所示的 UG NX12.0 主操作窗口。

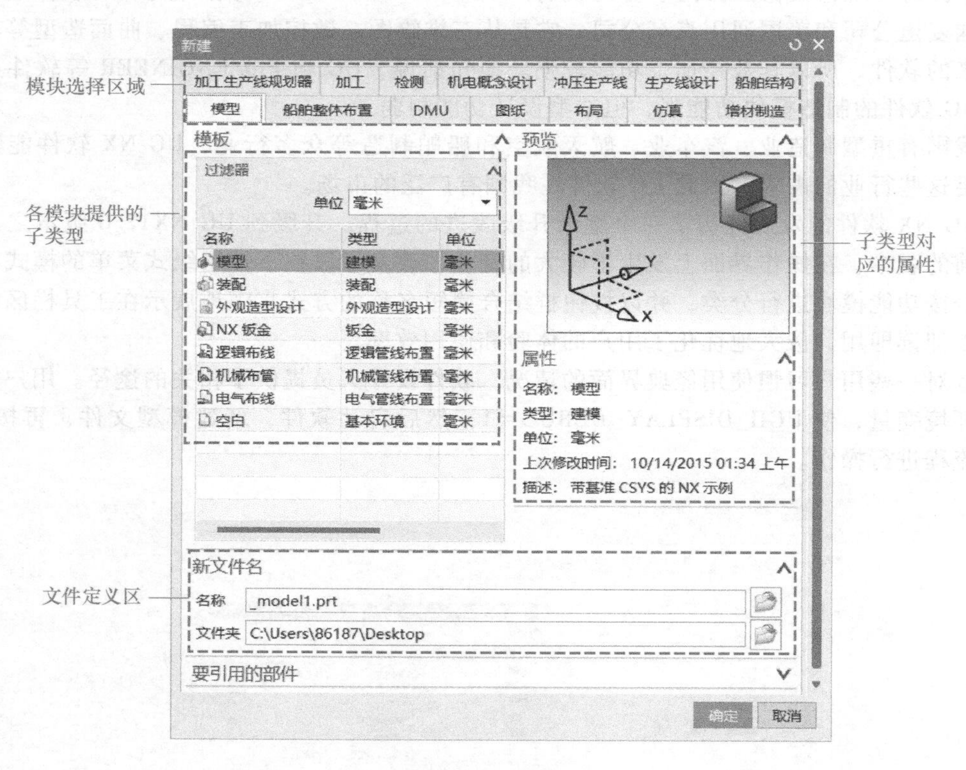

图 1-2 “新建”对话框

不同模块对应的不同子类型下，主操作窗口界面一般有些区别，但是其结构形式基本相同。

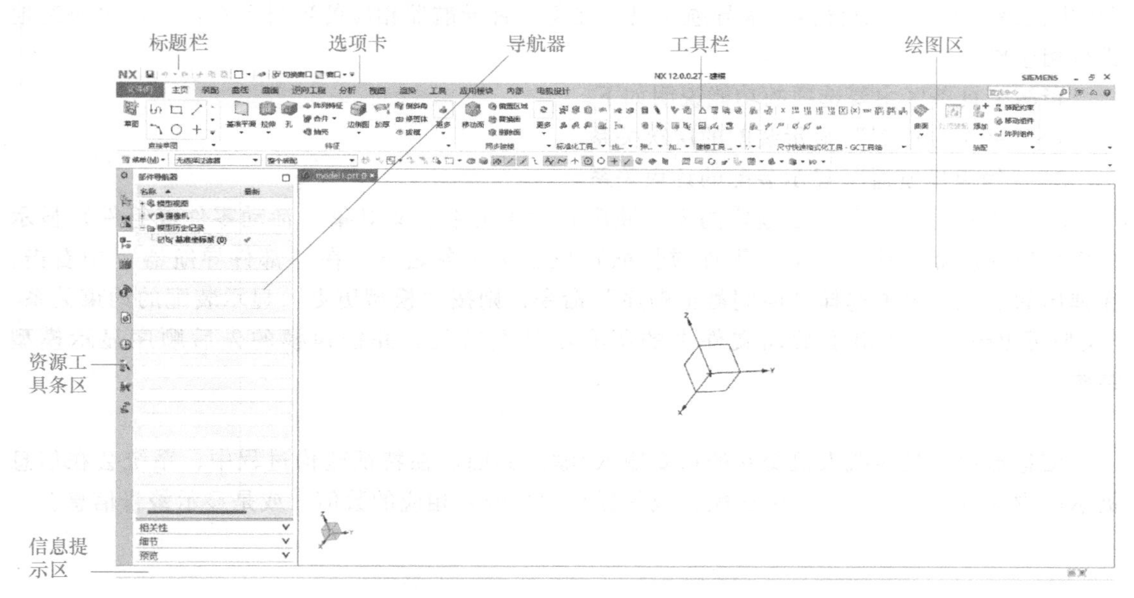

图 1-3　UG NX12.0 的主操作窗口

1. 标题栏

在 UG NX 工作界面中，标题栏的用途与一般 Windows 应用软件的标题栏用途大致相同。在此，标题栏的主要功能用于显示软件版本与使用者应用的模块名称，并显示当前正在操作的文件及状态。

2. 选项卡

选项卡用来控制全局环境的所有命令功能。系统将依各个控制命令的性质分类，将其置于各个功能区中，各功能区对应命令均以按钮的形式呈现。通过选择各选项卡中的命令就可以实现模型建构和控制的大部分功能。

3. 导航器

导航器是让用户管理当前模型的操作及参数的一个树形界面。在导航器的“模型视图”区域可以定义模型的工作视图。值得注意的是，“模型历史记录”区域记录了绘图的详细步骤，双击某绘图步骤可以对其进行再编辑，选中绘图步骤并右击可弹出快捷编辑菜单，通过复选框可控制是否显示该步骤的操作结果。

4. 工具栏

大部分常用特征建模及控制功能的工具命令按钮都放置于工具栏中，其上方的文字显示按钮的类别。单击其中的按钮，可以快速激活相应的功能。工具栏可依照用户的需要定制，对其中的选项进行变更。使用工具栏时，将指针停留在按钮的上方，系统将弹出即时窗口，显现该命令简短的功能说明；在相应的区域中右击，将弹出对应的快捷菜单。

5. 绘图区

绘图区是以窗口的形式呈现的，占据了屏幕的大部分空间。绘图区即 UG NX 的工作区，用于显示绘图后的图素、分析结果、刀具路径结果等。

6. 资源工具条区

资源工具条区包括“装配导航器”“约束导航器”“部件导航器”“Internet Explorer”

“历史记录”和“系统材料”等导航工具。在每一种导航器相应的项目上右击，均可快速地进行相应操作。

资源工具条区主要选项的功能说明如下。

1）“装配导航器”显示装配的层次关系。

2）“约束导航器”显示装配的约束关系。

3）“部件导航器”显示建模的先后顺序和父子关系。父对象（活动零件或组件）显示在模型树的顶部，其子对象（零件或特征）位于父对象之下。在“部件导航器”中右击，在弹出的快捷菜单中选择“时间戳记顺序”命令，则按“模型历史”显示装配的约束关系。“模型历史树”中列出了活动文件中的所有零件及特征，并按建模的先后顺序显示模型结构。

7. 信息提示区

信息提示区是实践人机交互的重要输入/输出界面。在特征建构过程中，系统会在信息提示区中提示用户下一步该怎么做，或是提示用户输入相应的数值，或是显示警告信息。

1.3 UG NX 的文件类型

UG NX 是一个多模块、功能强大的大型软件，集设计、绘图、造型、分析计算等功能于一体，这使其工作文件的类型众多。所谓文件类型即文件的格式。了解软件的文件格式及其所能识别的文件类型，有助于使用者根据具体情况正确地选择与保存文件的格式。

信息补充站

为什么要进行图形文件格式转换？（什么是图形转换格式？）

由于工业设计是由造型、机构、结构、模具、制造等上、下游专业所组成的，而下游专业不可能凭空生成设计图，因此，当上游向下游递交设计图样时，如果上、下游所用的 CAD 软件不一样，就需要进行图形文件格式转换。

为了进行不同 CAD 软件的图形文件格式转换，国际上有以下 4 种常见的图形转换格式标准。

1）IGES（Initial Graphics Exchange Specification）。IGES 为美国国家标准（ANSIY14. 26M），是 CAD/CAM 系统转换的标准格式。

2）STEP（Standard for the Exchange of Product Model Data）。STEP 为国际标准（ISO 10303），是一种独立于系统之外的产品模块转换格式。

3）CGM（Computer Graphics Metafile）。CGM 为国际标准（ISO/IEC 8632：1992 version3），是一种平面图形保存及转换标准。

4）DXF（Drawing Exchange Format）。DXF 是一种业界支持的开放性数据转换格式，用于 CAD 工程图的文件转换。

4 种标准中，比较常用的是 IGES 和 DXF，UG NX 采用的是 IGES。不论哪一种图形格式转换标准，转换后的内容只是能读取的网格面，这些网格面是无法使用软件功能编辑的。此外，转换后必有漏损或破面，漏损的程度视各软件而定。

正因为如此，上、下游专业在做图形文件交流时，如果使用的软件相同，就不需转换，也就避免了因转换而生成的漏损、破面和精度误差，以及后续的修改。

因此，除非可以转成 UG NX 软件可以编辑的特征，否则想将其他 CAD 软件的图形文件（包括 AutoCAD）转到 UG NX 软件来继续编辑，是非常不切实际的！通常只是转换成三维网格面组件的图素而已。

一个软件所能输入或输出的文件类型决定了其与其他软件“交流”的能力，读者需要清楚 UG NX 软件可以将其图形文件转成哪些格式，以及如何与其他 CAD/CAM/CAE 软件进行图形文件转换等知识。UG NX 软件可输入和输出的文件类型如图 1-4 所示。从图中可清楚地知道，UG NX 软件除了自己的工作文件外，还可以读取常用的中间转换格式的图形文件，例如 STEP、IGES；还与某些软件具有良好的兼容性，例如，其可以直接读取 Solid Edge 以及 CATIA 等三维软件保存的文件。

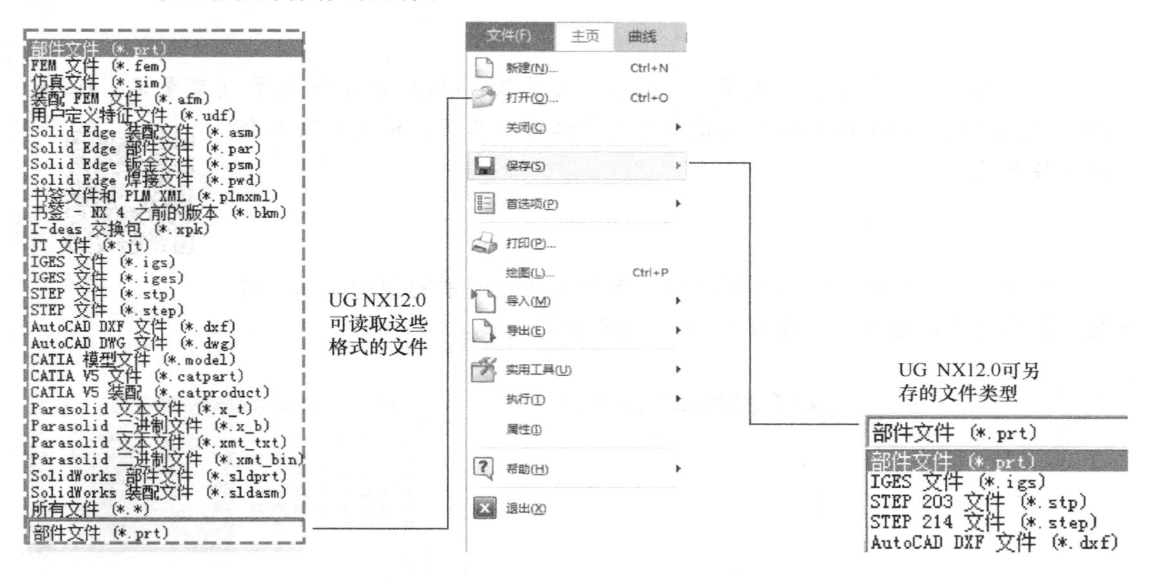

图 1-4　在“文件（F）”菜单中与文件类型有关的选项

1.4　基本的系统环境设置

1.4.1　设置中文界面

1.4.1　设置中文界面

在安装完成 UG NX 软件之后，默认的显示界面为英文，但对于绝大多数我国用户来说，更习惯于中文界面的识别，因此希望将软件界面变更为中文。

部分用户反映，在安装 UG NX 软件时，明明选择的语言是简体中文，为什么安装完成后打开 UG NX 软件仍然显示英文？或者前一天的 UG NX 软件界面显示的还是中文，为何今天就变成了英文？其实要解决上述问题并不难，只需要读者对软件的环境变量进行修改即可。首先在计算机桌面上单击“计算机”（以 Windows 11 系统为例），然后右击并选择“属性”，随后按图 1-5 所示步骤进行操作。

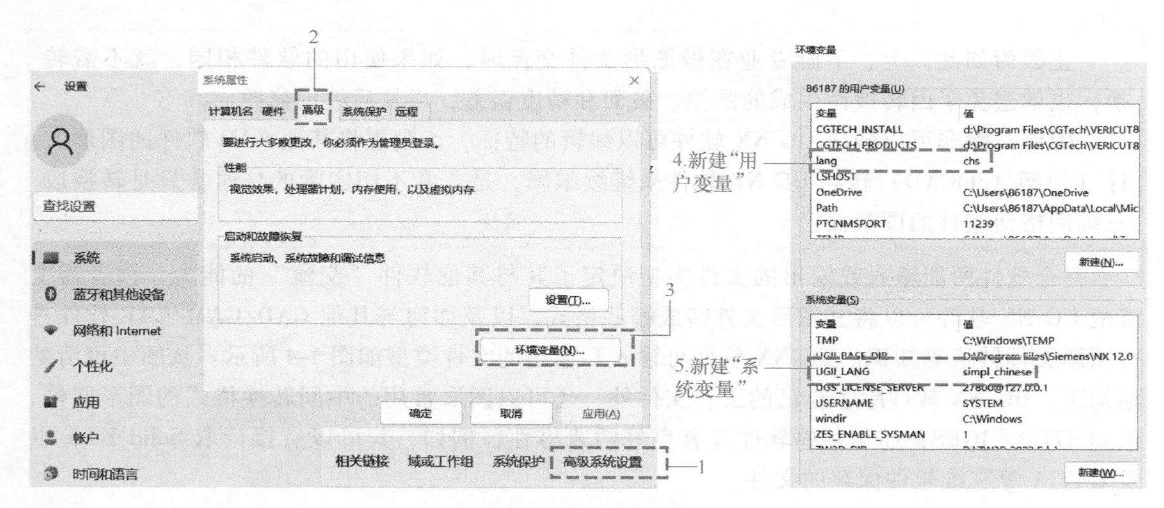

图 1-5　添加环境变量

注意：在建立用户变量（变量名：lang，变量值：chs）和系统变量（变量名：UGII_LANG，变量值：simpl_chinese）的过程中要保证输入正确，错误的输入会导致操作失败。

1.4.2　设置系统背景颜色

1.4.2　设置系统背景颜色

系统背景颜色的整体感观会影响用户在绘图区对图素的识别，如需对系统背景颜色进行更改，可按图 1-6 所示流程进行设置。

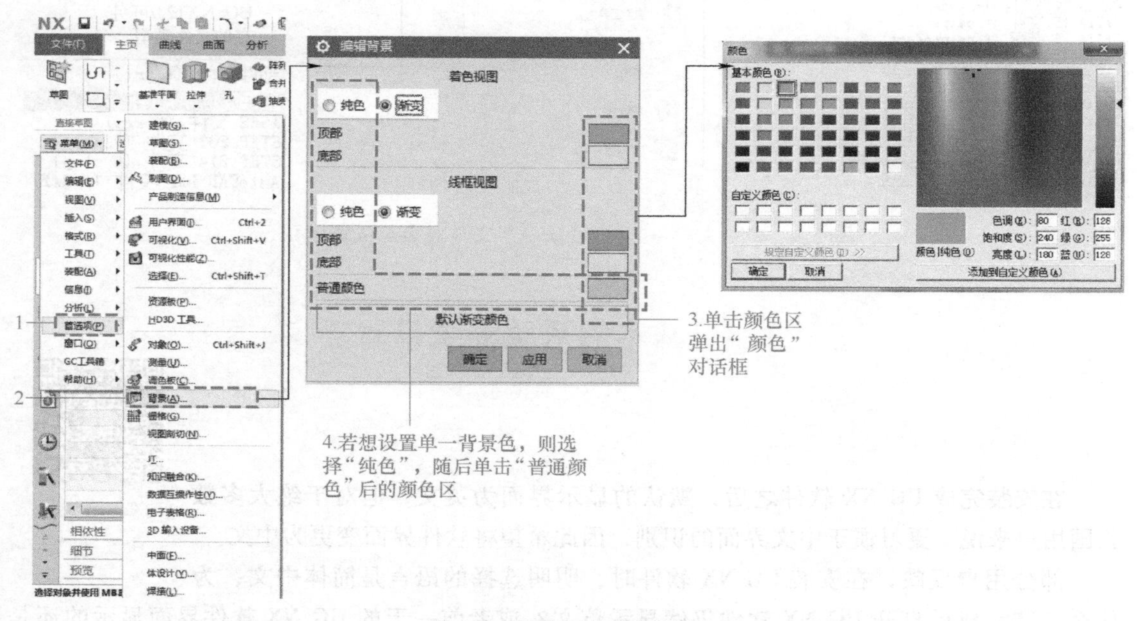

图 1-6　修改系统背景颜色

但是按图 1-6 所示流程操作之后，再次打开软件时，会发现系统的背景颜色还是没变，这是为什么呢？原因是图 1-6 所示的更改只对当次打开的窗口有效，也就是“临时”的，当关闭软件再次打开时，自然是恢复原样了。如果想永久改变背景颜色，则需找到UG NX软件的安装目录，例如，按路径“D:\Program Files\Siemens\NX 12.0\\LOCALIZATION\prc\simpl_chinese\startup”打开模板文件“model-plain-1-mm-template. prt”，如图1-7所示，后面的设置方法同图1-6所示。

› 此电脑 › 新加卷 (D:) › Program Files › Siemens › NX 12.0 › LOCALIZATION › prc › simpl_chinese › startup

名称	修改日期	类型	大小
model-plain-1-mm-template.prt	2015/10/14 1:34	Siemens Part File	116 KB
assembly-mm-template.prt	2010/4/29 15:29	Siemens Part File	112 KB
A4-noviews-template.prt	2012/11/29 1:21	Siemens Part File	190 KB
A4-noviews-asm-template.prt	2012/11/29 1:21	Siemens Part File	196 KB
A3-noviews-template.prt	2012/11/29 1:21	Siemens Part File	181 KB
A3-noviews-asm-template.prt	2012/11/29 1:21	Siemens Part File	199 KB
A2-noviews-template.prt	2012/11/29 1:21	Siemens Part File	176 KB
A2-noviews-asm-template.prt	2012/11/29 1:20	Siemens Part File	197 KB

图1-7　模板文件的打开路径

1.4.3　设置默认的工作文件目录

1.4.3　设置默认的工作文件目录

在操作过程中的一个困扰是，每次新建UG NX工作文件时，都需要把系统默认的保存目录设置为自己需要的路径，很不方便，那么是否有“一劳永逸”的方法可以解决这个问题呢？答案是有的，操作方法为：在计算机桌面上选择UG NX软件的图标并右击，在弹出的快捷菜单中选择“属性”，弹出“NX 12.0属性”对话框，如图1-8a所示，只需要更改“起始位置”的路径就可以更改系统

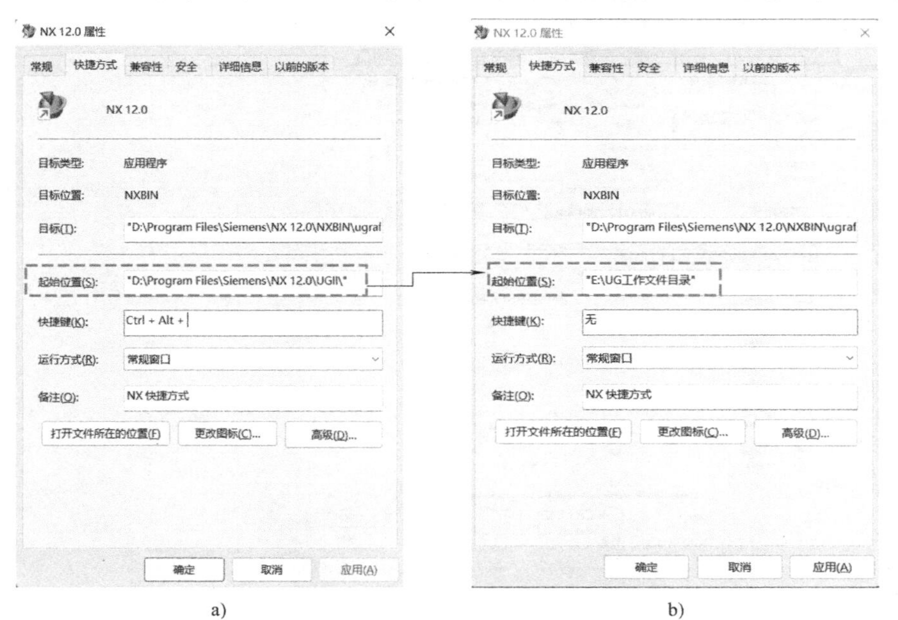

a)　　　　b)

图1-8　“起始位置”的设置

默认的文件保存路径了。若改为图 1-8b 所示路径“E:\UG 工作文件目录”，则新建 UG NX 文件时，弹出的默认保存路径即为此路径了，如图 1-9 所示。

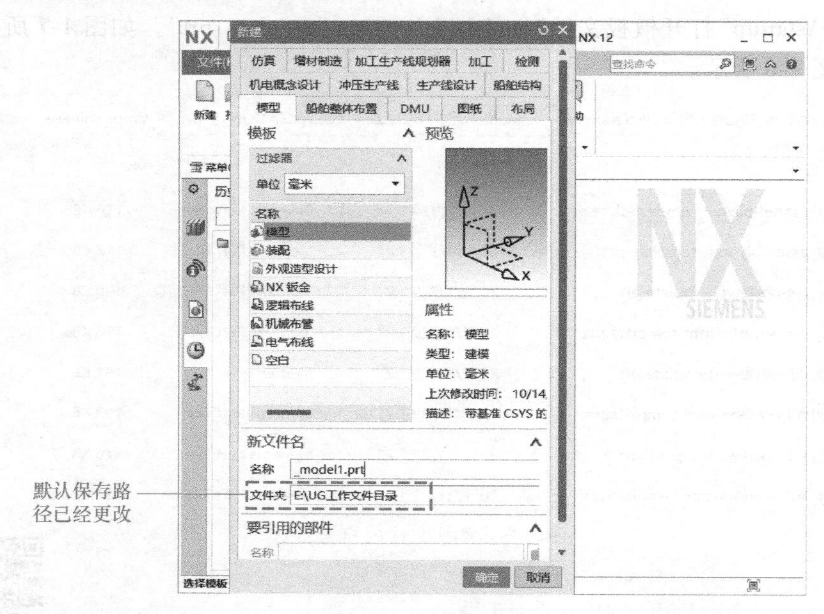

图 1-9　新建文件

还可以按图 1-10 所示步骤进行工作文件目录的更改，效果是一样的。其中，在步骤 4 的“Windows”文本框中可以手动输入路径，也可以单击其后的“浏览”按钮，按步骤 5 进行设置。

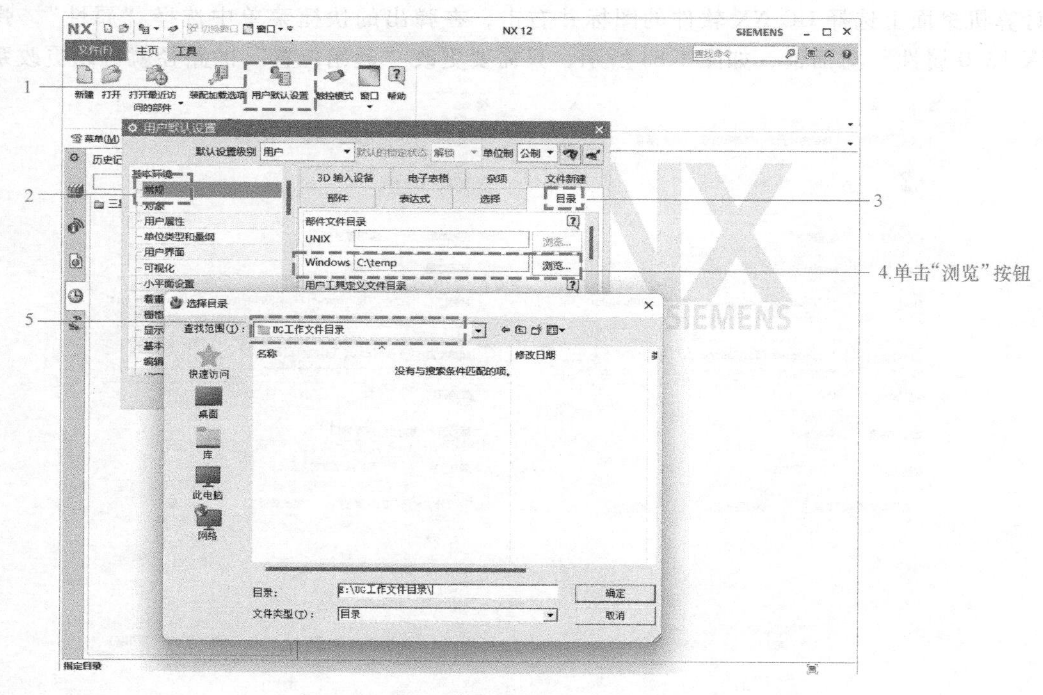

图 1-10　另一种更改工作文件目录的方法

1.4.4　高效的快捷键设置

1.4.4　高效的快捷键设置

UG NX 软件的命令众多，寻找和单击命令按钮的过程会耗费不少时间。因此，设置适合自己的快捷键，迅速调用相关命令，有助于提高工作效率。可以按图 1-11 所示步骤设置快捷键。

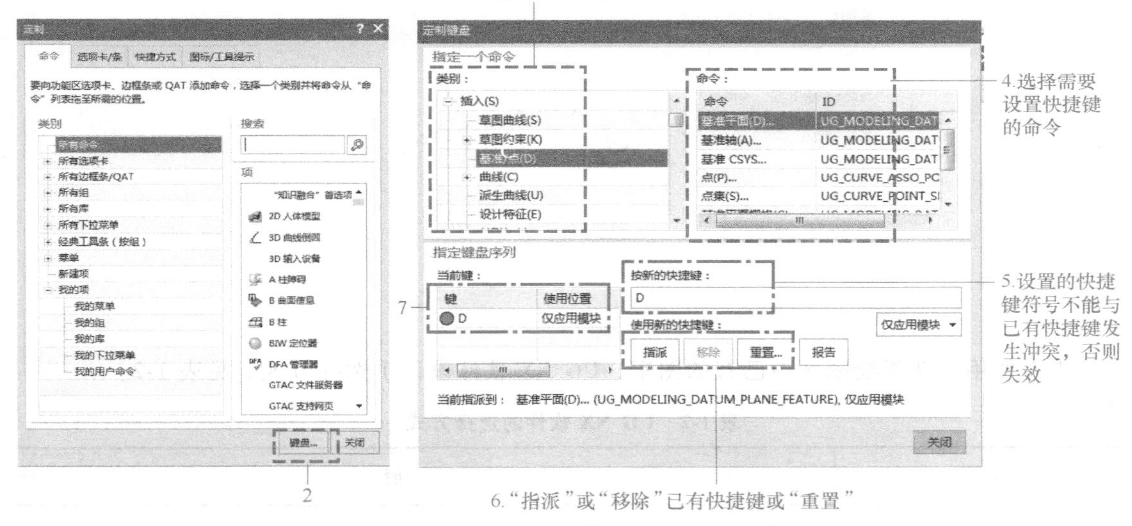

图 1-11　设置快捷键

1.5　鼠标和选取的基本操作

在 UG 软件的基本操作里，应熟练掌握鼠标和键盘操作，以提高工作效率。本节将以图例方式进行这部分知识的介绍。

1.5.1　鼠标的基本操作

本小节通过表 1-1 介绍 UG NX 软件中鼠标的基本操作。一般鼠标中键为滚轮时，该滚轮除了具有滚动的功能外，也兼具按键的功能，而且 UG NX 软件对中键（滚轮）也是有定义的。

表 1-1　UG NX 软件中鼠标的基本操作

模式	旋　转	平　移	缩　放
三维	按住鼠标中键+移动鼠标	按住<Shift>键+滚动鼠标中键+移动鼠标	按住<Ctrl>键+滚动鼠标中键+移动鼠标
二维	按住鼠标中键+移动鼠标	按住<Shift>键+滚动鼠标中键+移动鼠标	按住<Ctrl>键+滚动鼠标中键+移动鼠标

还可以在绘图区空白位置右击，在弹出的快捷菜单中选择相应的命令来实现上述操作，并且可以设置视图旋转中心，如图 1-12 所示。

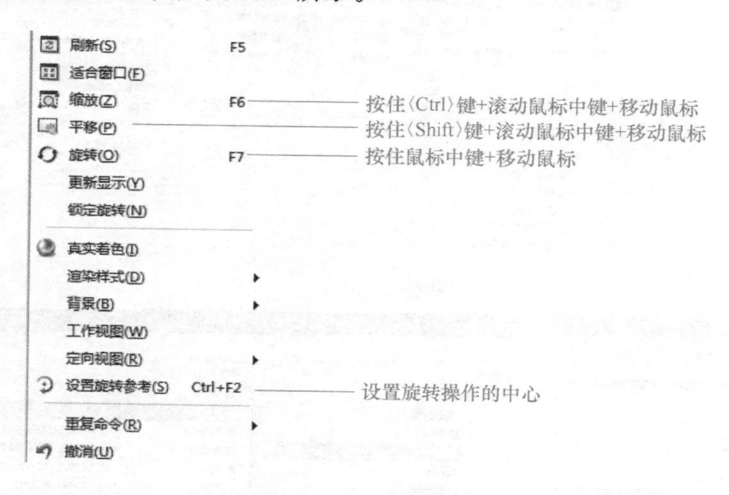

图 1-12　鼠标功能的快捷菜单

1.5.2　UG NX 的选取操作

为方便用户选择绘图区中已有的图素，UG NX 软件设计了选择方式，见表 1-2。

表 1-2　UG NX 软件的选择方式

动作	说　明
单击	选取单一的对象或图形
双击	激活“编辑”模式，可编辑图素形状、尺寸或属性等
右击	激活快捷菜单
按住<Shift>键+单击	在用户选取了多个图素后，该操作可逐个取消选择某一个图素

当图形很复杂时，绘图区内存在大量的点、线、面，内部区域的图素可能被遮挡，这无疑增加了选择难度，此时可借助软件的选择过滤器来过滤掉不需要的图素，从而缩小选择范围，如图 1-13 所示。

当鼠标指针靠近几何对象时，该对象会高亮显示，高亮功能可提供设计元素的可视确认效果，让用户精确锁定想要选取的元素。该功能默认是激活的，可按图 1-14 所示步骤将其关闭。

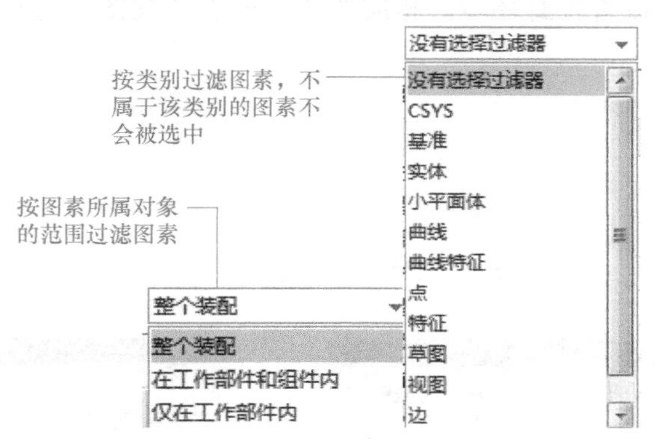

图 1-13　选择过滤器

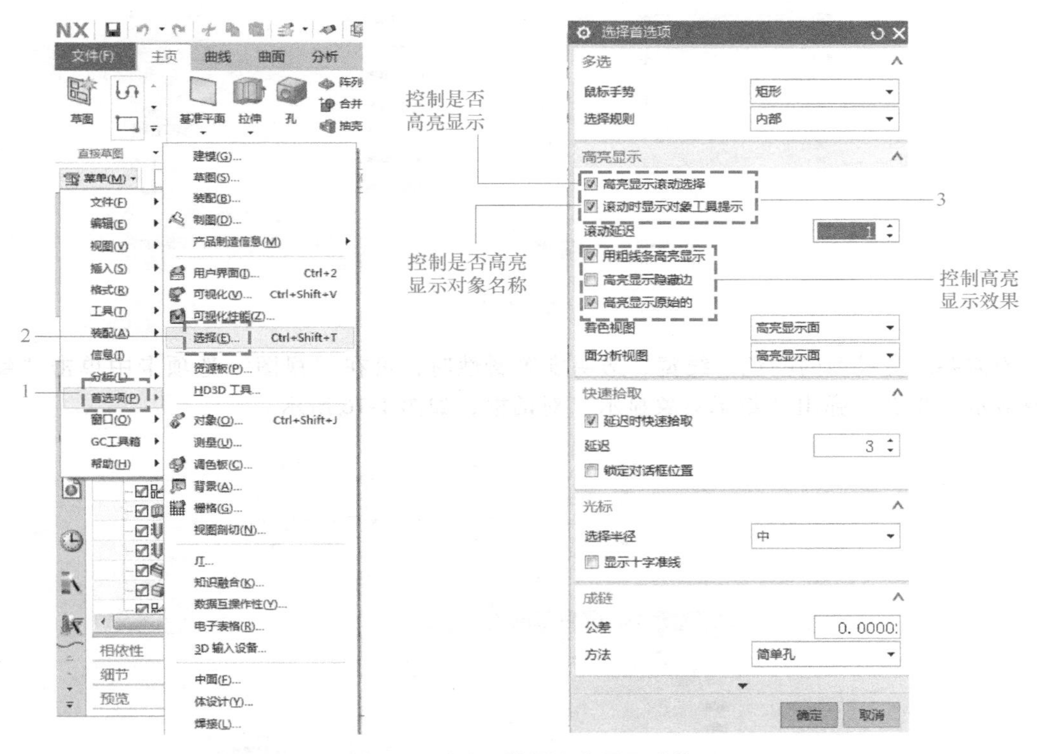

图 1-14　打开/关闭高亮显示功能

1.6　基础模块中的基本操作

进入基本模块以后，首先要掌握一些常用的基本操作。这些基本操作以工具栏图标的选取或者开关为主，包括模型的隐藏与显示和视图控制。

1.6.1　模型的显示

1.6.1　模型的隐藏与显示

在操作过程中，为便于观察、提高工作效率，需要经常控制模型或某些要素的显示或隐藏，以改善视野环境。相应的命令位于“视图”选项卡下，如图 1-15 所示。

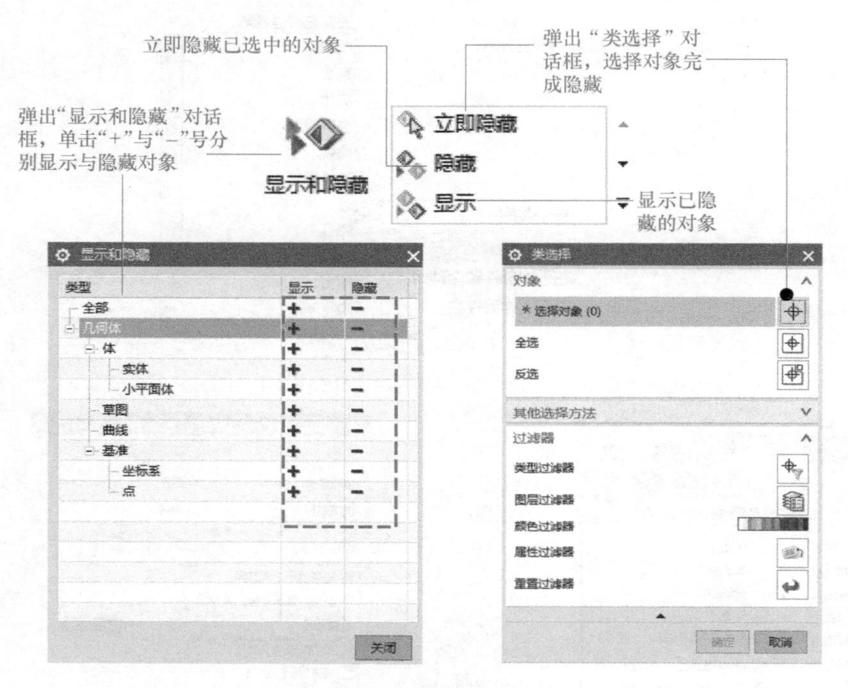

图 1-15　模型的隐藏与显示

当需要改变模型的颜色、线宽、透明度等属性时，可在“视图”选项卡中单击“编辑对象显示”按钮，弹出“编辑对象显示”对话框，如图 1-16 所示。

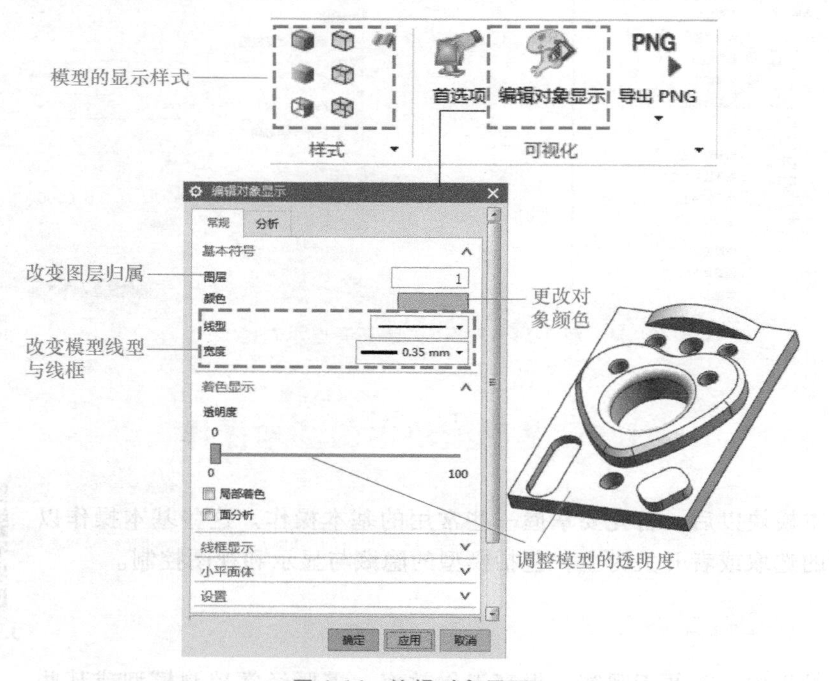

图 1-16　编辑对象显示

图 1-16 所示模型的显示样式说明与示例见表 1-3。

表 1-3　模型的显示样式说明与示例

样式	说明	示例
带边着色	用光顺着色和打光渲染面并显示面的边	
着色	用光顺着色和打光渲染面并不显示面的边	
局部着色	用光顺着色和打光渲染局部着色面，并按边几何元素渲染其余的面	
带有隐藏边的线框	按边几何元素渲染面，使隐藏边不可见并在旋转视图时动态更新面	
带有淡化边的线框	按边几何元素渲染面，使隐藏边淡化并在旋转视图时动态更新面	
静态线框	按边几何元素渲染面，旋转视图后必须用“更新显示”来更正隐藏边和轮廓线	

1.6.2　视图的控制

1.6.2　视图的控制

视图的控制功能主要用于更改模型的显示方向和位置，以满足操作或示范的需要。其对应的按钮如图 1-17 所示。

图 1-17　视图控制

6 个基本视图分别为主视图、俯视图、仰视图、后视图、左视图、右视图，用于快速摆正模型并从 6 个不同视角观察模型；“缩放”命令用于框选对象区域并在视图窗口内最大化；“适合窗口”命令用于将整个模型在窗口内最大化，也可在绘图区内右击，在快捷菜单中选择。

“视图”选项卡下还有 3 个命令按钮，用于控制截面显示与模型透视，如图 1-18 所示。

“编辑截面”与“剪切截面”命令是联合使用的，且只有用“编辑截面”命令定义了剪切平面之后，再单击“剪切截面”按钮才会显示效果。单击“编辑截面”按钮后，弹出图 1-19 所示的“视图截面”对话框。在该对话框中，可以定义截面的名称和方向，剪切平面可以是绘图坐标系的 3 个基础平面，也可以是提前定义的基准平面或者模型的某个平面；还可以在“偏置”选项组中拖动滚动条来控制剪切平面的位置。

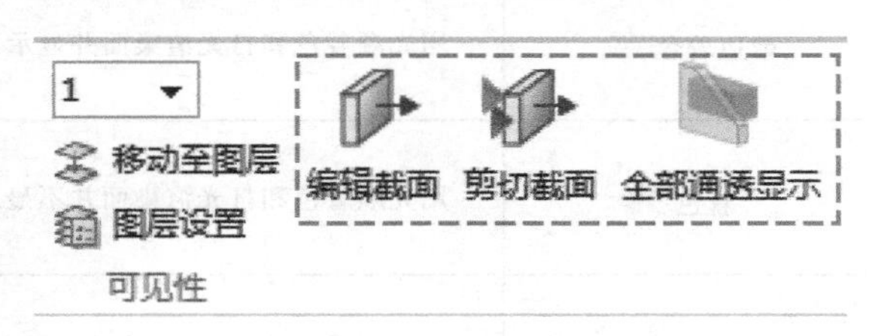

图 1-18　截面显示与模型透视命令

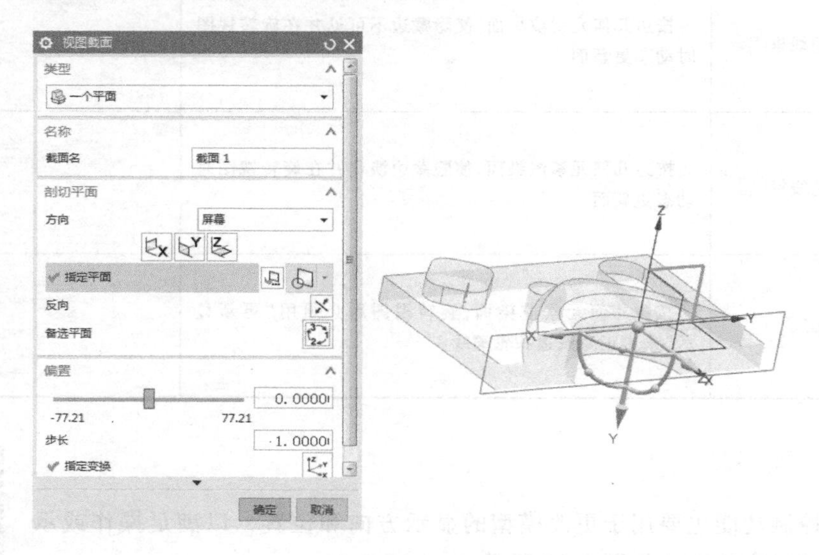

图 1-19　截面显示

“全部通透显示”命令可使模型半透明化，其功能与“编辑截面”和“剪切截面”命令是一样的，均是为了便于观察模型内部的结构。

信息补充站

快速摆正及任意摆正模型的方法

快速摆正模型除了可使用上述的 6 个基本视图功能外，还可以在绘图区将模型旋转至与目标视图平面基本对齐，随后按<F8>键就可以将模型快速摆正。当需要从任意方向摆正模型时，可以按如下路径调用“定向”命令：“菜单”→“视图”→“操作”→“定向”，在弹出的对话框中根据需要选择视图参照，单击“确定”按钮，即可按需求摆正模型。

1.7　与绘图环境有关的其他系统设置

1.7.1　UG NX 运行速度优化设置

UG NX 作为一款大型软件，对计算机硬件的配置要求相对较高，因此，若计算机硬件配置不高，运行 UG NX 软件时，响应速度会比较慢。下面介绍提高 UG 软件运行速度的方法。

（1）开启多核　UG NX 软件默认单核运行，因此若计算机是多核配置，可以通过设置环境变量来开启多核运行，方法是添加环境变量 UGII_SMP_ENABLE＝1。

（2）显卡设置　优化 UG NX 软件的线程可以提高软件的运行速度，以 Windows 7 系统为例，相关的操作方法如下：单击“控制面板”→“NVIDIA 控制面板”（随硬件、驱动不同可能会有不同)→“管理 3D 设置”按钮，打开图 1-20 所示对话框，在“程序设置”选项卡中选择自定义程序“Siemens NX”，将“线程优化”设为“开”。

（3）小平面化首选项　在“视图”选项卡下单击“首选项”按钮，选择“小平面化”选项卡，如图 1-21 所示，可在“部件设置”选项组中将“分辨率”设置为“粗糙”，适当增加“分辨率公差”，在“高级可视化视图”选项组中将“更新”设置为“可见对象”（默认）或“无”。

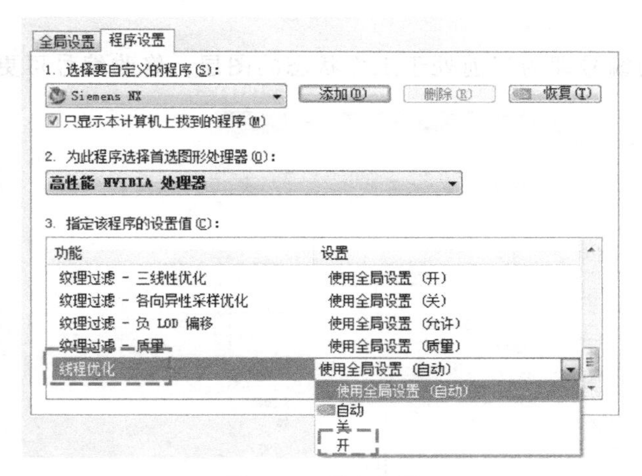

图 1-20　显卡设置

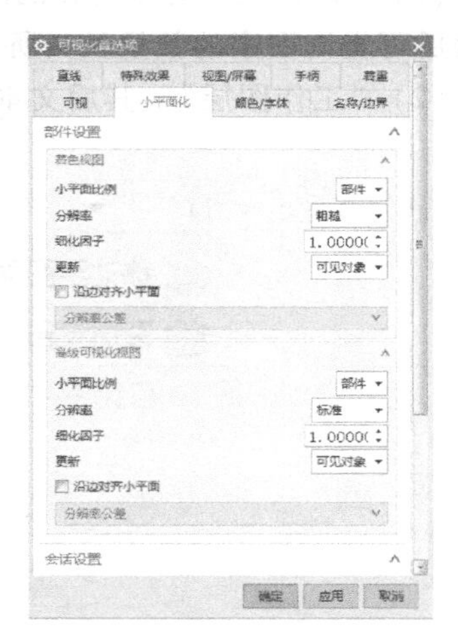

图 1-21　小平面化设置

1.7.2　保存文件

在“文件”选项卡下有一个“保存”命令子菜单，它可以将当前的图形文件以同一文件名保存至当前目录，或者以不同的文件名保存到当前或其他目录中，其相关操作命令如下。

（1）“保存”　将当前图形文件保存至当前工作目录中，其特点是不能改变保存文件的名称和路径。

（2）“仅保存工作部件”　仅保存绘图区处于激活状态的部件。

（3）“另存为” 将当前工作部件以不同的文件名保存至当前或其他目录中。需要注意的是，使用此命令保存时不变更文件名是不能保存的。

（4）“全部保存” 保存绘图区所有部件（组件），不论其是否处于激活状态。

1.8 UG NX中图层的使用

1.8.1 图层的基本概念

图层在众多绘图软件中均有体现，其作用相当于控制器，可实现对绘图区中的实体、片体、线条、点等图素实现分类整理，用户可以将不同类型的图素归属至不同的图层（最多256层）。当需要隐藏与显示不同图层的图素时，可通过打开与关闭图层实现，以便在绘图区内清晰地显示用户想看到的信息。需要强调的是，在练习时就应该养成使用图层进行分类整理的习惯，这一习惯的优势在绘制与修改复杂的模型时体现得尤为明显。

1.8.2 图层的设置

在“视图”选项卡下的“可视化”工具栏中单击“图层设置”按钮，弹出“图层设置”对话框，如图1-22所示。

1.8.2 图层的设置

（1）“查找以下对象所在的图层” 快速确定已选图素所在的图层。选择图素后可查询图素的数量及其所在图层。

（2）“工作图层” 其后文本框中的编号即为当前处于工作状态的图层，修改编号可更

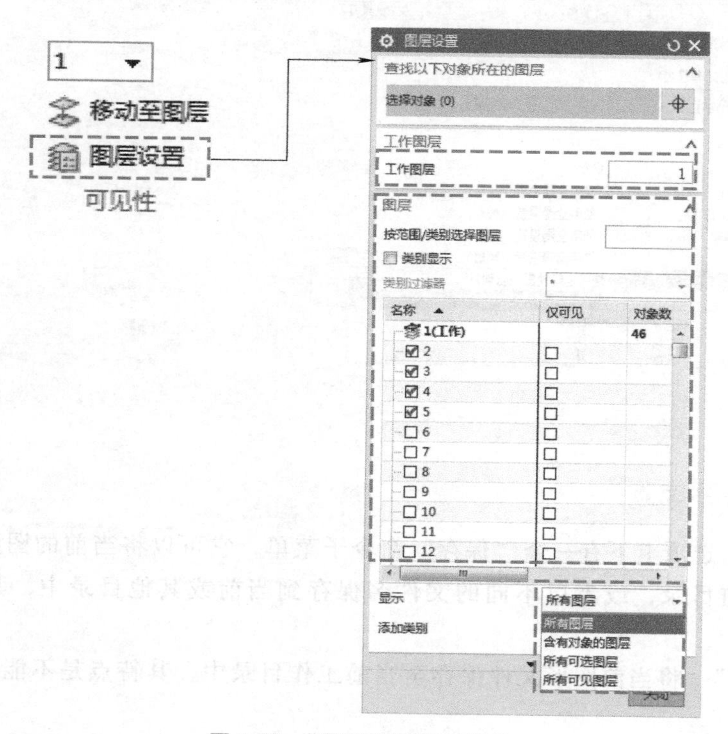

图1-22 “图层设置”对话框

换工作图层，也可以隐藏非工作图层。

（3）“图层”　用于选择图层、确定工作图层、控制图层的可见性等。在“按范围/类别选择图层”文本框中输入图层编号，可快速定位图层。双击图层“名称”可将其设为工作图层，通过勾选/取消勾选图层名称左侧的复选框可以控制是否显示图层，也可将其设为“仅可见”状态。“对象数”显示了图层包含的对象的数量。

（4）“显示”　用于控制“图层”区域的显示范围。其下拉菜单中有以下 4 个选项。

1）“所有图层”：在“图层”区域中显示所有已经存在的图层，系统默认的图层有 256 层。

2）“含有对象的图层”：显示含有图素的图层，若该图层不含任何图素则不显示。

3）“所有可选图层”：显示所有可以选择的图层。

4）“所有可见图层”：显示处于可见状态的图层。

1.8.3　移动与复制至图层

1.8.3　移动与复制至图层

1. 移动至图层

要想更改图素所属的图层或对未分类整理的图素进行归档操作，可单击图 1-22 中左侧的“移动至图层”按钮，此时弹出图 1-23 所示的“类选择”对话框。在该对话框中，可通过“过滤器”中的栏目定义条件，单击“全选”按钮可快速选中所有符合条件的图素，随后单击下方的“确定”按钮，弹出“图层移动”对话框。

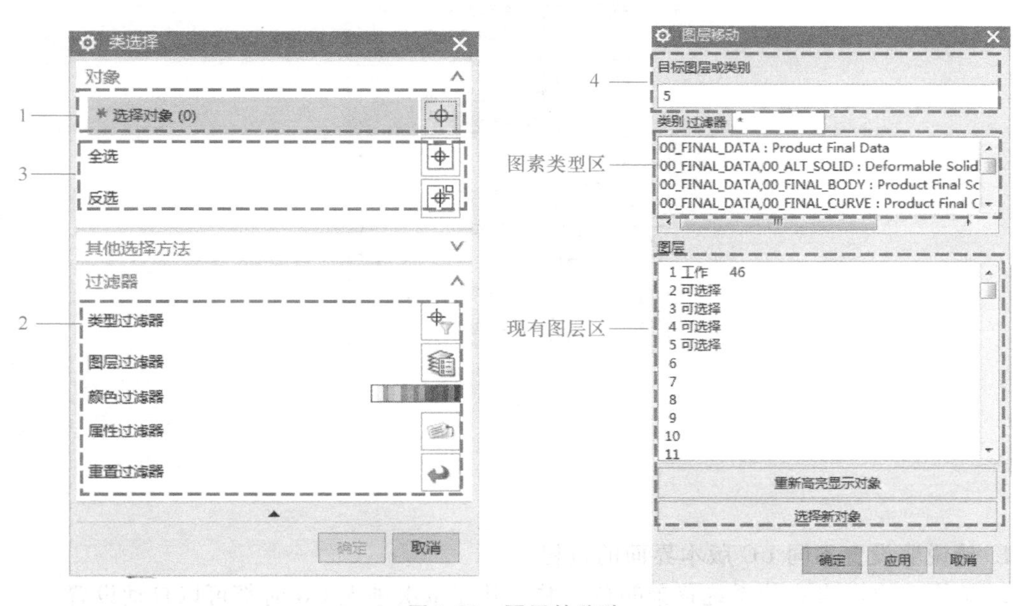

图 1-23　图层的移动

信息补充站
如何快速选择图素与选中目标图层 “类选择”对话框中的“过滤器”提供了快速选择图素的方法，可以依据目标图层的

类型、编号和颜色等属性进行过滤。例如，单击“类型过滤器”右侧的按钮，弹出图1-24所示的“按类型选择”对话框。在该对话框中可以按类别单独选择（也可多选）视图中的坐标系、基准、实体、曲线等图素，从而实现快速选择。其他类型的选择方式大同小异，此处不再赘述。

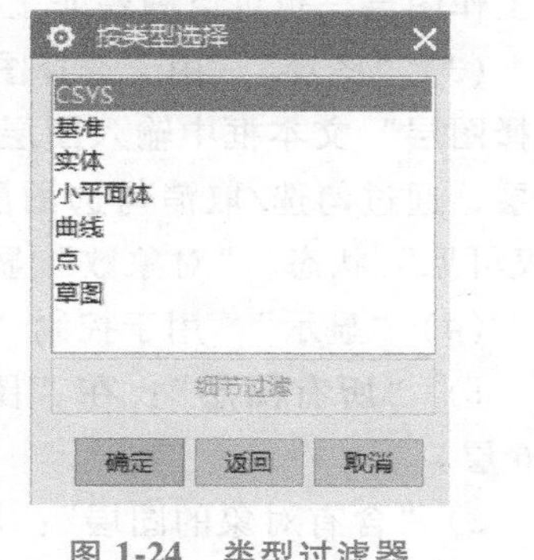

图1-24 类型过滤器

确定目标图层时，可以在图1-23步骤4的文本框中直接输入目标图层编号，也可在“图素类型区”直接选择图素所属类型（例如，把轴类图素归入轴类图层中），还可以在“现有图层区”直接选择某一图层。

2. 复制至图层

当图形文件来自于设计的初稿或初步设计思路时，最好不要破坏最原始的设计资料，因此有必要将其在图形文件中复制一份并放入另一个图层中。相关命令的操作路径如图1-25所示，操作后弹出图1-23所示的“类选择”对话框，按前面介绍的步骤操作即可。

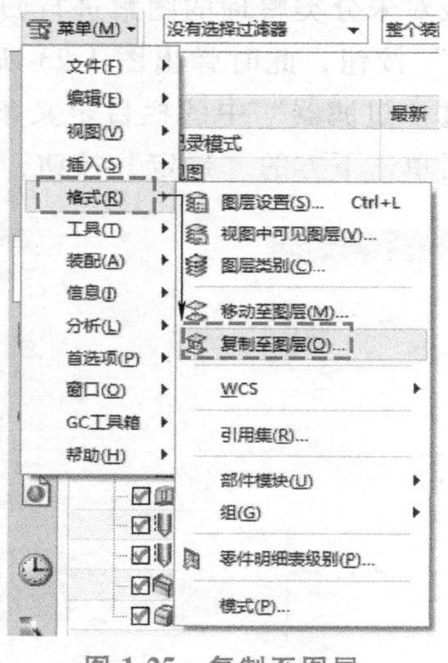

图1-25 复制至图层

习　题

1. 请说明设置不同UG版本界面的过程。
2. 请设置自己喜欢的系统背景颜色，并令其在每次进入UG时都可以自动设置。
3. 简述UG软件鼠标的基本操作。
4. 请指定一个目录作为日常默认的工作目录。
5. 请自定义一个实用的快速键，并将之加到合适的工具栏或菜单中，以便于后续调用。
6. 请自选模型，进行模型的缩放、平移以及旋转等操作。
7. 请自行了解什么是图形格式转换；国际上常用的通用格式有哪些，以及它们的优缺点各是什么。

第2章 UG NX12.0草图设计

UG NX 是以三维绘图为基础的软件。其中，组成图形的主要元素是“特征”（Feature），UG 用特征的图素来建构图形，而“草绘”（Sketch）则是创建特征的主要操作，同时也是创建整个图形结构的基本操作，因此，在学习本章的内容时需要注重草图设计概念的养成，结合大量的实例练习，深入了解草图设计的概念，这对进阶功能的操作和后续的学习都会有所帮助。

2.1 进入与退出草图环境

UG NX 软件中存在两种草图环境，分别是“草图”和“在任务环境中绘制草图”命令。“草图”命令是在建模环境下绘制草图，此时的三维建模命令高亮显示，可不退出草图而直接使用。“在任务环境中绘制草图”则是一个独立的草图环境，需要先进入该草图环境才能绘制草图，绘制完后再退出草图环境才能使用相关的三维建模命令。两种草图环境的进入与草绘界面的区别如图 2-1 所示。

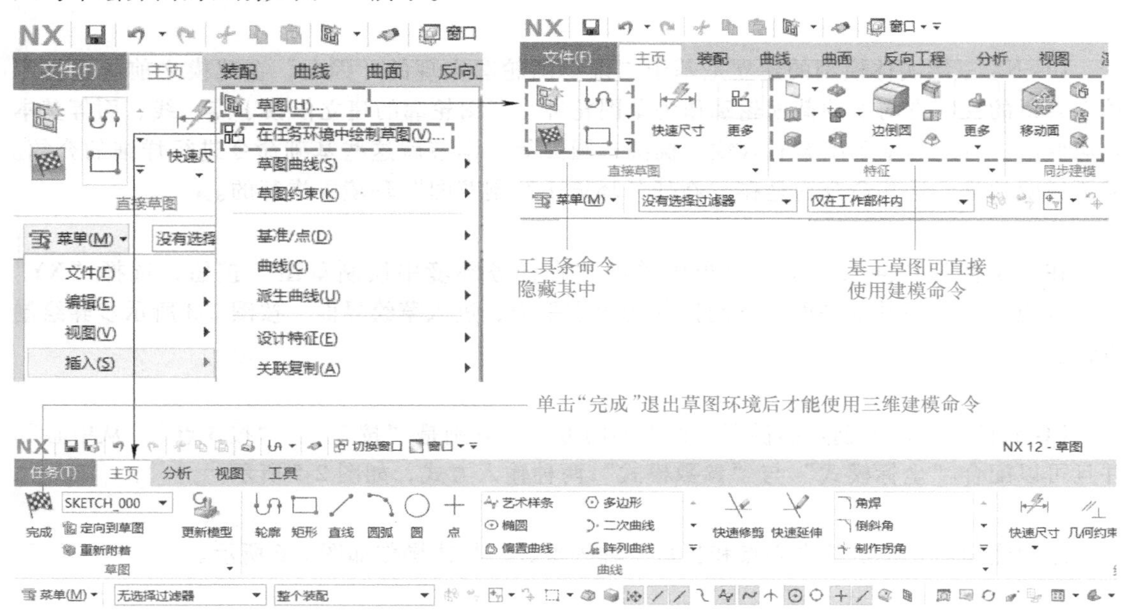

图 2-1 “草图”和“在任务环境中绘制草图”

2.2　草图环境的设置

UG NX 软件的草图环境在“草图首选项”对话框中设置。相关命令的调用路径为：单击“菜单”→“首选项”→“草图”按钮，随后弹出“草图首选项”对话框，如图 2-2 所示。在该对话框中，可设置尺寸标签、文本高度以及是否连续自动标注尺寸等。

图 2-2 “草图首选项”对话框

2.3　草图的绘制

UG NX 三维实体模型的建立是基于二维草图轮廓实现的。因此，在建模之前应选择零件在合适的视图方向上的截面轮廓作为草图轮廓。草图轮廓的建立依赖于点、线、面等基本几何要素，常用的基础图案有直线、椭圆、圆弧等。本节就这些基础命令进行详细的介绍。需要说明的是，这些命令均是在“在任务环境中绘制草图”环境下进行的。

1. 直线

在“文件”→“插入”下拉菜单中单击“在任务环境中绘制草图”按钮，选择“XY”平面（也可以选择其他平面，下同）作为草图平面，进入草绘界面，按图 2-3 所示步骤绘制直线。

2. 矩形

UG 软件为矩形的创建提供了 3 种不同的方法，分别是“按 2 点”“按 3 点”“从中心”，并且可以配合“坐标模式”与“参数模式”两种输入方式，如图 2-5 所示。

3. 椭圆

绘制椭圆需要指定其中心点和长短半轴等参数，具体操作如图 2-6 所示。

4. 多边形

绘制多边形需要指定其中心点、边数、绘制方法等参数，具体操作如图 2-7 所示。

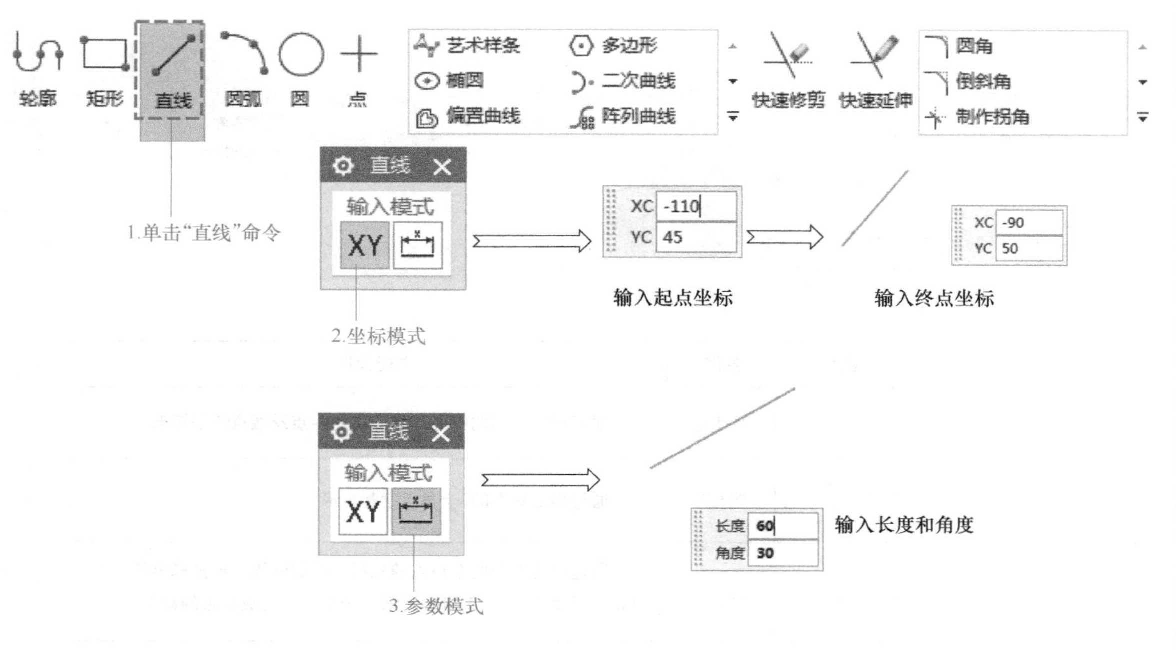

图 2-3 直线的绘制

信息补充站

坐标模式与参数模式的区别与联系

“坐标模式”与“参数模式”为创建直线的两种方式。

1）“坐标模式”：需要输入直线的起点坐标值和终点坐标值，系统自动连接两点成直线。

2）“参数模式”：只需要输入直线的长度和其与 X 轴的夹角，直线的位置是操作者通过移动光标并在合适的位置单击确定的。

3）实际操作中，软件默认为“坐标模式”，当用户单击确定直线的第一个点时，系统会自动跳转到“参数模式”，如图 2-4 所示。

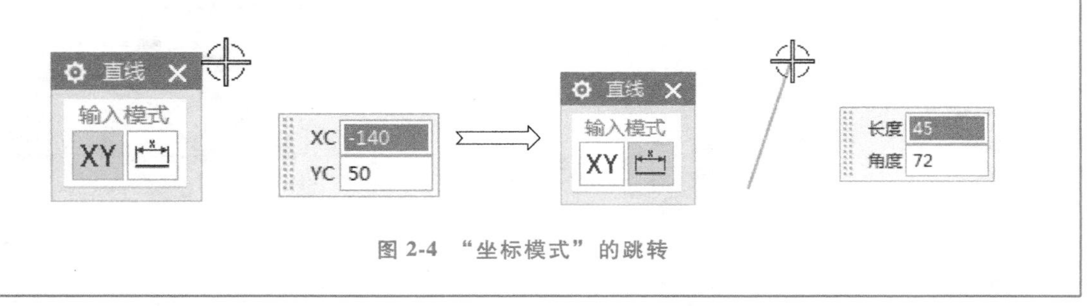

图 2-4 “坐标模式”的跳转

5. 圆

UG 软件提供了两种绘制圆的方法，分别是“圆心和直径定圆”“三点定圆”，具体操作如图 2-8 所示。

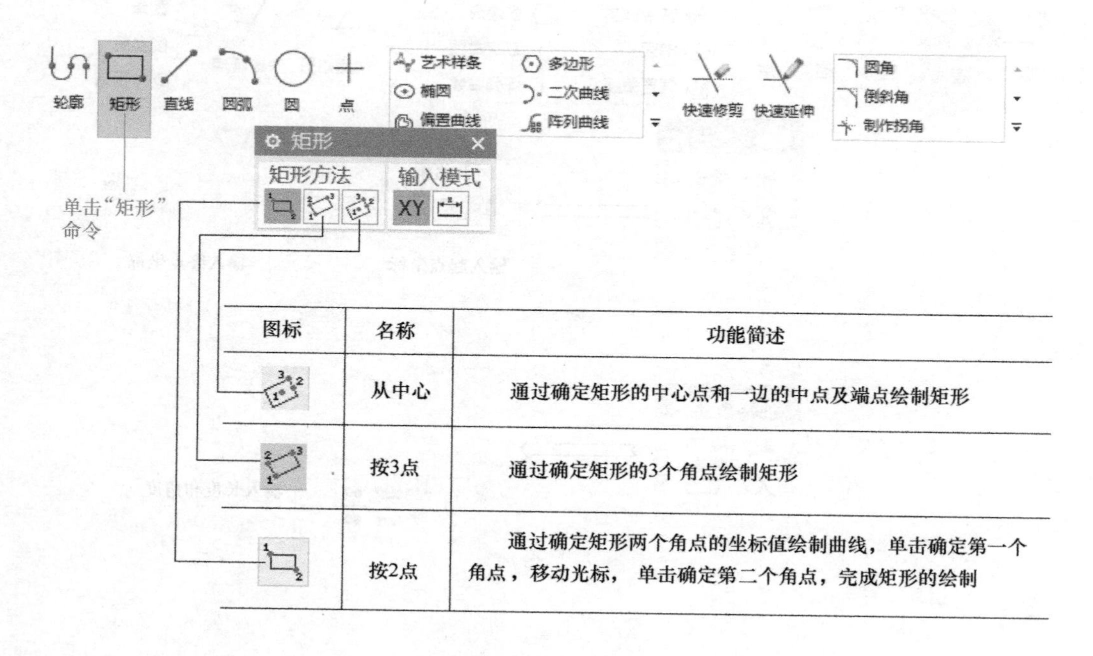

图标	名称	功能简述
	从中心	通过确定矩形的中心点和一边的中点及端点绘制矩形
	按3点	通过确定矩形的3个角点绘制矩形
	按2点	通过确定矩形两个角点的坐标值绘制曲线，单击确定第一个角点，移动光标，单击确定第二个角点，完成矩形的绘制

图 2-5　矩形的绘制

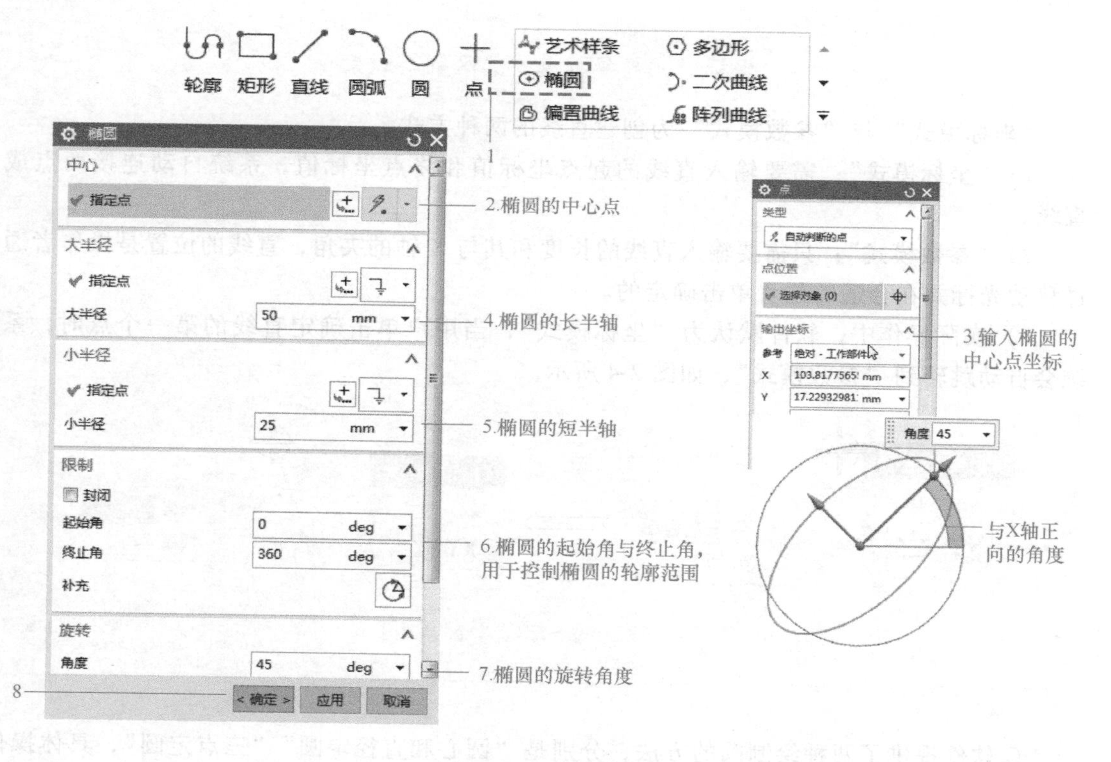

图 2-6　椭圆的绘制

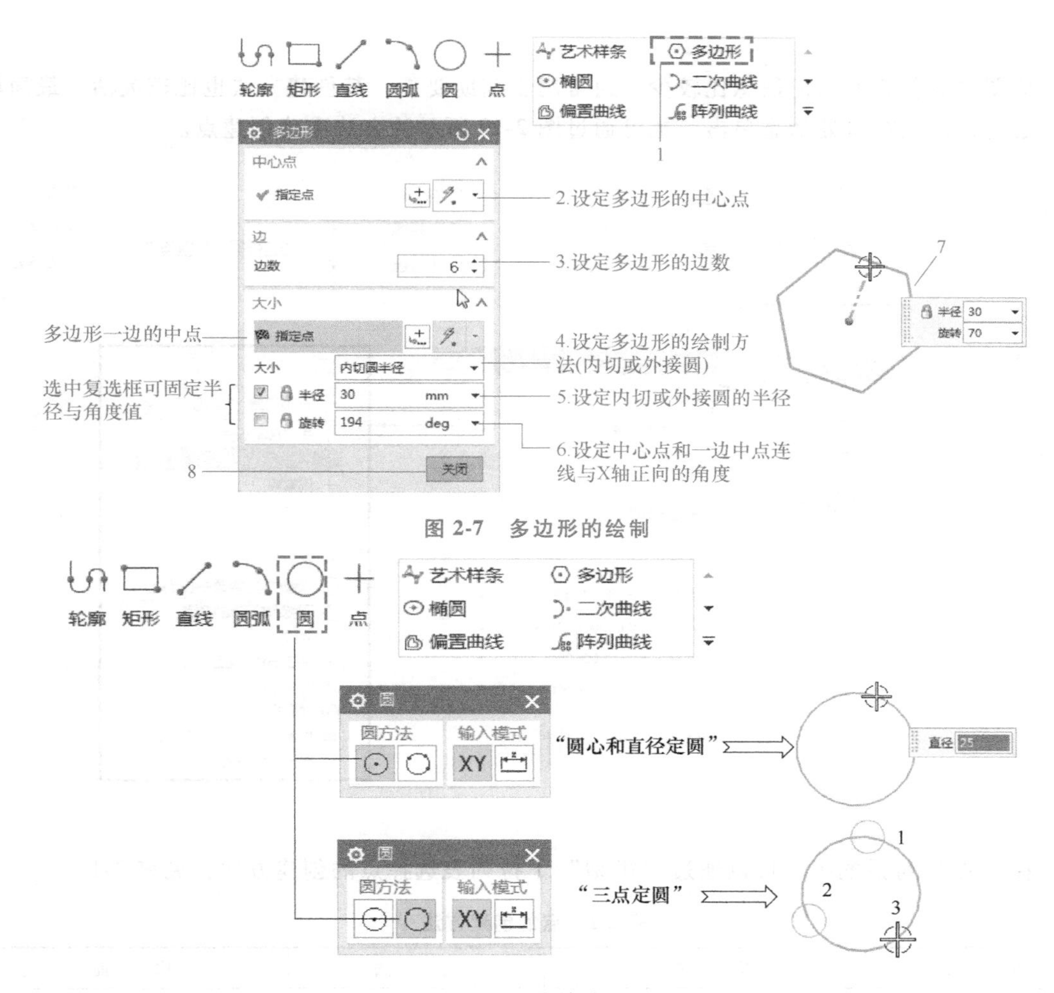

图 2-7　多边形的绘制

图 2-8　圆的绘制

6. 圆弧

UG 软件提供了两种绘制圆弧的方法，分别是“中心和端点定圆弧”“三点定圆弧”，具体操作如图 2-9 所示。

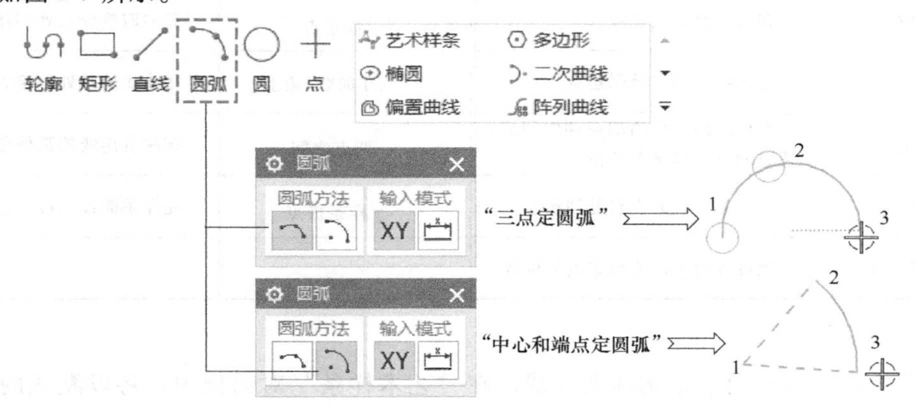

图 2-9　圆弧的绘制

7. 点

草图中点包含的几何信息比较少，通常用于辅助要素，其创建方法也比较灵活，最简单的方法是在绘图窗口处随意单击，也可通过图 2-10 所示的方法准确创建点。

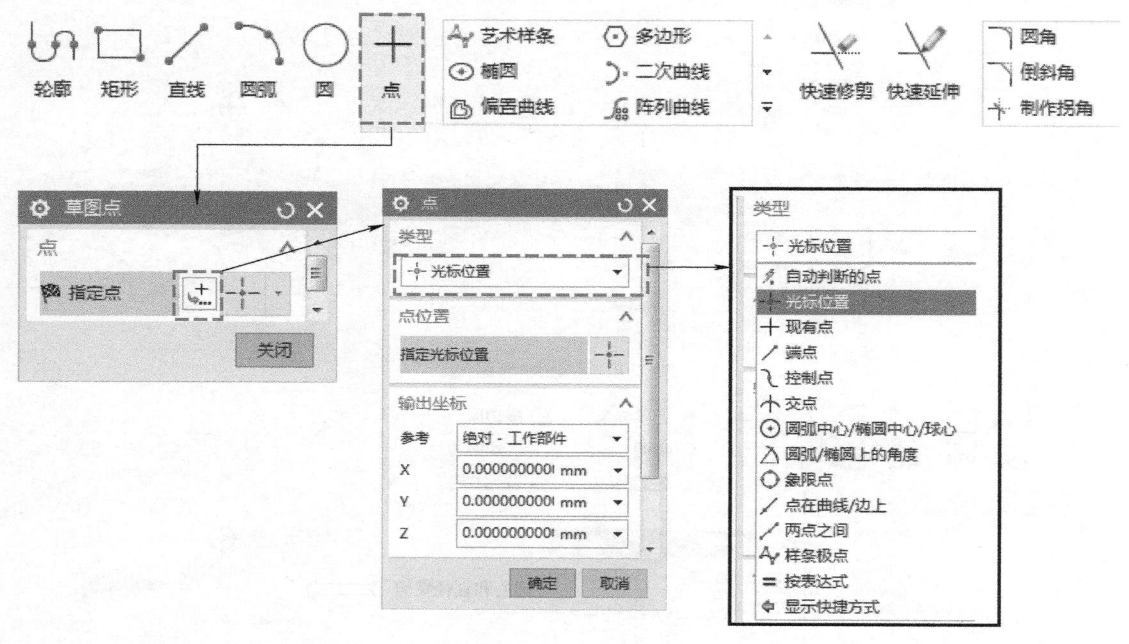

图 2-10 点的绘制

在“点”对话框中，可以通过“类型”下拉列表选择点的创建方法，见表 2-1。

表 2-1 点的创建方法

方 法	功 能	方 法	功 能
自动判断的点	系统自动捕捉点位	圆弧中心/椭圆中心/球心	在圆、椭圆、球的中心处创建点
光标位置	在光标所在位置创建点	圆弧/椭圆上的角度	在圆弧或椭圆曲线上的某处创建点
现有点	在已知点处创建点	象限点	圆的四等分点处创建点
端点	在曲线的端点处创建点	点在曲线/边上	在曲线的某处创建点
控制点	允许选择曲线的端点和中间点、现有的点和样条上的极点	两点之间	在两点连线的某处创建点
交点	在多条曲线的交点处创建点	样条极点	在样条曲线的极点创建点
按表达式	通过创建表达式确定点的位置		

8. 样条曲线

“艺术样条”命令用于绘制样条曲线。在“艺术样条”对话框中，将以默认的“通过点”类型来绘制样条曲线。单击或选取所有通过曲线的点，系统将自动生成一条平滑的曲线。欲结束绘制时，单击鼠标中键即可，如图 2-11 所示。

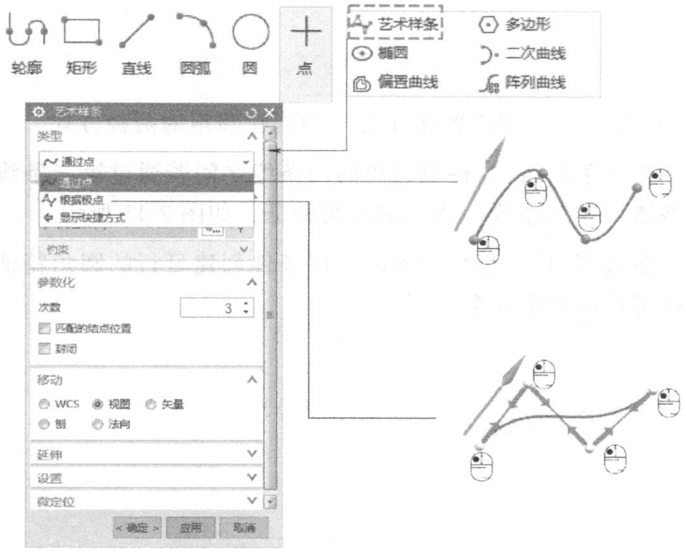

图 2-11　样条曲线的绘制

信息补充站

“通过点”与“根据极点”的区别

“通过点”与“根据极点”为创建样条曲线的两种方式。

1）“通过点”：创建的艺术样条曲线通过单击所选择的点。

2）“根据极点”：创建的艺术样条曲线由所选择的极点方式来进行约束。

9. 圆角与倒斜角

（1）圆角的绘制　圆角特征是在几何图素之间使用圆弧来完成连接，此特征可用于直线、圆弧、样条曲线及二次曲线等。UG 软件提供了两种绘制圆角的方法：“修剪”和“取消修剪”。两者功能类似，区别在于是否将圆角连接处的原始线段修剪掉，具体操作如图 2-10 所示。

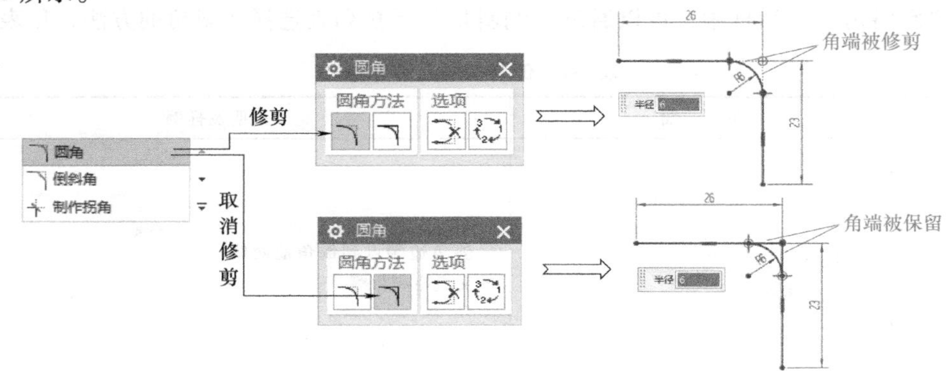

图 2-12　圆角的绘制

信息补充站

删除第三条曲线和创建备选圆角

“删除第三条曲线”和“创建备选圆角”为创建圆角的两种方式。

1）“删除第三条曲线”：待倒圆角的两条线之间若通过第三条线连接，则进行圆角操作时直接忽略该“第三条线”来完成圆角特征，如图 2-13 所示。

2）“创建备选圆角”：根据图素的几何条件创建可行的圆角特征，单击此按钮可进行切换，以选择可行的圆角方案。

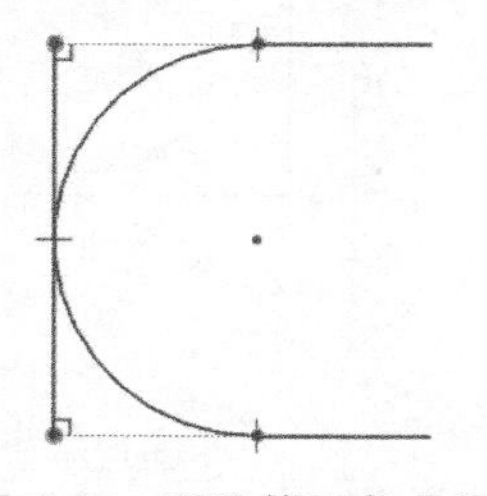

图 2-13　删除第三条曲线

（2）倒斜角的绘制　单击“倒斜角”按钮，弹出“倒斜角”对话框，如图 2-14 所示。

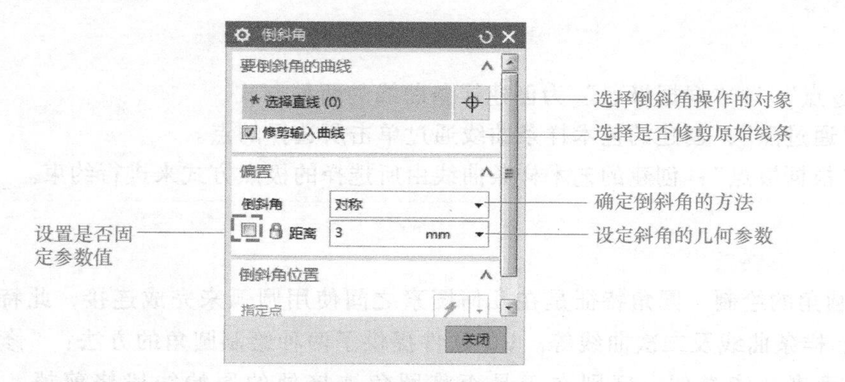

图 2-14　倒斜角参数的设置

在“倒斜角”对话框中，可以通过“倒斜角”下拉列表选择倒斜角的方法，见表 2-2。

表 2-2　倒斜角的几种方法

方法	界　面	说明及样例
对称	偏置 倒斜角　对称 距离　3　mm	斜角边端点到倒角前两线的交点距离相等

（续）

方法	界　　面	说明及样例
非对称	偏置 倒斜角　非对称 ☑ 距离 1　3　mm ☑ 距离 2　6　mm	斜角边端点到倒角前两线的交点距离不相等，距离的分配与线条选择顺序对应 3 6
偏置和角度	偏置 倒斜角　偏置和角度 ☑ 距离　3　mm ☑ 角度　30　deg	通过指定一边的倒角长度及斜角边与该边的角度完成倒斜角 30° 3

2.4　草图的派生

在实际的草绘过程中，部分零件会存在多个相同的几何要素，因此，为节省绘图时间，草绘时只需绘制一个重复要素，其余的相同要素使用软件提供的“派生”功能进行复制即可。

2.4.1　镜像曲线

2.4.1　镜像曲线

镜像操作是将草图对象以一条直线为对称中心，将所选取的对象以这条对称中心为轴线进行复制生成新的草图对象。镜像的对象与原对象形成一个整体，并且保持相关性，如图 2-15 所示。

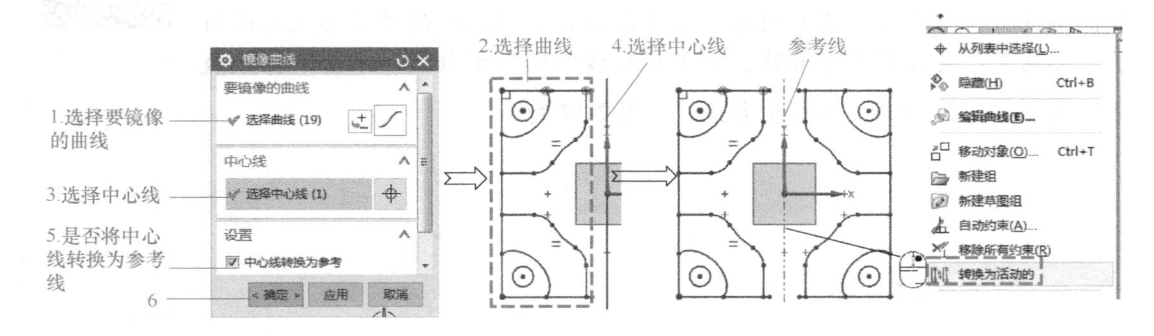

图 2-15　镜像曲线的操作

注意：

1) 中心线：用于选择存在的直线或轴线作为镜像的中心线。选择草图中的直线作为镜像中心线时，所选直线会变成参考线。当需要将参考线转换为草图实线时，可右击，在弹出的快捷菜单中选择“转换为活动的”命令。

2) 要镜像的曲线：用于选择一个或多个要镜像的草图对象。在选取镜像中心线后，用户可以在草图中选取要进行镜像操作的草图对象。

2.4.2 偏置曲线

2.4.2 偏置曲线

偏置曲线就是对当前草图中的曲线进行偏移，从而产生与原曲线相关联、形状相似的新曲线。可偏置的曲线包括基本草图绘制的曲线、投影曲线以及实体模型的边沿曲线等。可以向内、外偏置曲线，但偏置的尺寸应符合几何条件，否则偏置结果不符合预期。有两种偏置方式：“延伸端盖”“圆弧帽形体”。“延伸端盖”为线性偏置，偏置结果与原曲线形状一致，只是尺寸有别；“圆弧帽形体”则是在偏置后的曲线交点处有圆角，圆角尺寸与偏置尺寸一致。单击 偏置曲线 按钮，弹出“偏置曲线”对话框，如图 2-16 所示。

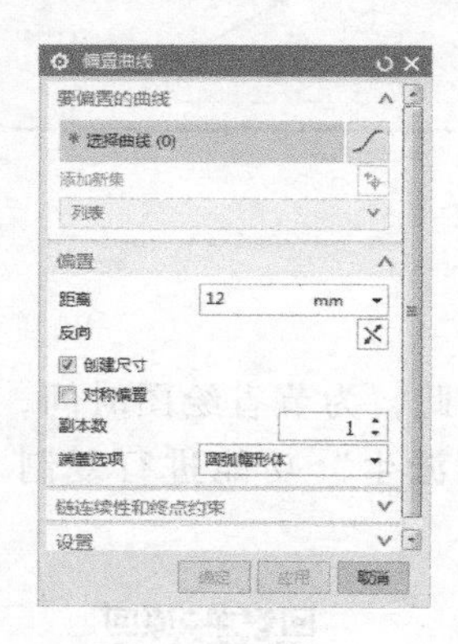

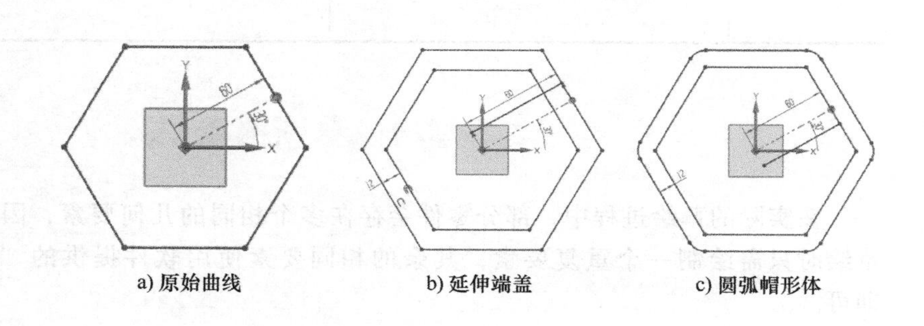

a) 原始曲线　　b) 延伸端盖　　c) 圆弧帽形体

图 2-16 偏置曲线的操作

2.4.3 派生直线

2.4.3 派生直线

“派生直线”命令的源直线可以为实体的轮廓线、草绘线，此命令会按距离偏置所选择的直线或者根据所选择的多条直线之间的关系形成新的直线，如两平行直线间的中间线、非平行直线间的角平分线。单击“派生直线”按钮，可实现 3 种派生方式，如图 2-17 所示。

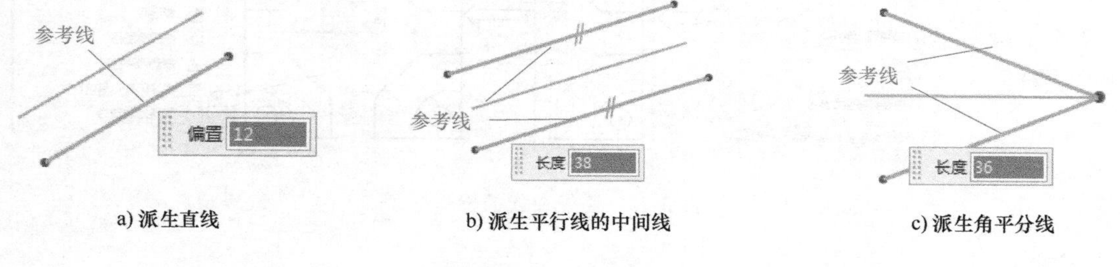

a) 派生直线　　b) 派生平行线的中间线　　c) 派生角平分线

图 2-17 派生直线的操作

2.4.4 阵列曲线

2.4.4 阵列曲线

“阵列曲线”是将几何图素按选定的方向或者方式进行复制，阵列的布局有线性、圆形、常规三种。图 2-18 所示为“阵列曲线”对话框，图 2-19

所示为线性和圆形两种阵列方式。

图 2-18 “阵列曲线”对话框

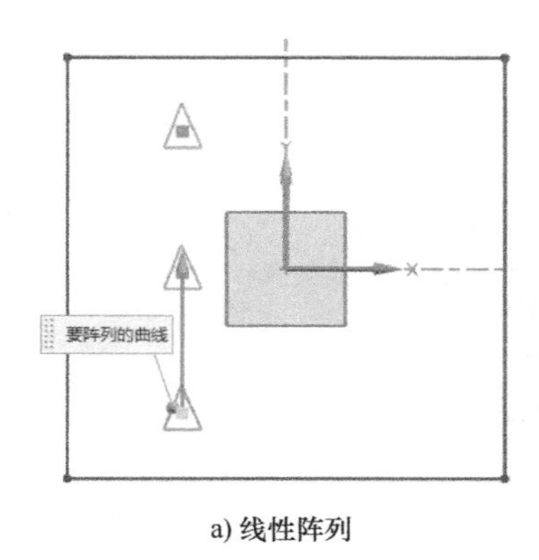

a) 线性阵列

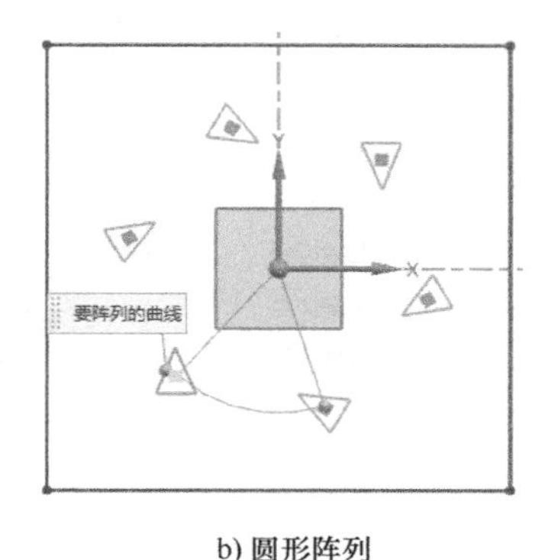

b) 圆形阵列

图 2-19 阵列曲线的操作

信息补充站

定义阵列曲线“间距”的3种方式

1）“数量和节距”：需要指定阵列对象的数量和对象之间的距离或角度，如图 2-20a 所示，箭头两端对象之间的距离为节距。

2）“数量和跨距”：需要指定阵列对象的数量和首尾两对象之间的距离或角度，如图 2-20b 所示，箭头两端对象之间的距离为跨距。

3）“节距和跨距”：需要指定相邻阵列对象之间的距离（节距）和首尾两对象之间的距离或角度（跨距），如图 2-20c 所示，左起第一个箭头两端所示为节距，第二个箭头两端对象之间的距离为跨距。

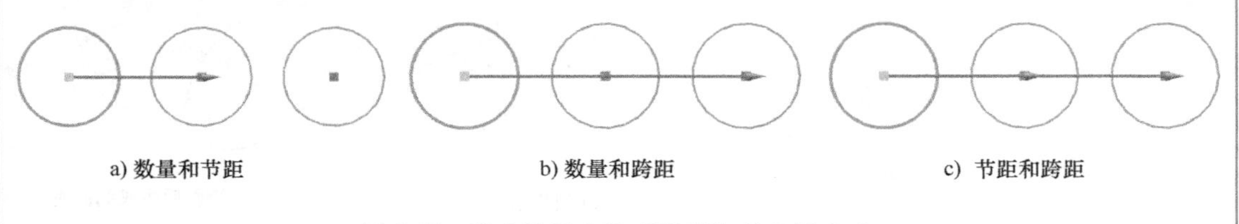

a) 数量和节距　　b) 数量和跨距　　c) 节距和跨距

图 2-20 定义阵列曲线“间距”的 3 种方式

2.4.5 相交曲线

2.4.5 相交曲线

“相交曲线”命令可以在面和草图平面之间创建曲线，与草图平面相交的面可以是基准面、实体模型的表面或曲面等。进入草图环境，单击“派生曲线”工具栏中的“相交曲线”按钮，弹出图 2-21 所示的“相交曲线”对话框，单击对话框中的“选择面”，再按图 2-22 所示进行操作。

图 2-21 “相交曲线”对话框

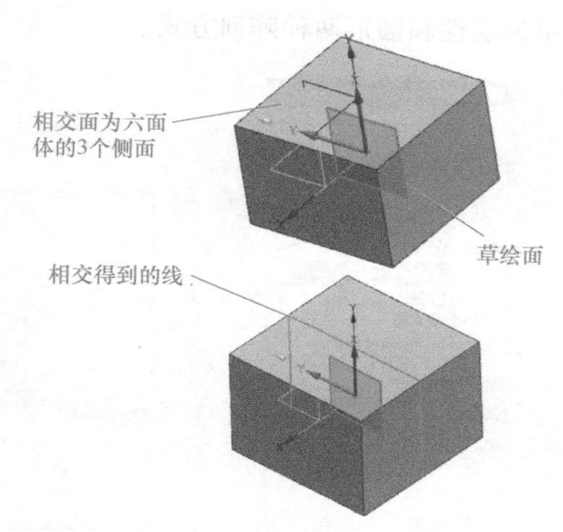

图 2-22 相交曲线的操作

2.4.6 投影曲线

2.4.6 投影曲线

“投影曲线”命令的功能是将选取的对象按垂直于草图基准面的方向投射到草图基准面中作为草绘曲线。进入草图环境，单击“派生曲线”工具栏中的“投影曲线”按钮，弹出图 2-23 所示“投影曲线”对话框，单击对话框中的“选择曲线或点”，再按图 2-24 所示进行操作。

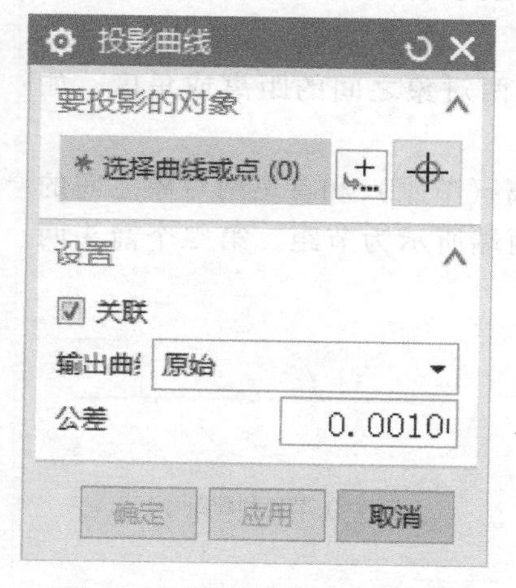

图 2-23 “投影曲线”对话框

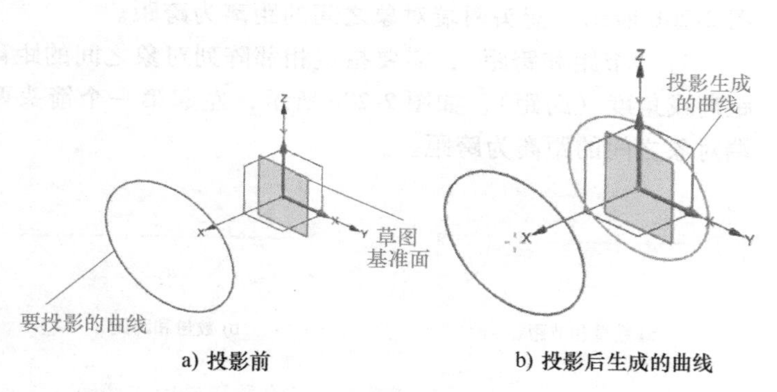

图 2-24 投影曲线的操作

2.5 草图的编辑

2.5.1 制作拐角

2.5.1 制作拐角

若两条曲线相交或其延长线相交，则可将它们交点一侧的线条修剪掉，从而形成一个拐角。进入草图环境，在草绘界面单击“直接草图”工具栏中的“制作拐角”按钮 ，按图2-25所示进行操作。需要说明的是：“制作拐角”的原曲线可以为直线、样条曲线、圆弧、派生获得的曲线等；操作时，线条被单击的一侧将被保留。

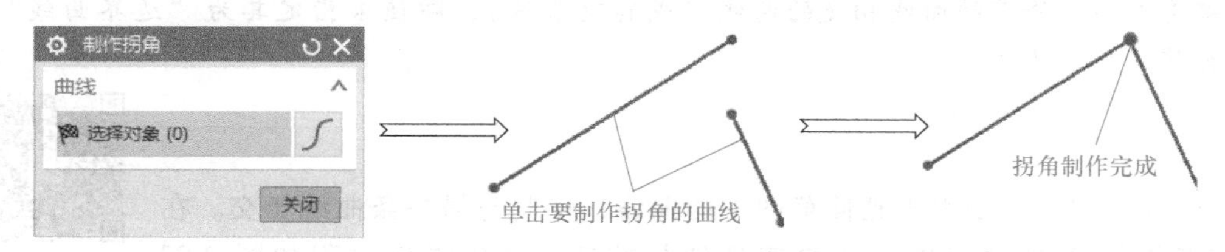

图2-25 “制作拐角”的操作过程

2.5.2 删除对象

在图形窗口单击或者框选要删除的对象，被选择的对象会加亮显示，按<Delete>键可将其删除；或者右击，在弹出的快捷菜单中选择“删除”。

2.5.3 复制/粘贴对象

草图的复制/粘贴是草绘时常用的操作，可以避免相同几何要素的重复绘制，因此，该操作有利于提高绘图效率。可通过单击“菜单”→“编辑”→“复制”/“粘贴”按钮进行操作，也可在选择待复制的对象后右击，在弹出的快捷菜单中选择“复制”/“粘贴”命令，还可以在选择待复制的对象后按<Ctrl+C>键进行复制，再按<Ctrl+V>键进行粘贴操作。

2.5.4 快速修剪

2.5.4 快速修剪

“快速修剪”命令用来快速删除草图中不需要的线条，同时可指定“边界曲线”，对修剪的范围进行限定。在“直接草图”工具栏中单击“快速修剪”按钮，具体操作过程如图2-26所示。

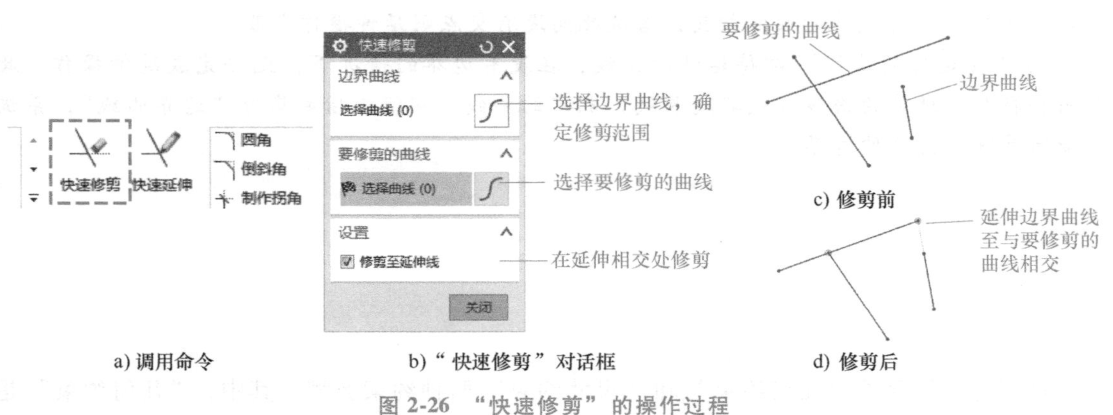

图2-26 “快速修剪”的操作过程

说明：

1）“边界曲线”命令非必须使用，仅用于限定曲线修剪的范围。此时边界曲线（或其延长线）应与待修剪的曲线相交，相交点（即边界点）将待修剪的曲线分为两部分，操作时待修剪的曲线被单击的一侧曲线被删除，即修剪哪一侧就单击哪一侧。

2）“要修剪的曲线”即待修剪的曲线，在没有边界的情况下，整条曲线都会被修剪。此时若存在与待修剪的曲线相交的曲线（或其延长线），即使未指定其为“边界曲线”，系统也会将其默认为边界。

2.5.5 快速延伸

2.5.5 快速延伸

“快速延伸”命令用来延伸草图中的曲线，使其与另一条曲线相交。在“直接草图”工具栏中单击“快速延伸”按钮，具体操作过程如图 2-27 所示。

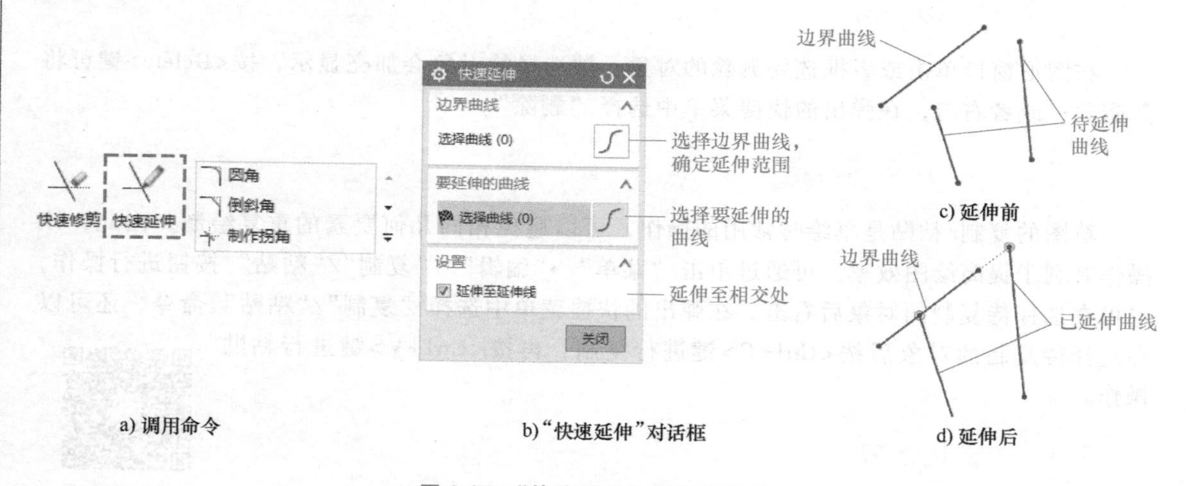

图 2-27 “快速延伸”的操作过程

说明：

1）“边界曲线”命令非必须使用。仅用于限定曲线延伸的边界，此时的边界曲线（或其延长线）应与待延伸的曲线相交，若彼此间没有交点则延伸操作失败。

2）“要延伸的曲线”即待延伸的曲线，在没有边界的情况下，无法完成延伸操作。此时若存在与待延伸的曲线（或其延长线）相交的曲线，即使未指定其为“边界曲线”，系统也会将其默认为延伸边界。

2.6 草图约束

2.6.1 草图约束概述

草图约束包含了“几何约束”和“尺寸约束”两种约束类型。其中，“几何约束”是用来定位草图对象彼此之间的几何位置与方向关系的，绘图时系统会自动捕捉绘图者的意图，从而完成自动约束，若自动约束不符合要求则可继续修改；“尺寸约束”是用来驱动、限制和约束草图对象的大小和几何形状的。

2.6.2 “约束”工具栏简介

在草图环境中，“约束”工具栏中会显示绘制草图时可选用的约束命令，同时绘图者可以在该工具栏中右击定制“约束”工具栏，如图 2-28 所示。

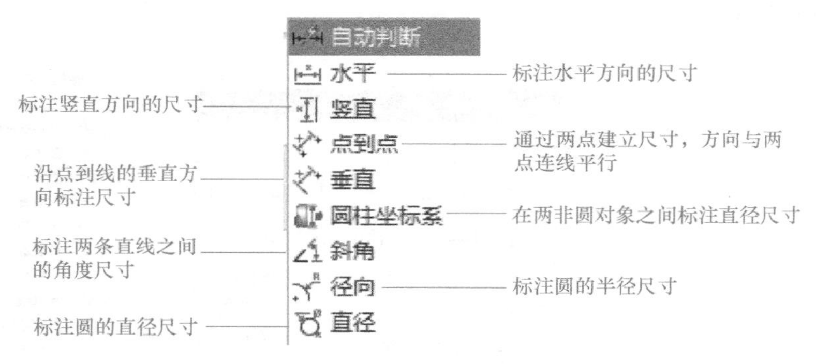

图 2-28 “约束”工具栏

1）“快速尺寸”。自动判断并标注尺寸，通过基于选定的对象和光标所在位置自动判断尺寸类型来创建尺寸约束。单击“快速尺寸”按钮后，在弹出的菜单中可选择的几何尺寸类型如图 2-29 所示。

自动判断
水平　标注水平方向的尺寸
竖直　标注竖直方向的尺寸
点到点　通过两点建立尺寸，方向与两点连线平行
垂直　沿点到线的垂直方向标注尺寸
圆柱坐标系　在两非圆对象之间标注直径尺寸
斜角　标注两条直线之间的角度尺寸
径向　标注圆的半径尺寸
直径　标注圆的直径尺寸

图 2-29 “快速尺寸”工具栏

2）“几何约束”。有多种约束方式供选择，用户可根据需要选择约束方式，指定几何对象的约束。

3）“设为对称”。指定两直线等几何要素关于对称线对称。需要说明的是，绘图区的 X、Y、Z 轴可以作为对称线。

4）“显示草图约束”。查看所有已经添加的几何约束。

5）“显示/移除约束”。显示与选定的草图几何图形关联的几何约束，并移除所有这些约束或列出信息。

6）“自动判断约束和尺寸”。绘图时系统可自动判断添加的约束类型。

7）“自动约束”。系统可以在选择的对象之间自动添加约束。单击该按钮，可在弹出的对话框中设定自动添加约束的方式，如图 2-30 所示。

图 2-30 “自动约束”工具栏

8）“自动标注尺寸”。根据设定的规则在几何对象上自动标注尺寸。

9）“转换至/自参考对象”。将草图曲线或者驱动尺寸转换为参考曲线或参考尺寸，或者将参考曲线与尺寸转换为草图曲线与驱动尺寸。需要说明的是，参考曲线不能直接作为三维建模的驱动轮廓，参考尺寸也不能控制草图几何体。

10）“备选解”。备选尺寸或几何约束的解算方案。

11）“连续自动标注尺寸”。伴随草图曲线的建立自动完成尺寸标注，随着几何对象间约束的完善，自动标注的尺寸会逐渐减少。

12）“创建自动判断约束”。在曲线构造过程中启用自动判断约束。

2.6.3 草图几何约束

2.6.3 草图几何约束

几何约束的添加有自动和手动两种方式，本小节介绍手动添加约束方式。单击“约束”工具栏中的“几何约束 ⫽⊥”按钮，弹出图 2-31 所示“几何约束”对话框。

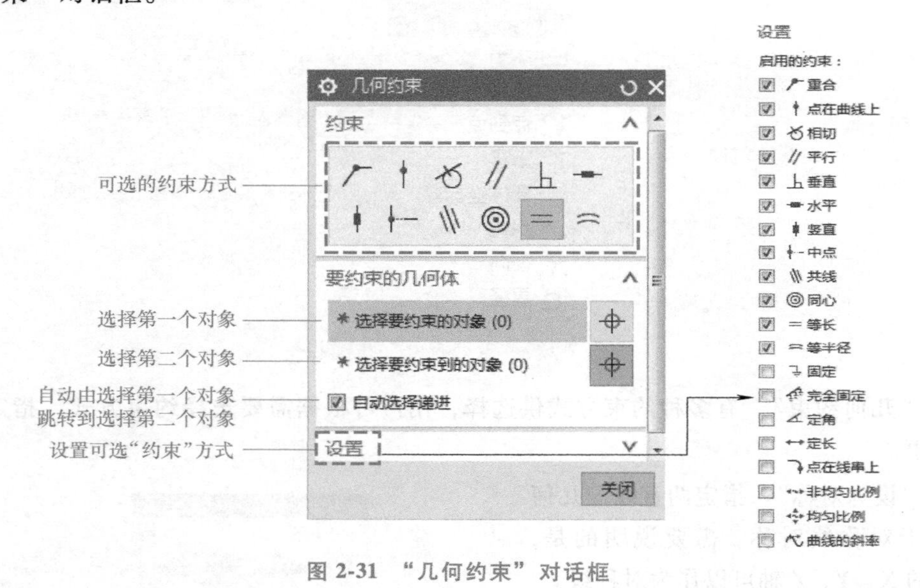

图 2-31 “几何约束”对话框

单击“几何约束”对话框中的“设置”按钮，可对几何约束类型进行设置，具体约束类型及其功能描述见表 2-3。

表 2-3 “几何约束”具体约束类型及其功能描述

名称	符号	功能描述
重合		约束多个顶点或者点重合
点在曲线上		约束顶点或点在曲线上
相切		约束两条曲线相切
平行		约束两条或多条曲线平行

（续）

名称	符号	功能描述
垂直		约束两条曲线垂直
水平		约束两条或多条曲线水平
竖直		约束两条或多条曲线竖直
中点		约束顶点或者点在曲线中点上
共线		约束两条或多条曲线共线，即在同一条直线上
同心		约束两条或多条圆弧同心
等长		约束两条或多条曲线长度相等
等半径		约束两条或多条圆弧半径相等
固定		使一条或者多条曲线或顶点固定
完全固定		使一条或者多条曲线和顶点固定
定角		约束一条或多条曲线间的角度固定
定长		约束一条或多条曲线长度固定
点在线串上		约束点或者顶点位于曲线（曲线投影）上
非均匀比例		沿样条曲线长度按比例定义缩放点
均匀比例		在两个方向定义缩放点，从而保持样条曲线的形状
曲线的斜率		在定义点处约束样条曲线的相切方向，使之与某条曲线平行

下面通过两个实例介绍添加几何约束的一般操作流程，分别如图 2-32 和图 2-33 所示，分别为添加“重合”和“相切”约束。

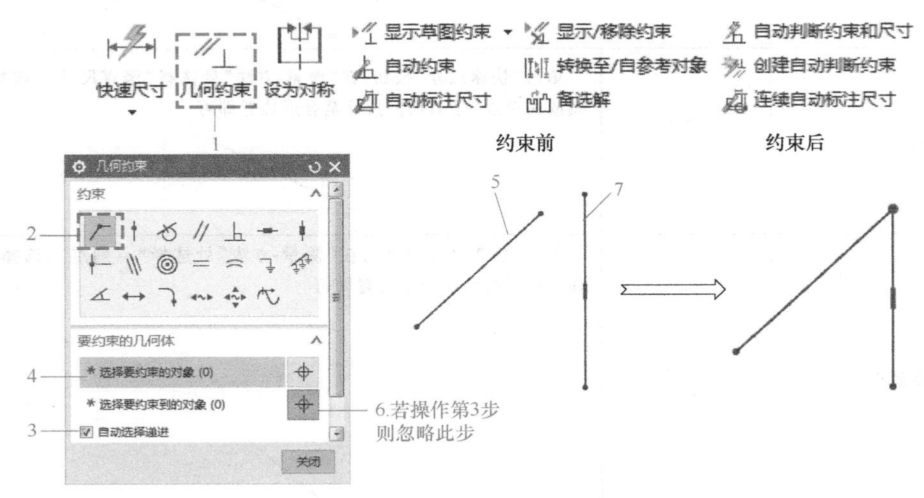

图 2-32　添加“重合”约束的操作流程

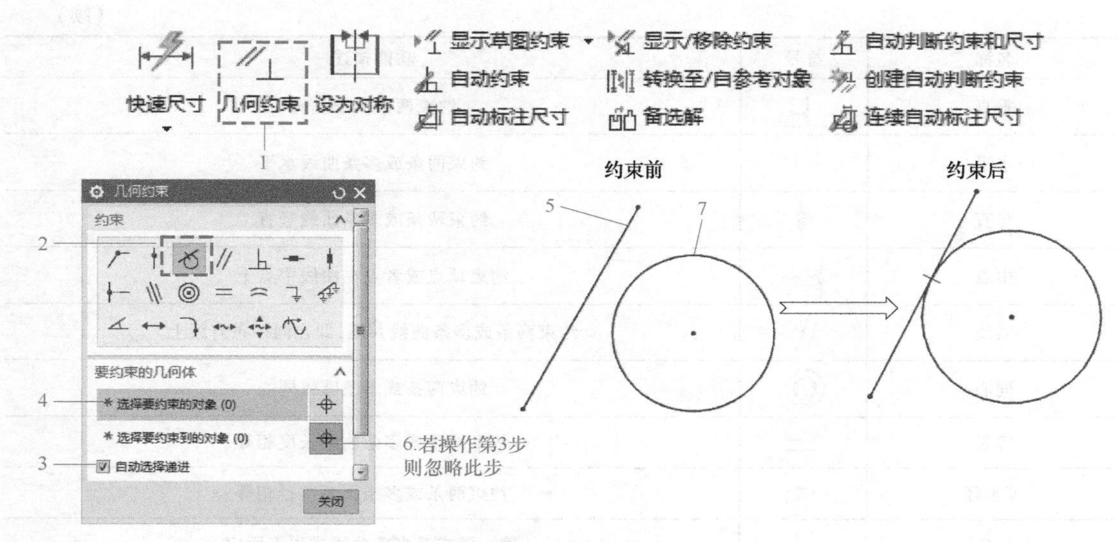

图 2-33　添加“相切”约束的操作流程

2.6.4　草图的尺寸约束

添加草图尺寸约束是指对草图几何对象标注尺寸，并设置尺寸标注的形式和大小，以驱动、限制和约束草图几何对象。表 2-4 介绍的是“快速尺寸”对话框中尺寸约束的类型及操作说明。

表 2-4　尺寸约束的类型及操作说明

尺寸约束类型	图标	操作说明
水平尺寸		单击“快速尺寸”按钮，在“测量-方法”处选择“水平尺寸”，选择一条直线或两个点，移动鼠标指针至合适位置即可 25.8
竖直尺寸		单击“快速尺寸”按钮，在“测量-方法”处选择“竖直尺寸”，选择一条直线或两个点，移动鼠标指针至合适位置即可 13.1
点到点		单击“快速尺寸”按钮，在“测量-方法”处选择“点到点”，选择两个点，移动鼠标指针至合适位置即可 3.1

（续）

尺寸约束类型	图标	操作说明
垂直		单击“快速尺寸”按钮，在“测量-方法”处选择“垂直”，选择一条直线和一个点，移动鼠标指针至合适位置即可，尺寸与直线垂直 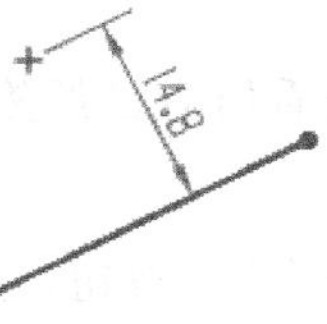
斜角		单击“快速尺寸”按钮，在“测量-方法”处选择“斜角”，选择两条直线后移动鼠标指针至合适位置即可 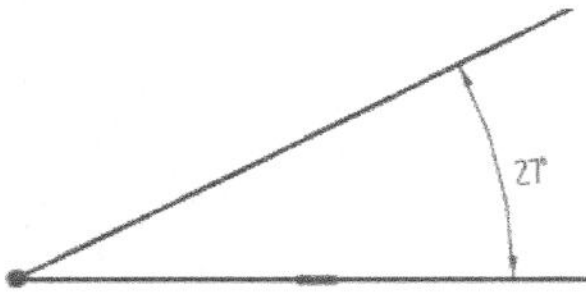
径向		单击“快速尺寸”按钮，在“测量-方法”处选择“径向”，选择圆弧或者圆，再移动鼠标指针即可 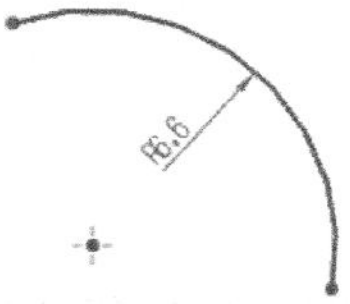
直径		单击“快速尺寸”按钮，在“测量-方法”处选择“直径”，选择圆弧或者圆，再移动鼠标指针即可 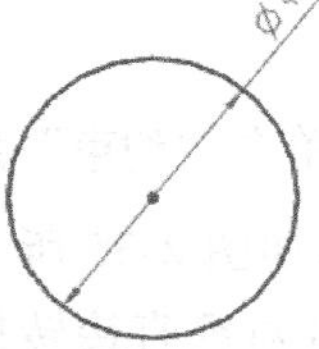
圆柱坐标系		单击“快速尺寸”按钮，在“测量-方法”处选择“圆柱坐标系”，选择两条直线或选择圆弧（圆）上的两点，移动鼠标指针即可。此命令标注的尺寸值前面始终会有“ϕ”符号 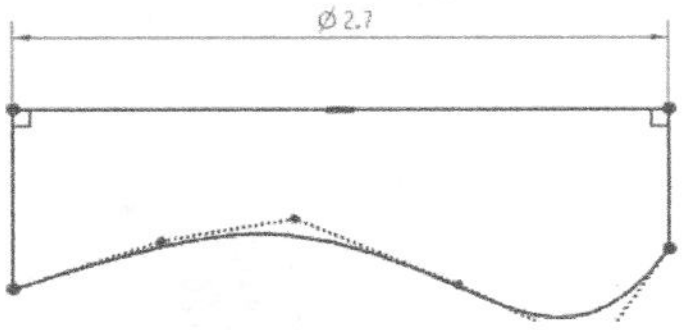

2.7 修改草图约束

2.7.1 显示/移除约束

在草图中可以查看所有已经施加的几何约束，还可以设置查看范围、约束类型和移除不需要的几何约束。

在草图环境中单击按钮，显示草图中所有施加的几何约束，如图 2-34 所示，可以看出几何约束显示与否的区别。

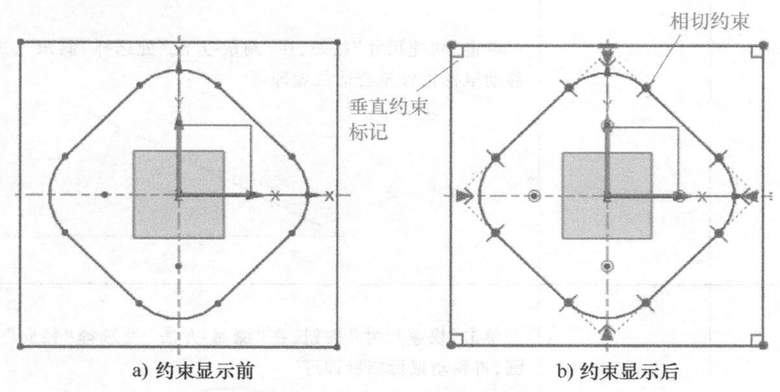

图 2-34 显示约束前后的对比

2.7.2 约束的备选解

2.7.2 约束的备选解

当用户对一个草图对象进行约束操作时，同一约束条件可能存在多种满足约束的方案，“备选解” 命令正是针对这种情况的。它可从约束的一种解法转为另一种解法。可以通过以下两种方法调用“备选解” 命令。

1）草图环境中，单击 “菜单”→“工具”→“约束”→“备选解算方案” 按钮。

2）草图环境中，单击 “约束” 区域右下角的箭头，在弹出的菜单中选择“备选解”。

“备选解” 对话框如图 2-35 所示。单击对话框中的 选择线性尺寸或几何体 (0)，选择操作对象，系统会将所选对象直接转换为同一约束的另一种约束表现形式，如图 2-36 所示。

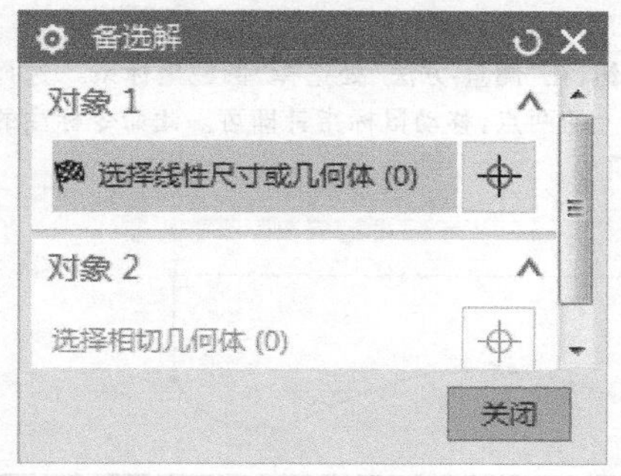

图 2-35 “备选解” 对话框

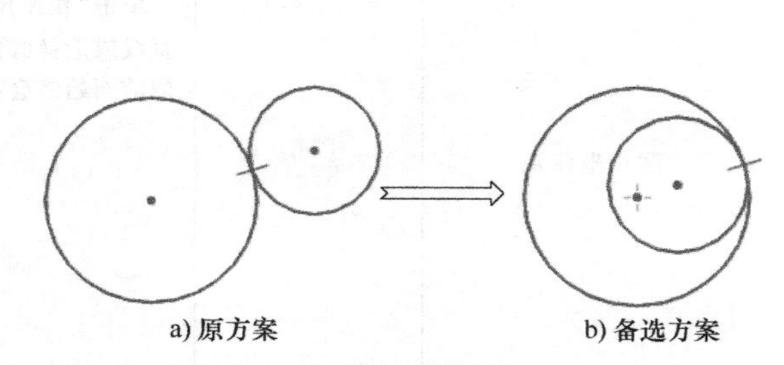

图 2-36 备选解实例

2.7.3　移动与修改尺寸

2.7.3　移动与修改尺寸

1. 移动尺寸

为了使图面整洁、清晰且布局合理，可以调整图形的尺寸和文本的位置，具体操作步骤如下。

1）将鼠标指针移动至待移动的尺寸处，尺寸加亮显示时按住鼠标左键。

2）左右或者上下移动指针，可以调整尺寸线及文本的位置。不论何种尺寸，尺寸的移动方向一般与尺寸线垂直。

3）在合适的位置松开鼠标左键即完成尺寸位置的调整，如图2-37所示。

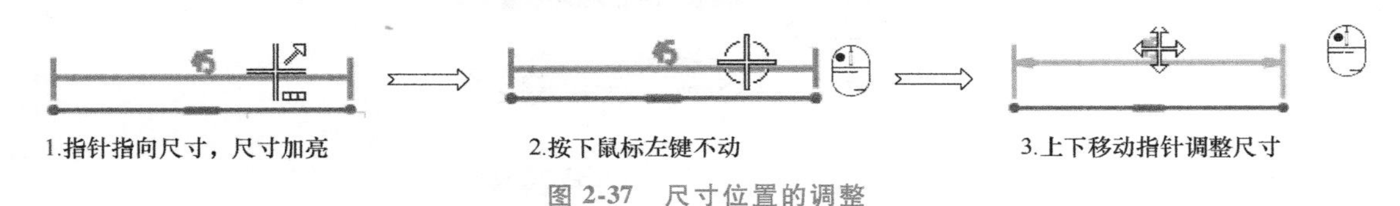

图2-37　尺寸位置的调整

2. 修改尺寸

（1）单个尺寸的修改　双击需要修改的尺寸，弹出动态输入框，在输入框中输入新的几何尺寸值，单击鼠标中键完成修改，操作步骤如图2-38所示。

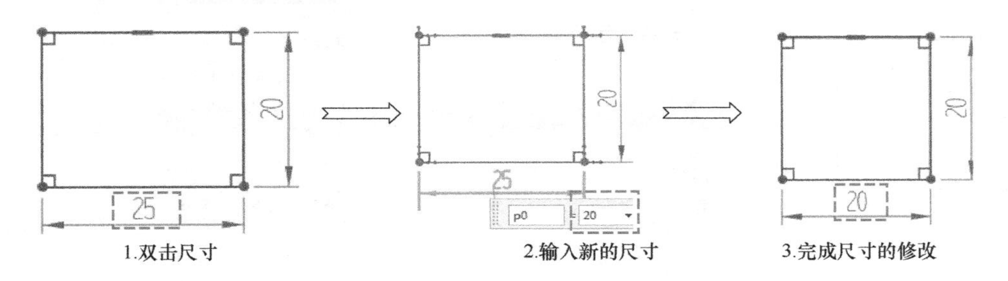

图2-38　单个尺寸的修改操作步骤

此外，还可以将鼠标指针移动至要修改的尺寸处右击，在弹出的快捷菜单中选择 编辑(E)... 命令，在弹出的对话框中修改尺寸。

（2）多个尺寸的修改　有时需要修改多个草图尺寸，采用上述方法操作过于繁琐，因此希望能对尺寸进行统一修改，系统提供了相关的功能，可以按照图2-39所示进行操作。

2.7.4　动画演示尺寸

2.7.4　动画演示尺寸

“动画演示尺寸”命令能实现草图中某一个尺寸在指定的范围内的连续变化，以此带动相应的草图对象整体产生连续变化，从而实时判断草图设计的合理性，并及时发现错误，以提高设计的效率和科学性。操作之前需要标注相应的尺寸，并添加必要的几何约束。此命令可以在草图环境中的“约束”工具栏中调用，或者在草图环境中单击“菜单”→“工具”→“约束”→ 动画演示尺寸 按钮调用。下面通过一个实例来进行该命令的操作演示，如图2-40所示。

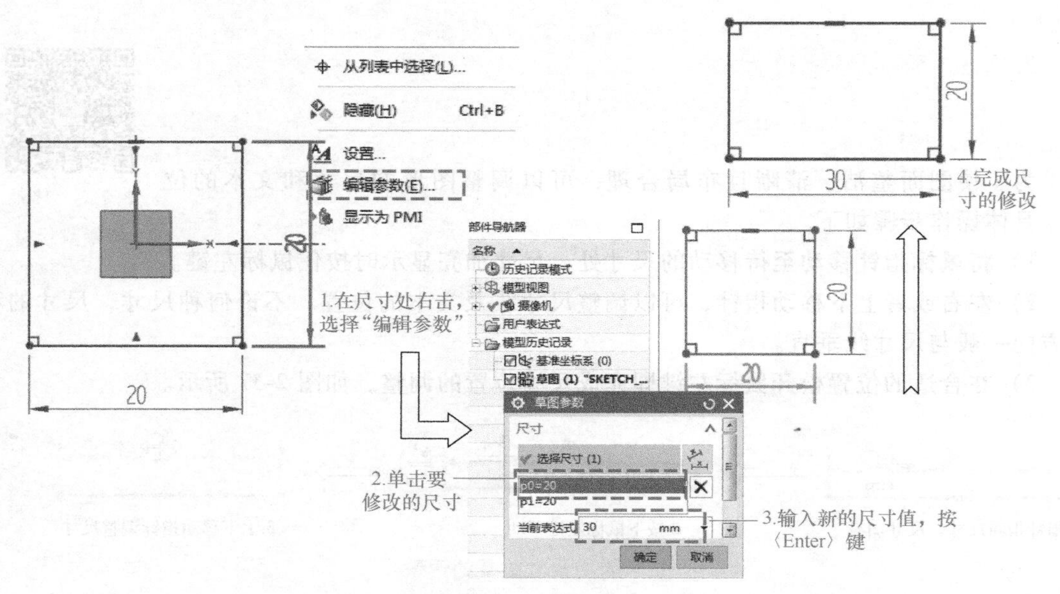

图 2-39 多个尺寸的修改

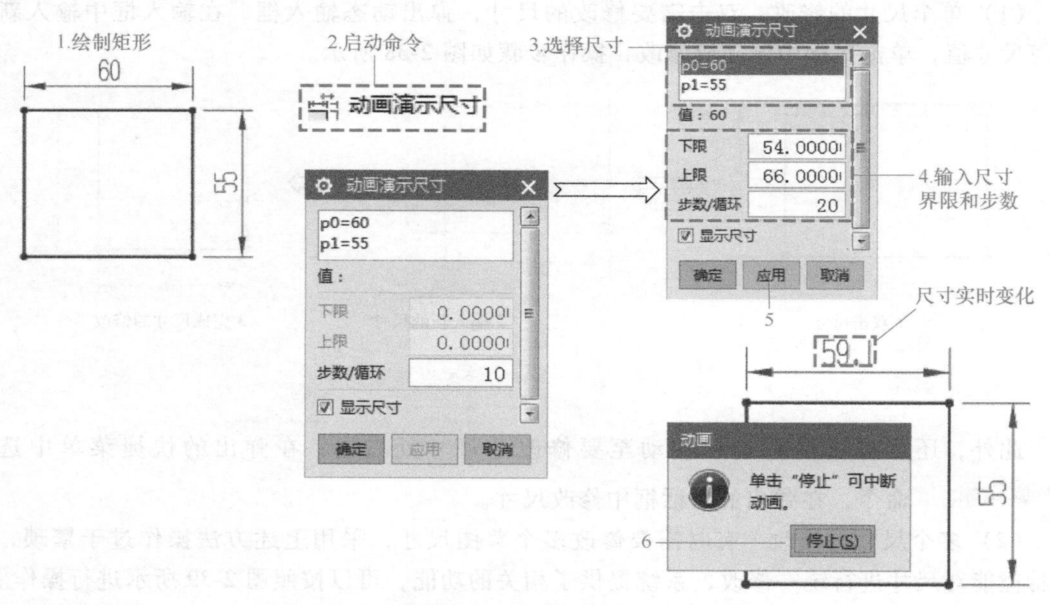

图 2-40 “动画演示尺寸”命令的操作演示

信息补充站

“动画演示尺寸”命令的几点说明

1）“步数/循环”：其后文本框中的数值用于设置演示尺寸的速度，数值越大则动画演示时尺寸变化的速度越慢。

2）“显示尺寸”：勾选此复选框则动画演示时显示尺寸数值的变化过程，否则不显示。

3）使用“动画演示尺寸”命令之前需要标注尺寸并添加足够的几何约束，否则不会在“动画演示尺寸”对话框中显示尺寸，演示尺寸时草图会发生不可预测的变化。

4）动画演示意在展示草图尺寸连续变化对设计的整体影响，并不是真正意义上的修改草图尺寸，当演示结束时草图又回到原来的尺寸状态。

2.7.5　转换至/自参考对象

2.7.5　转换至/自参考对象

根据机械制图相关的国家标准，有些草图对象是作为基准来使用的，并不能直接参与实体几何轮廓的创建，或者在标注尺寸时引起了过约束，此时，可利用“转换至/自参考对象”命令，将草图对象或者驱动尺寸转换为参考线或者参考尺寸；必要时也可利用该命令将参考线转换为草图对象、参考尺寸转换为驱动尺寸。该命令可在草图环境中直接调用，也可选择草图后右击，在弹出的快捷菜单中调用。下面通过一个实例进行该命令的操作演示，如图 2-41 所示。

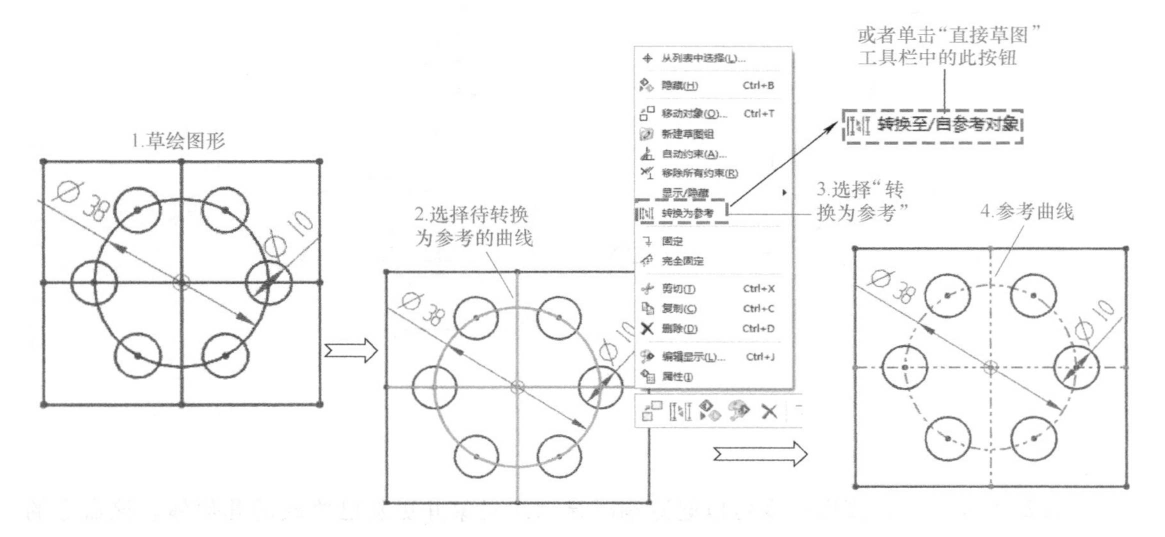

图 2-41　“转换至/自参考对象”命令操作演示

信息补充站

“转换至/自参考对象”命令的几点说明

1）曲线转换成参考对象后以浅色双点画线显示，在曲线拉伸和旋转等三维实体建模的操作过程中不起作用。

2）一个尺寸转换为参考对象后，它仍然在草图中显示，并可以更新，但其尺寸表达式不再对原来的几何对象产生约束效应，也就是说不能修改。而对于驱动尺寸而言，可修改其尺寸表达式的值，以改变它所对应的草图对象的约束效果。

2.8　草图的管理

2.8.1　定向视图到草图

目前绝大部分三维建模软件都需要先建立二维草图才能生成三维模型。对于UG软件而言，草绘时由于操作不当常导致草图平面旋转，部分用户不适应在三维视图下绘制草图，因此希望重新回到草图平面，方法是在“草图”工具栏中单击“定向视图到草图”按钮，或者在绘图区右击，选择快捷菜单中的此命令，如图2-42所示。

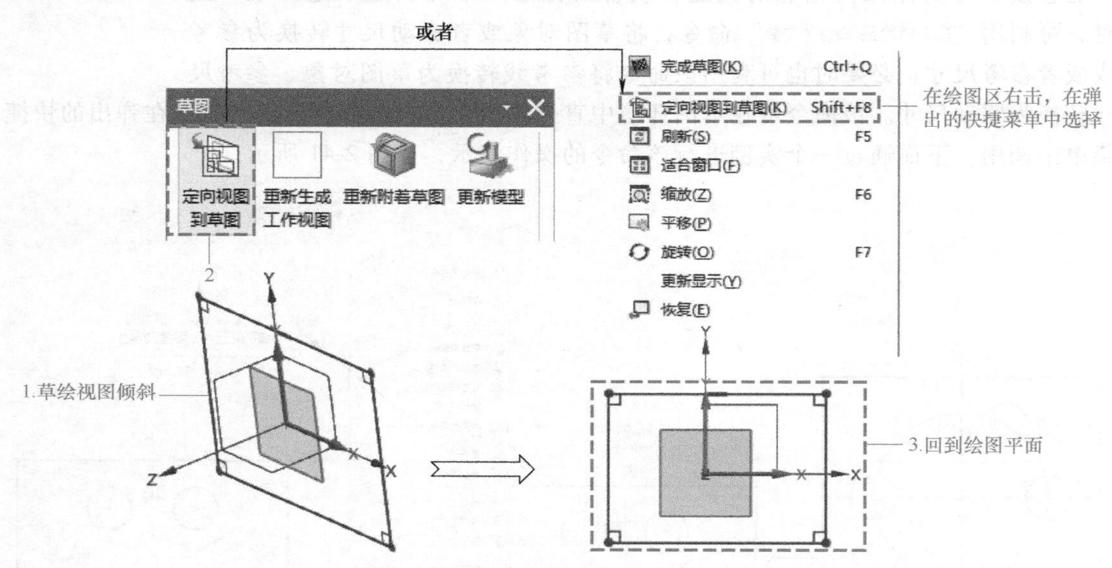

图2-42　“定向视图到草图”操作演示

2.8.2　重新生成工作视图

“重新生成”工作视图命令可以删除临时显示的对象并更新已修改的几何体。该命令的调用可以通过单击“菜单”→“视图”→“操作”→重新生成工作视图(G)按钮，或者自行定制图2-43所示的工具栏以便快捷调用。

图2-43　“重新生成工作视图”命令

2.8.3　重新附着草图

草绘时，若意识到当前的草图平面不合适时，无需删除当前草图并重新创建，只需将当前草图附着到新建的草图平面中。“重新附着草图”命令可以实现以下3个功能。

1）移动草图到不同的草图平面、基准平面或者路径。

2）在原位置上的草图和路径上的草图间进行切换。

3）沿着所附着的路径，更改路径上草图的位置。

该命令的调用可以通过单击“菜单”→“工具”→“操作”→ 重新附着草图(H)... 按钮，或者自行定制工具条以便快捷调用，如图 2-44 和图 2-45 所示。

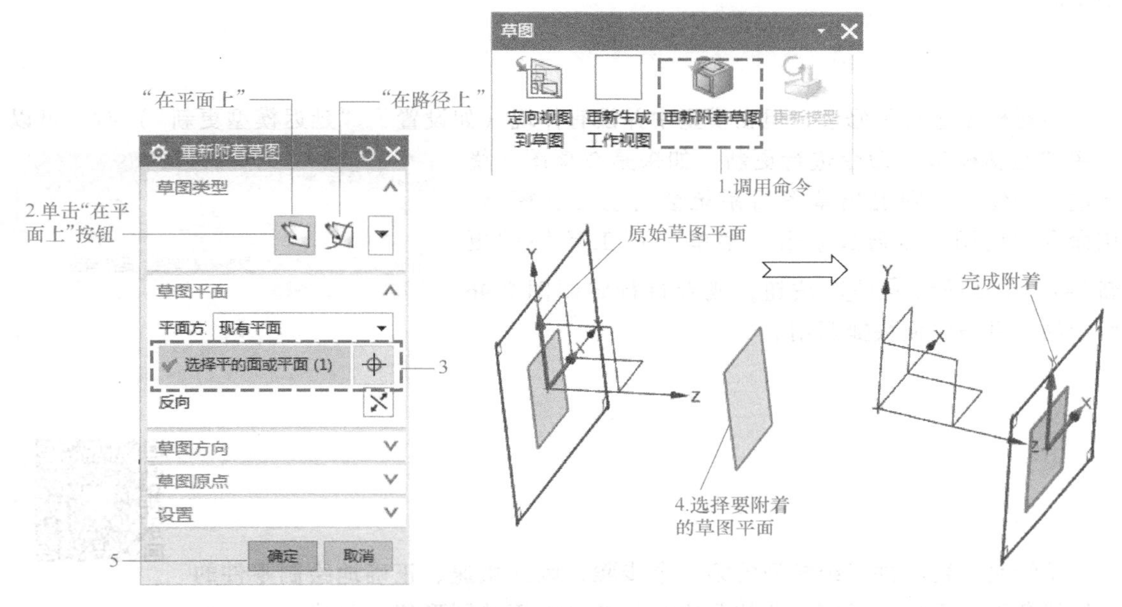

图 2-44 “重新附着草图”的“在平面上”操作

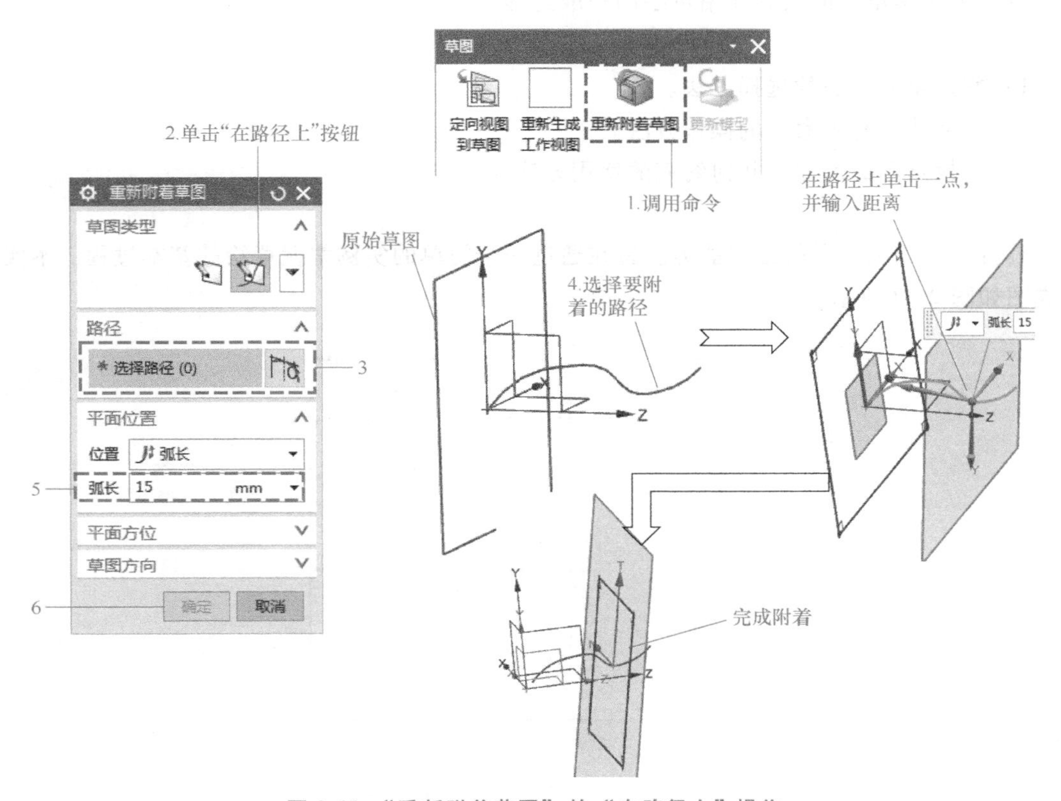

图 2-45 “重新附着草图”的“在路径上”操作

需要注意的是，基准平面、面或路径应该先于需要变更附着的草图创建，否则无法完成相关操作。对于原位置上的草图，重新附着后显示任意的定位尺寸，原始的几何尺寸保持不变。

2.8.4 更新模型

当对模型进行了修改，但在模型中并没有体现（如设置了“延迟模型更新”）时，可以调用“更新模型”命令进行更新。如果是在草图环境下进行的修改，则退出草图后系统会自动更新模型。该命令的调用可以通过单击“菜单”→“工具”→“更新”→ 更新模型(M) 按钮，或者自行定制图 2-46 所示的工具条以便快捷调用。

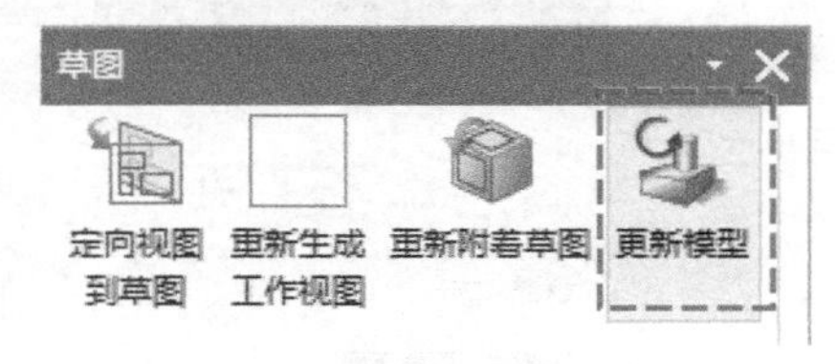

图 2-46 “更新模型”命令

2.9 草绘综合实例

2.9.1 草绘综合实例一

2.9.1 草绘综合实例一

草绘是构建零件三维模型的第一个步骤，因此快速、正确地绘制零件的草绘线条至关重要。任何复杂的草绘轮廓都是由简单图形组合而成的。本实例通过一个简单矩形的绘制介绍草绘的一般过程。

1. 知识目标

1）掌握草图平面的选择方法。

2）掌握草图基础命令的操作方法。

3）掌握草图的尺寸、几何约束的使用方法。

2. 技能目标

具备基础二维草图的绘制能力。旨在通过一个简单的实例掌握草绘的基本过程。本实例完成图如图 2-47 所示。

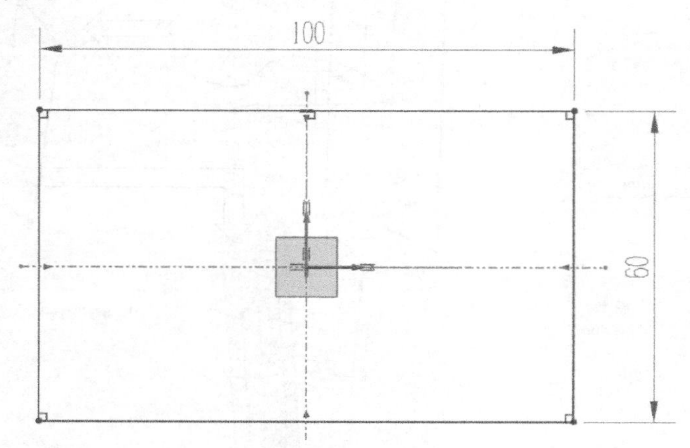

图 2-47 草绘综合实例一完成图

3. 素质目标

1）培养学生树立成为爱岗敬业、锐意进取、新时代高技能人才的理想。

2）具备诚信待人、与人合作的团队协作精神。

3）培养学生工作的创新意识和创新能力。

4. 实施过程

步骤1：设置和进入草图环境，如图2-48所示。

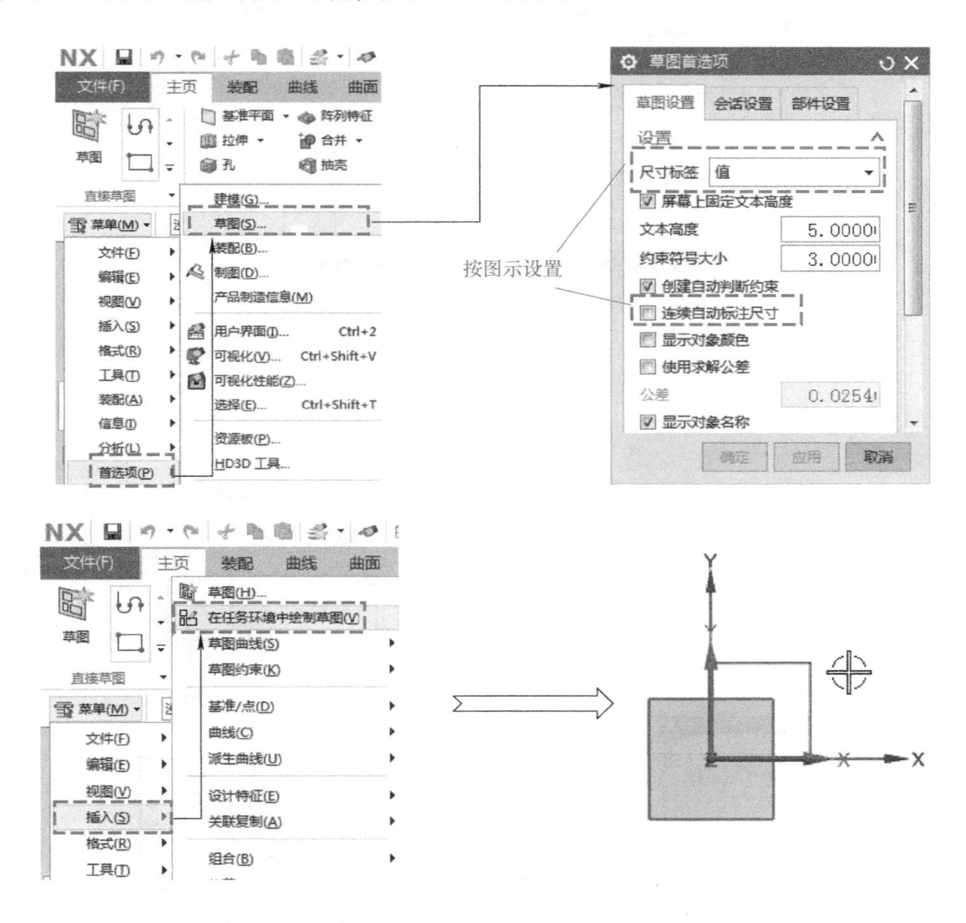

图2-48　设置和进入草图环境

步骤2：绘制中心线，如图2-49所示。

步骤3：绘制矩形，对称约束并标注尺寸，如图2-50所示。

步骤4：保存文件（.prt格式）。

2.9.2　草绘综合实例二

2.9.2　草绘综合实例二

在掌握基本图形的绘制方法之后，本实例要求读者完成一个稍微复杂一点的几何图形的草绘，该图形由直线和圆弧组成，要求读者正确标注尺寸，约束各几何图素之间的位置关系，图形整体效果美观。

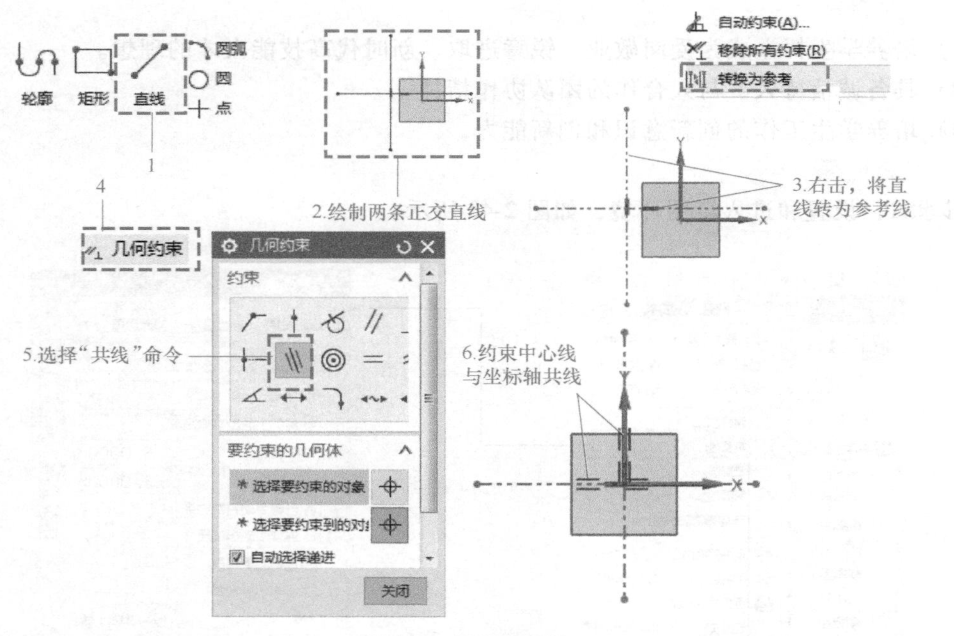

图 2-49　绘制中心线

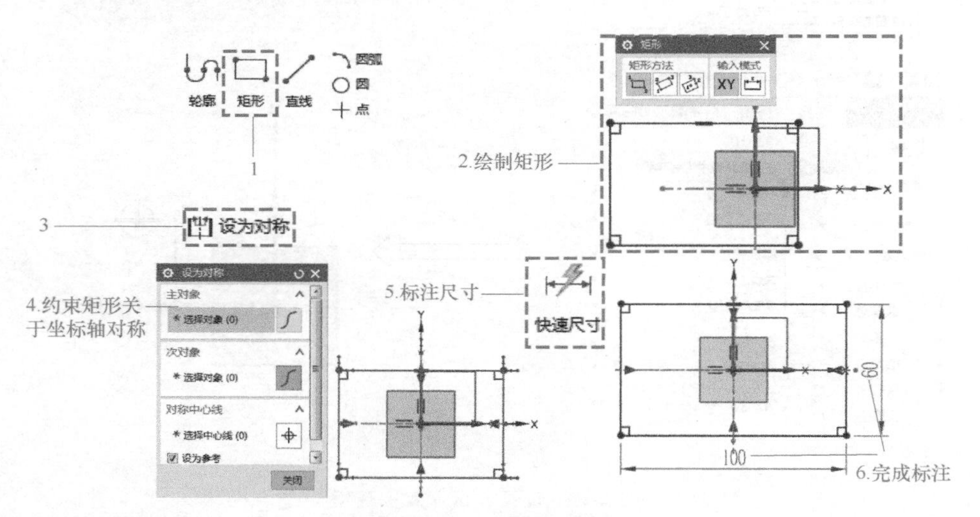

图 2-50　绘制矩形，对称约束并标注尺寸

1. 知识目标

1）掌握草图平面的选择方法。

2）掌握草图的进阶操作方法。

3）掌握草图的尺寸标注、几何约束命令的使用方法。

2. 技能目标

具备基础二维草图的绘制能力，进一步掌握绘图的基本步骤，练习矩形、圆、切线的绘制方法，掌握尺寸标注、活动曲线转换为参考曲线和虚线的方法。本实例完成图如图 2-51 所示。

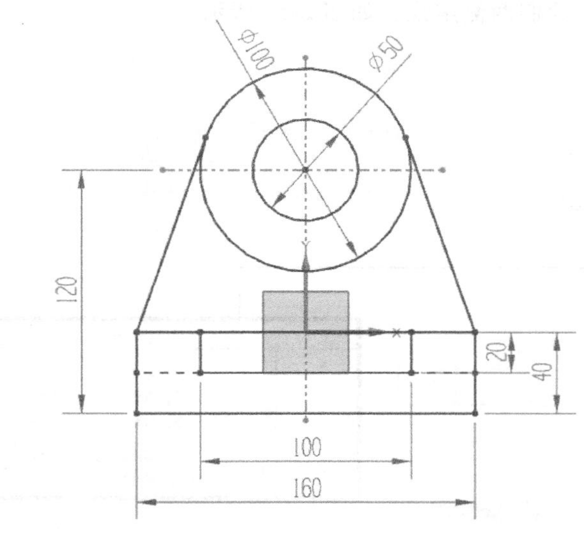

图 2-51 草绘综合实例二完成图

3. 素质目标

1）培养学生的责任感和参与意识，以及爱岗敬业、勇于创新、善于创新的工作作风。

2）培养学生良好的表达能力、沟通和交流能力。

3）培养学生良好的行为规范和职业道德。

4. 实施过程

步骤 1：设置和进入草图环境，步骤如前。

步骤 2：绘制草图底部的两个矩形，约束矩形位置，如图 2-52 所示。

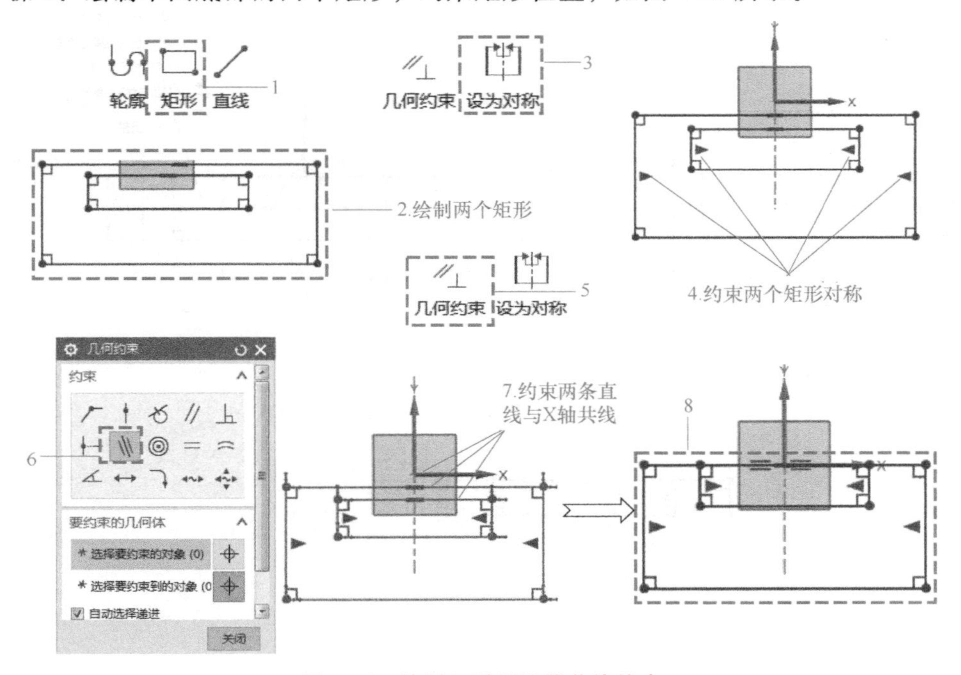

图 2-52 绘制矩形及设置共线约束

步骤 3：标注尺寸，绘制两侧虚线，如图 2-53 所示。

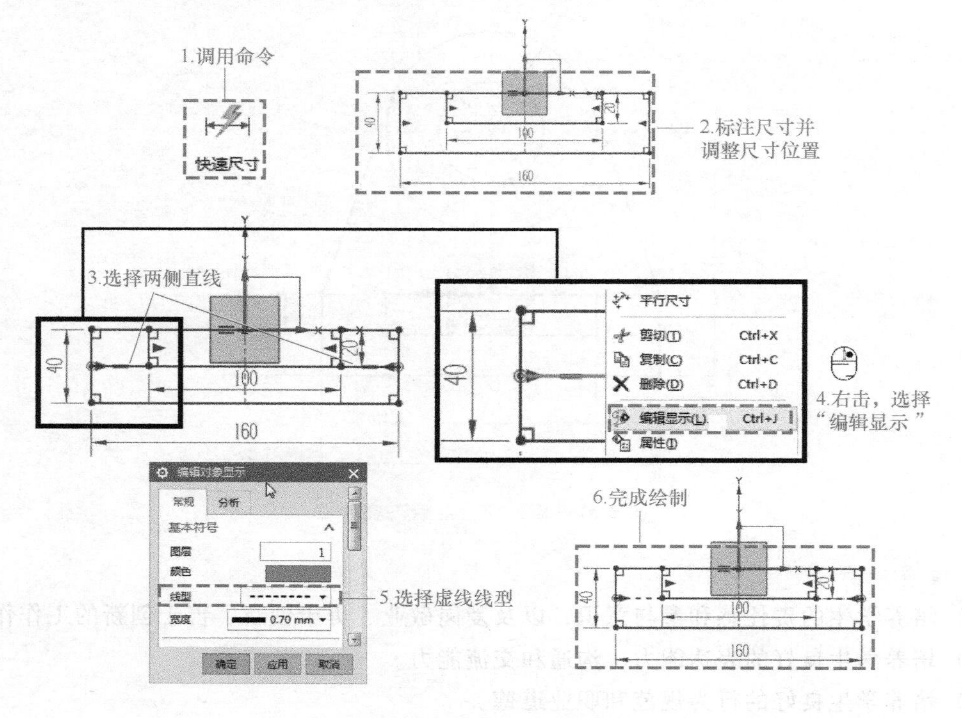

图 2-53　标注尺寸及绘制两侧虚线

步骤 4：绘制中心线并标注尺寸，如图 2-54 所示。

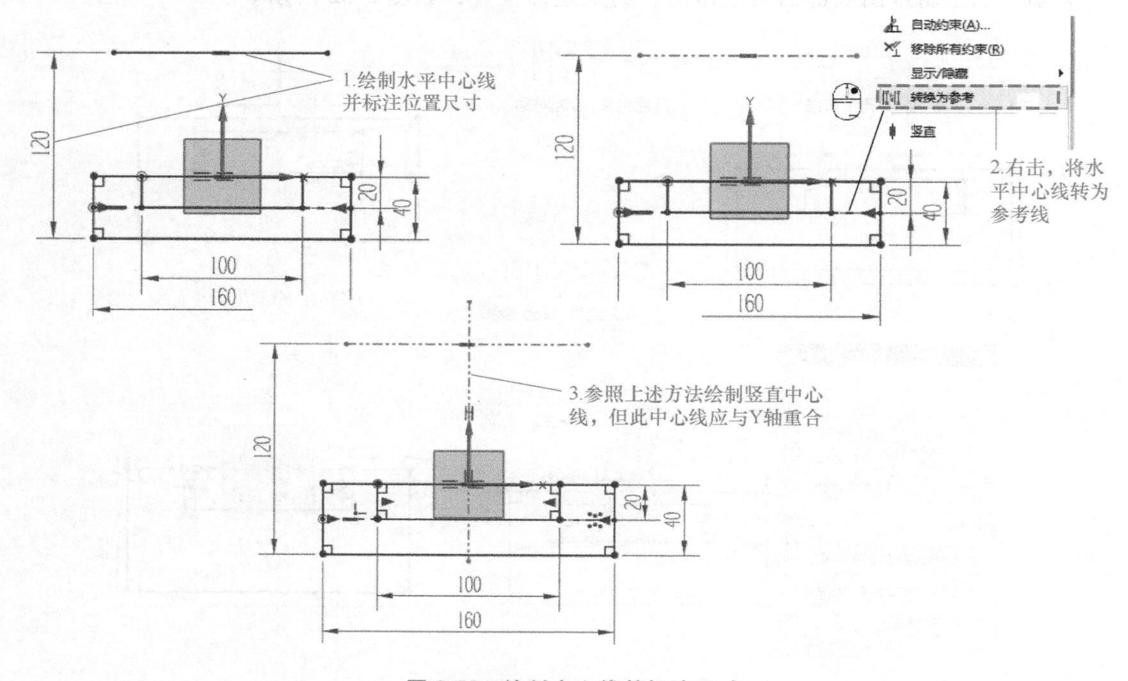

图 2-54　绘制中心线并标注尺寸

步骤 5：绘制两个圆及两侧切线并标注尺寸，完成绘制，如图 2-55 所示。

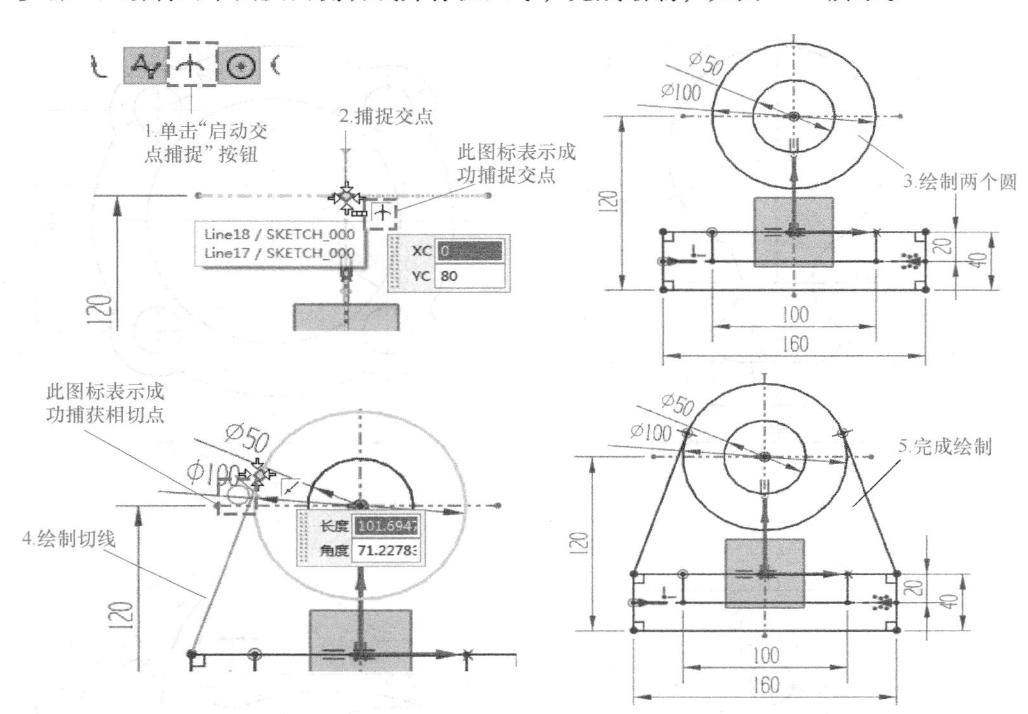

图 2-55　绘制圆与切线

步骤 6：保存文件（. prt 格式）。

习　　题

请使用 UG 软件的草绘功能绘制图 2-56 中的图形。

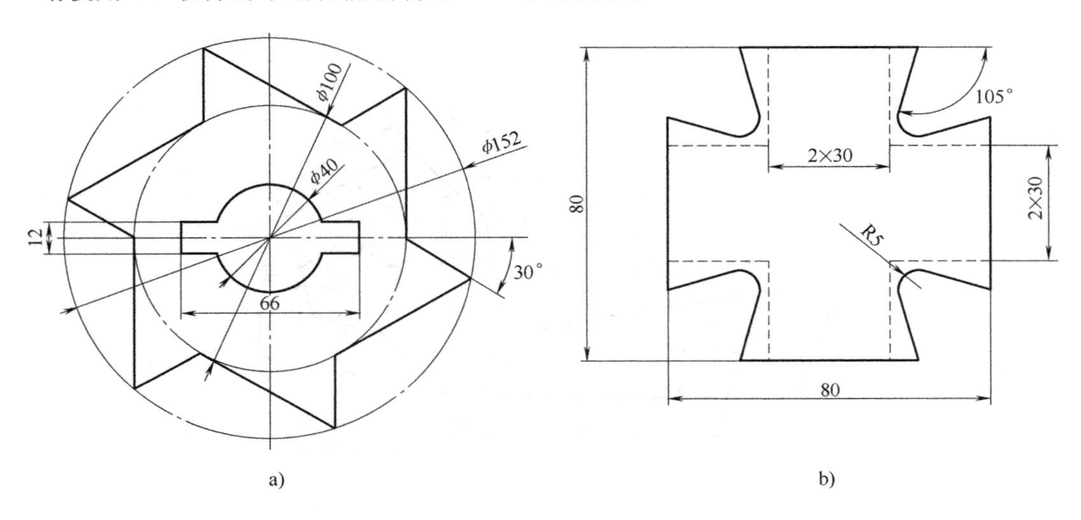

图 2-56　题图

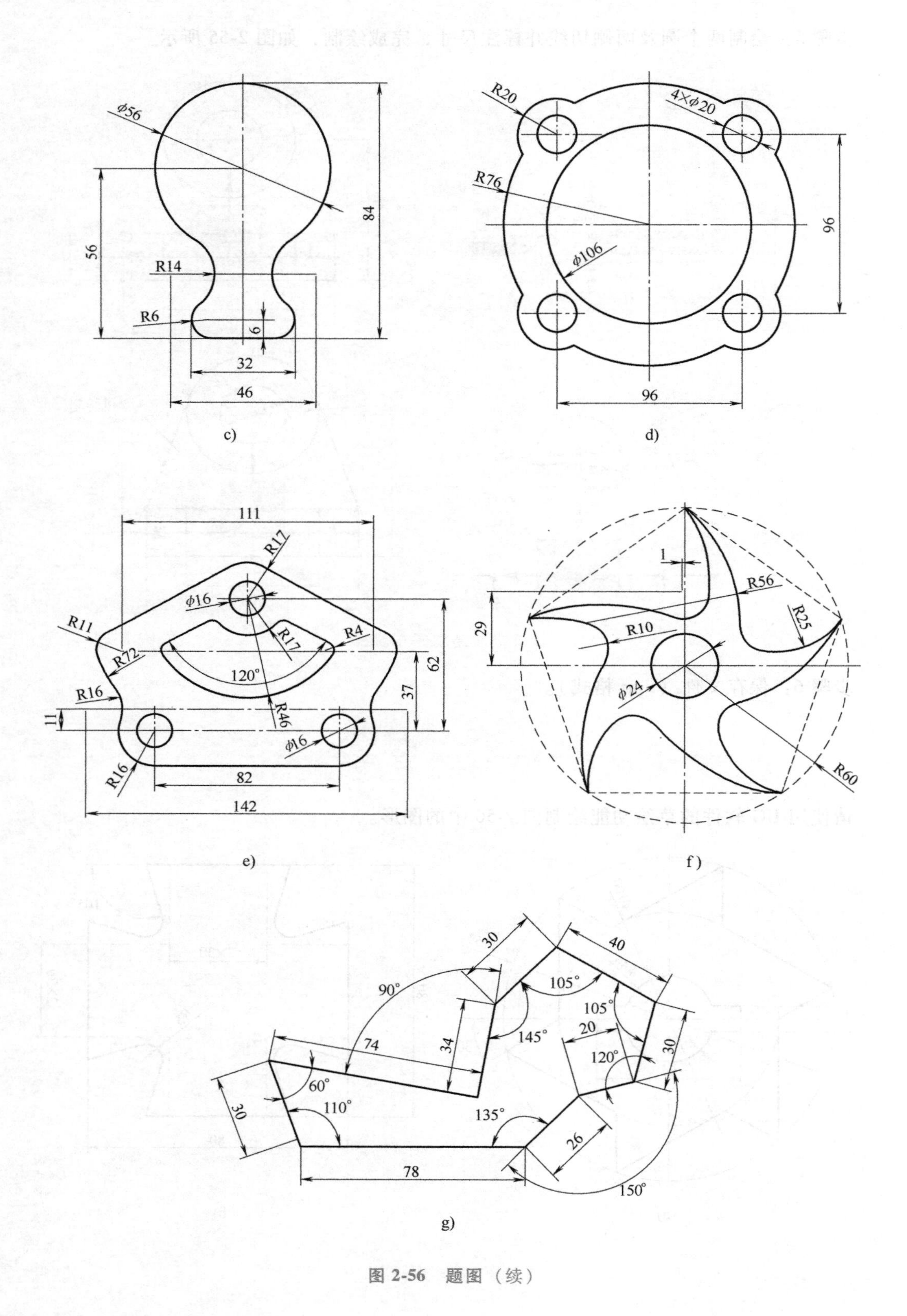

φ56
84
56
R14
R6
6
32
46
c)
R20
4×φ20
R76
φ106
96
96
d)
111
R17
φ16
R11
R17
R4
R72
120°
62
37
R16
R46
11
φ16
R16
82
142
e)
1
R56
R25
29
R10
φ24
R60
f)
30
40
90°
105°
105°
74
34
145°
20
120°
30
60°
110°
135°
30
26
78
150°
g)

图 2-56 题图（续）

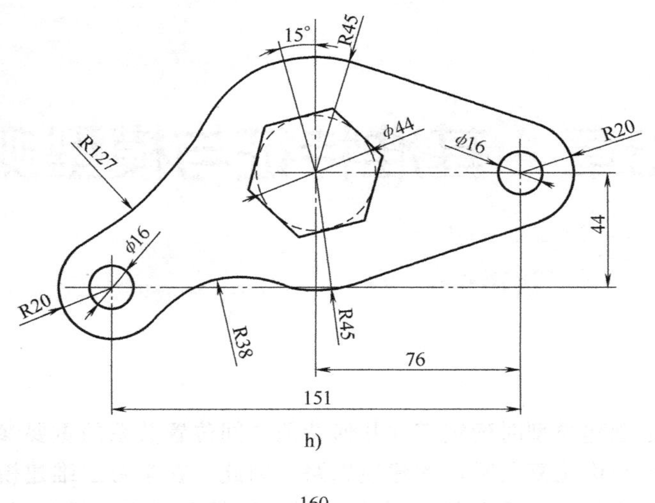
15°
R45
ϕ44
R20
ϕ16
R127
44
ϕ16
R20
R38
R45
76
151

h)

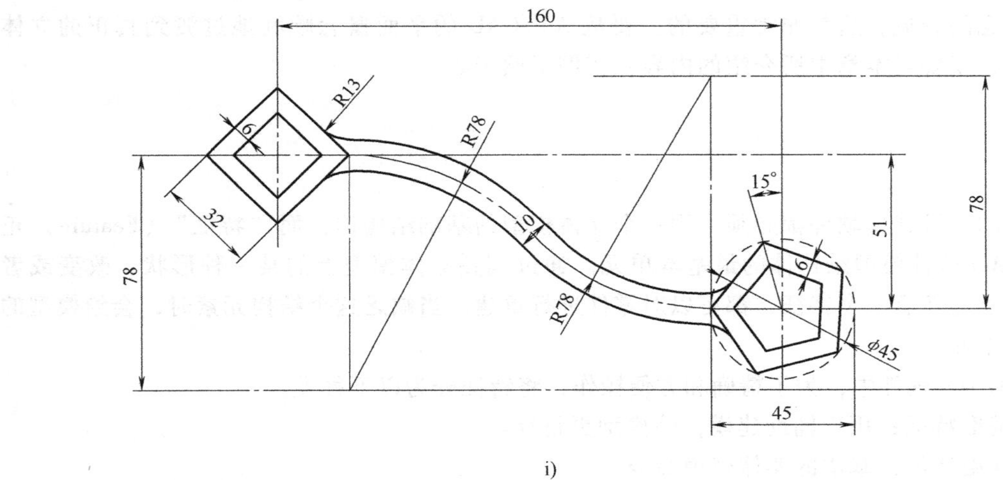
160
R13
6
R78
78
51
15°
32
10
6
78
R78
ϕ45
45

i)

图 2-56 题图（续）

第3章　基准特征与模型测量

“基准特征 ”是创建模型时确定零件几何特征之间位置关系的重要参考要素，对此概念的理解将有助于确定和优化复杂零件的建模思路。因此，在学习三维建模软件时需要注重基准特征概念的养成，这是非常重要的。要从 AutoCAD 的平面概念顺利地过渡到真正的立体空间概念，就要对本章中所介绍的内容和实例了然于心。

3.1　特征概述

所有的三维建模软件都必须采用一个立体模型的基础结构体，而“特征”（Feature）正是三维 CAD 软件模型结构体的最基本单元。通过调整立体模型上的某一种形状，改变或者编辑模型上的任意一个特征，都可以对零件进行重建。当缺乏这个结构元素时，会给模型的编辑带来不便。

在 UG NX 软件中，为了精确和方便操作，将特征分为以下种类。

1）基准特征：用于辅助建模，使模型更精准。

2）基础特征：基本的实体建模命令。

3）工程特征：这类特征命令的名称都是机械工程专业上的专门术语；这类特征的操作大多很简单，但是要配合专业概念来进行理解。

4）复制特征：用于复制已绘图素（包括草图、三维特征等）的特征命令。

5）编辑特征：专门用来编辑所有图素（如曲面或实体等）的特征命令。

6）修饰特征：某些机械结构特征在机械制图惯例下是可以不用绘出的，以避免图面复杂和增加绘图工作量。例如，符号螺纹特征就是用来处理这类图形的命令。

3.1.1　部件导航器

在 UG NX 建模过程中，是否能正确地使用“部件导航器”是非常重要的。“部件导航器”是记录模型建构过程的工具，它将出现在导航选项卡区，包含当前图面中的所有特征或零件的列表，并以树状的方式来显示模型的结构。当进入零件设计模块后，系统就会自动打开部件导航器，如图 3-1 所示。

由图可知，只需观察部件导航器，即可大致了解零件或组件的建构过程。除此之外，部件导航器还有以下两种用途。

1）在零件或组件的建构过程中，欲选取某一特征或零件，当模型较为复杂或显示较小时，直接在绘图区选取常常会选取到别的特征或零件。此时，可以直接在模型树中准确地选取。

2）右击“部件导航器”→“模型历史记录”中的某一特征后，弹出快捷菜单。此菜单中列出了几个常用命令，如“删除”“编辑草图”“重命名”等。使用此方法可以在快捷地选取所需特征后，再做进一步的编辑。

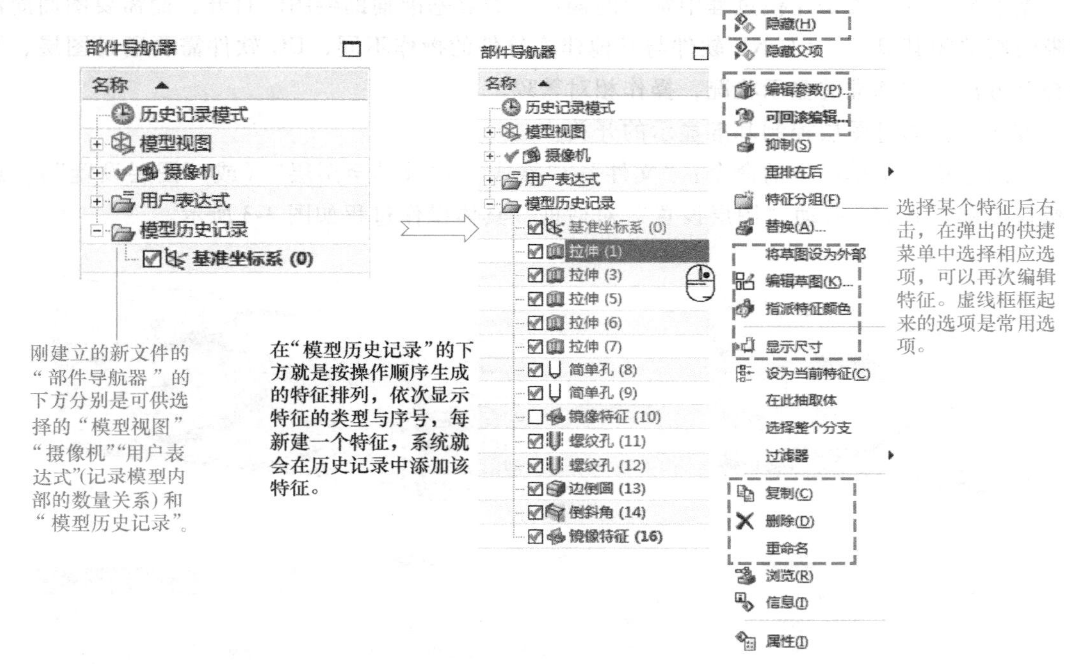

图 3-1　部件导航器的初始状态和完成状态

3.1.2　基准特征

“基准特征”是指没有体积和质量属性的几何元素，它们在构建几何实体模型中扮演了重要的参照角色，由于其是一种不具有体积和质量属性的特征，所以很多初学者会忽略它。

基准特征为什么重要？这是因为任何的实物一定都有一个基准，以让图形或轮廓可以根据基准来定位、定向、参照或发展。例如，基准面可以用来指示草图要绘制在何处（定位作用）；基准轴可以用来引导一个轮廓的旋转，以旋转出实体（发展作用）；基准点可以用来当作参照点，以方便连线（参照作用）；坐标系可以用来改变物体的坐向（定向作用）等。可通过图 3-2 所示的

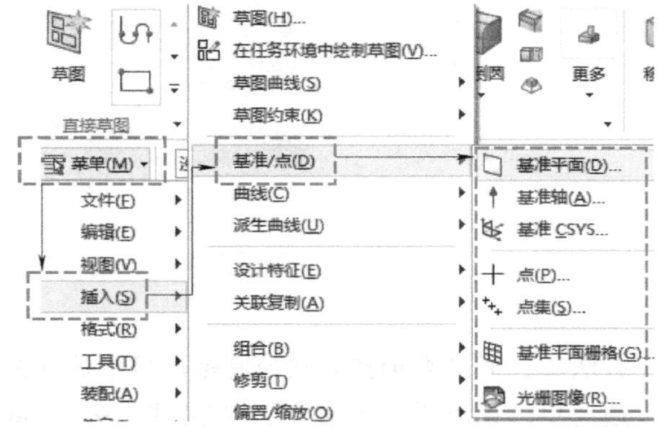

图 3-2　基准特征命令

菜单选项来找到以上这些基准特征的操作命令。

3.2 基准特征的系统设置

3.2.1 基准显示的开关与设置

基准显示的开关是建模过程中常用的操作，需要基准辅助绘图时打开，而需要图面简洁清晰时则关闭其显示。UG NX 软件与其他建模软件的操作不同，UG 软件需要通过图层、类选择等方法控制基准的显示状况，操作相对繁琐。

方法一：通过图层控制基准显示的开关。

可通过单击菜单栏中的命令："文件"→"格式"→"移动至图层"（或"图层设置"），或者按快捷键<Ctrl+L>启动"图层设置"对话框，具体操作过程如图 3-3 所示。

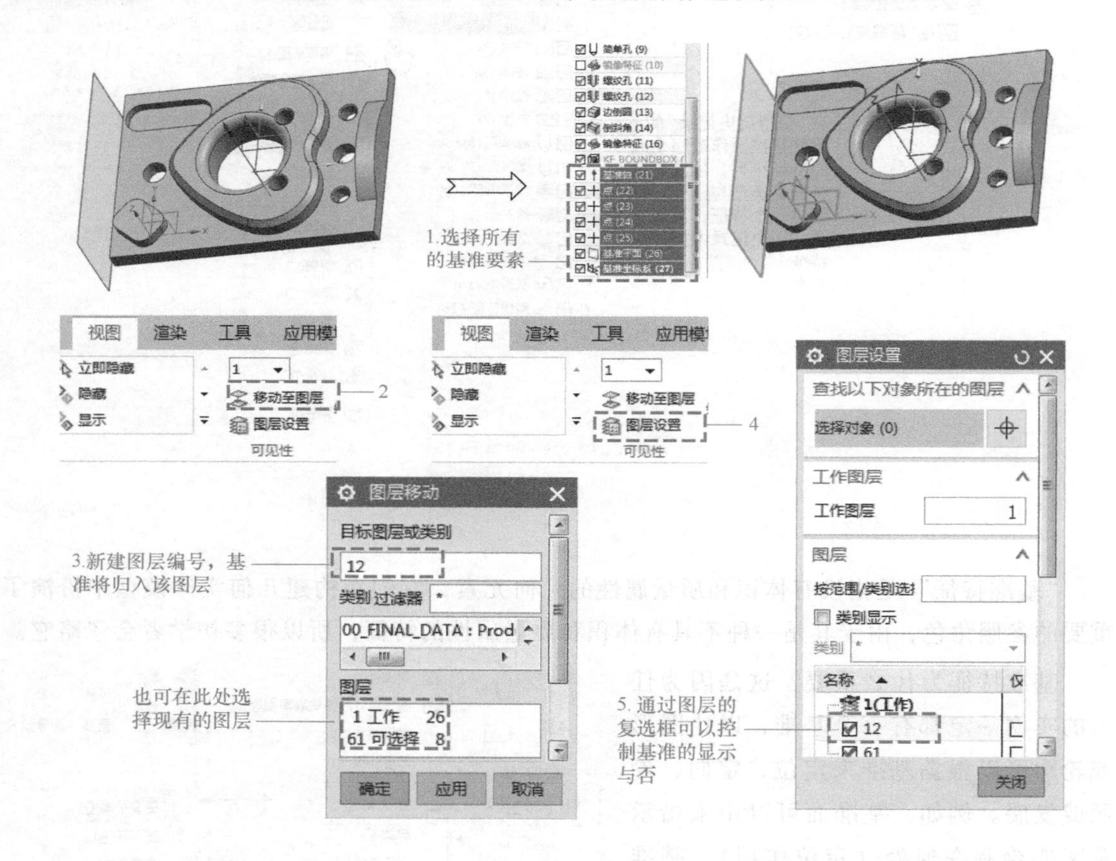

图 3-3 基准显示设置方法一

方法二：通过类选择方法控制基准显示的开关。

通过单击菜单栏中的命令："文件"→"编辑"→"选择"→"类选择"，或者按快捷键<Ctrl+B>启动"类选择"对话框，具体操作过程如图 3-4 所示。

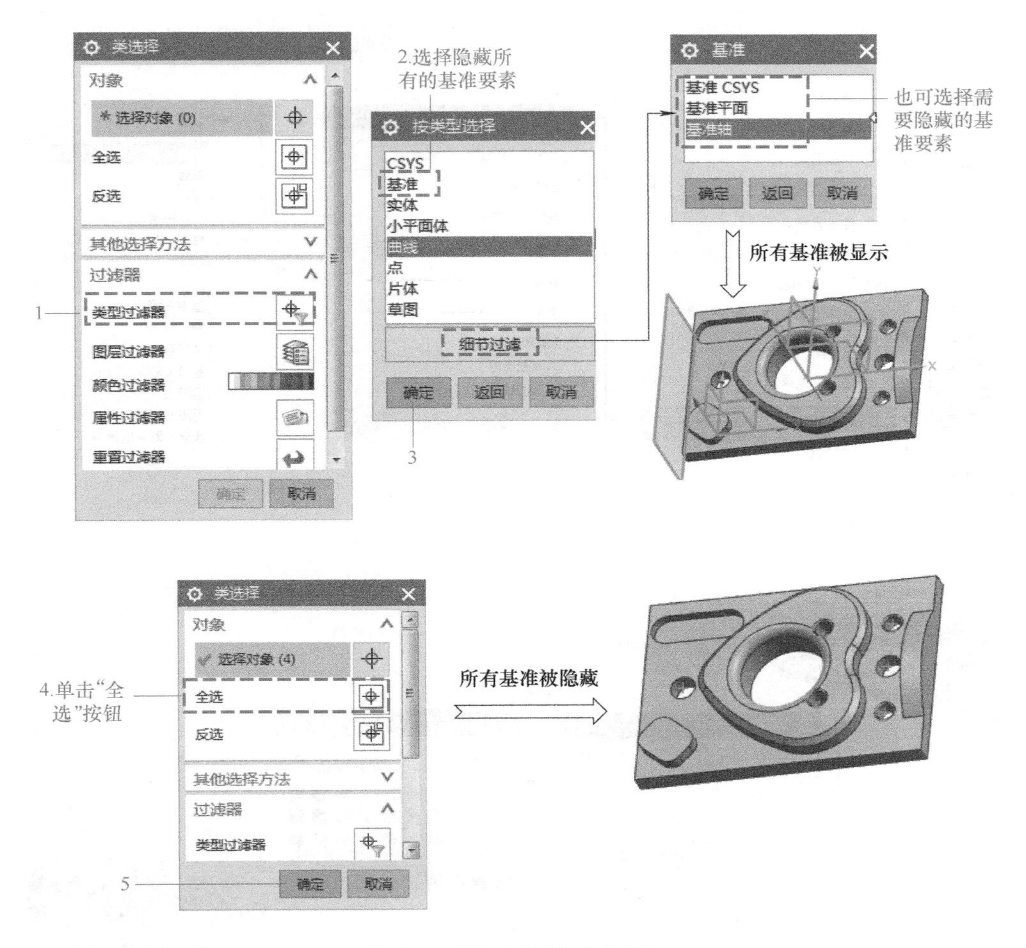

图 3-4　基准显示设置方法二

3.2.2　颜色的显示设置

需要在建立基准之前就完成基准颜色的设置，虽然在建立基准之后也可以进行基准颜色的设置，但此时只能单独选择某些基准进行修改，而不能进行批量修改，现就两种方式进行介绍。

方法一：建立基准之前设置基准颜色，随后建立的基准颜色遵循此设置，如图 3-5 所示。

方法二：建立基准之后设置基准颜色，如图 3-6 所示。

3.2.3　名称显示的设置

每一个基准特征，系统都会自动对其予以命名。不过，在复杂的图形中，如果能适当地给予某些基准特征一个具有实际意义的名称，将对后面的编辑有很大的帮助。只要直接在模型树中选择特征名称，右击并在弹出的快捷菜单中选择“重命名”即可为基准特征改名。

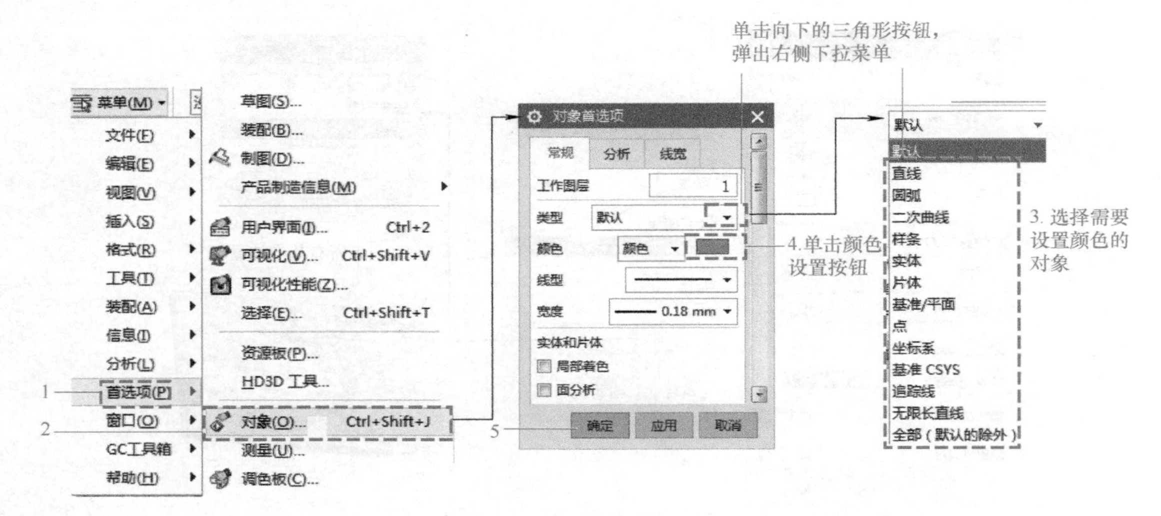

图 3-5　基准颜色设置一

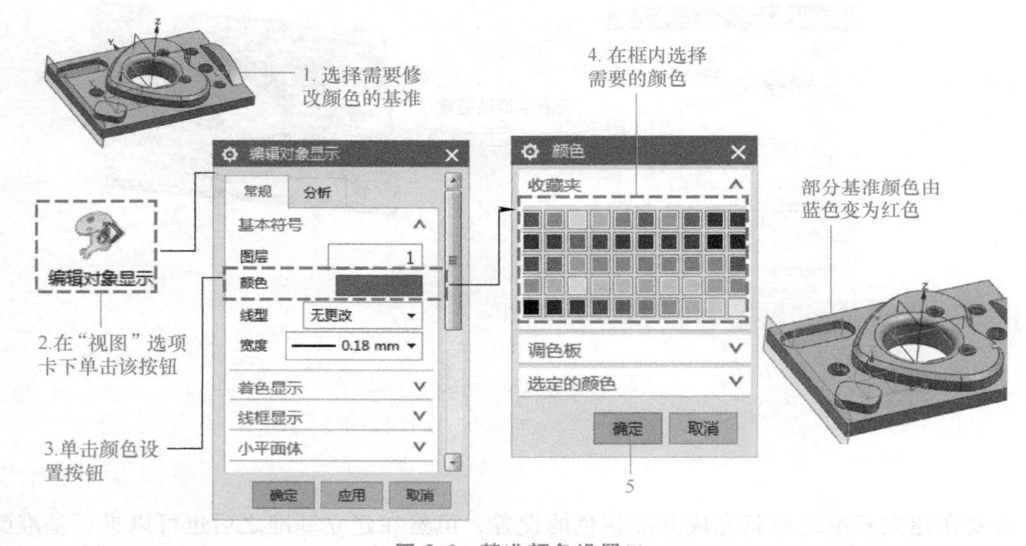

图 3-6　基准颜色设置二

3.3　一般基准特征和实例

本节将针对一般基准特征的生成方法及其用途进行详细介绍。注意：实际作图时需要在必要的地方用上合适的基准特征。

3.3.1　基准面

基准面的本质是一个无限大且实际不存在的几何平面。它在绘图区显示时能看到边界，但理论上没有边界，其大小是由计算机根据建构模型的尺寸来自动设置的，用户也可以对其进行调整。

以下就是需要创建基准面的情况。

1）于三维空间中定位实体模型的参照时。

2）开始创建特征时。

3）将基准面当作草绘面与参照面时。

4）将基准面当作尺寸标注参照时。

5）利用基准面来标注零件的位置尺寸，但希望避免各零件间不必要的父子特征关系时。

6）指定基准面的法向（即垂直方向），将模型旋转至特定视角方向时。

7）将基准面当作镜像用平面时（镜像特征）。

8）在进行零件装配时，作为匹配、对齐等约束条件的参照面。

9）使用“视图管理器”的“剖面”选项卡来创建剖面时。

在创建基准面前，首先要了解“基准平面”对话框，可以按图 3-7 所示进行设置。

图 3-7　“基准平面”对话框的设置内容

实际上，在创建基准平面时，都是一个或几个约束的综合使用，但也不是理论上可用于定义平面的方法都能用来定义基准平面。不过，UG NX 软件支持大多数数学上已确定的基准平面定义方法，可以通过以下常用的几种方法来创建基准平面。注意：点可以是实体、表面或边的顶点或基准点；直线可以是为直线的基准曲线、实体或表面的边线或基准轴；平面可以是基准面或实体平面的表面。

1. 按某一距离

通过现有的平面偏置来创建基准平面是初学者最容易理解，也是最常用的方法之一。现有的平面可以是基准面、曲面平面、实体平面，操作过程如图 3-8 所示。

3.3.1 基准面——其他子类型

2. 成一角度

通过指定一个参考平面和旋转轴线完成基准平面的创建，操作过程如图 3-9 所示。

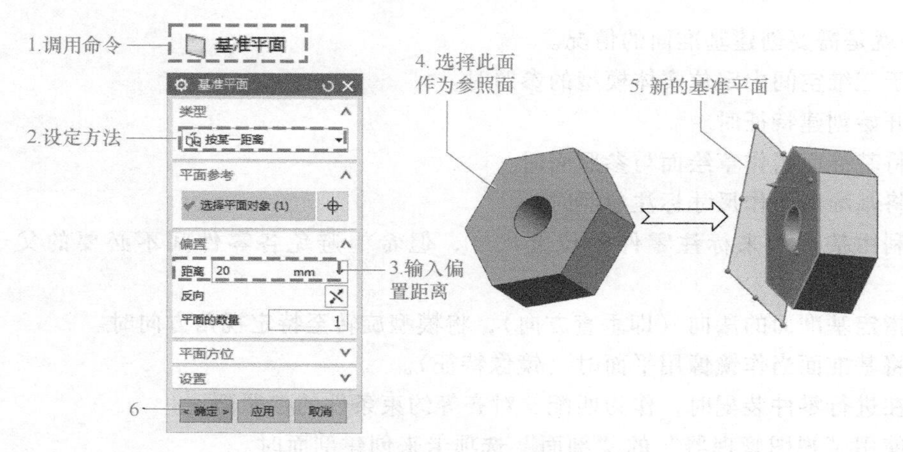

图 3-8 按“按某一距离”设置基准平面特征

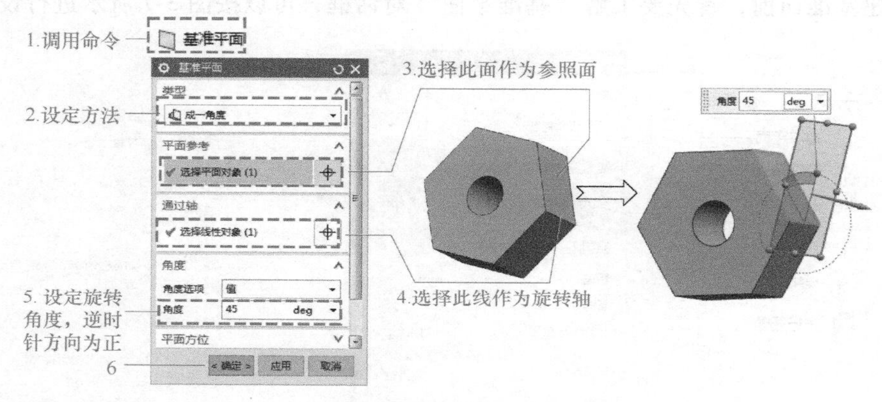

图 3-9 按“成一角度”设置基准平面特征

3. 二等分

指定两个相互平行或者成一定角度的平面，系统将自动在两个平行平面中间创建基准平面或自动创建角平分面，操作过程如图 3-10 所示，其中序号①表示选择两个平行平面作为参照面，序号②表示选择两个互成一定角度的平面作为参照面。

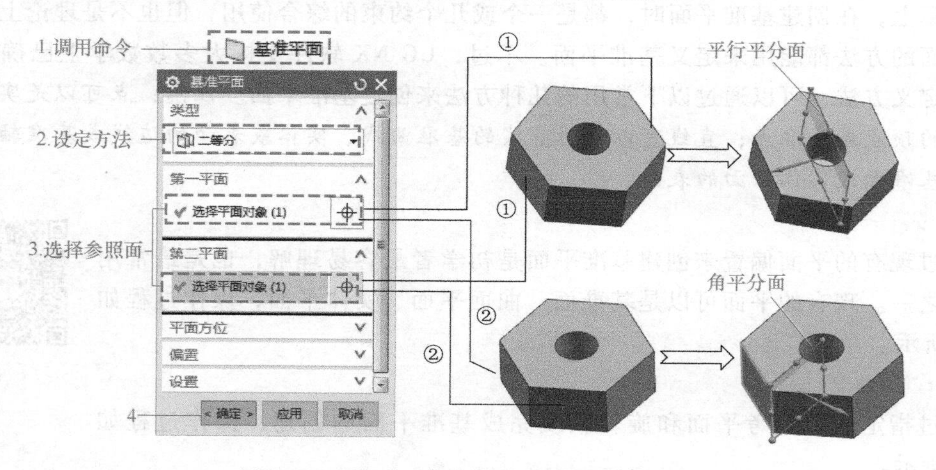

图 3-10 按“二等分”设置基准平面特征

4. 曲线和点

选择曲线和点作为参照设置基准平面，操作过程如图 3-11 所示。

3.3.1
基准面——
“曲线和点”

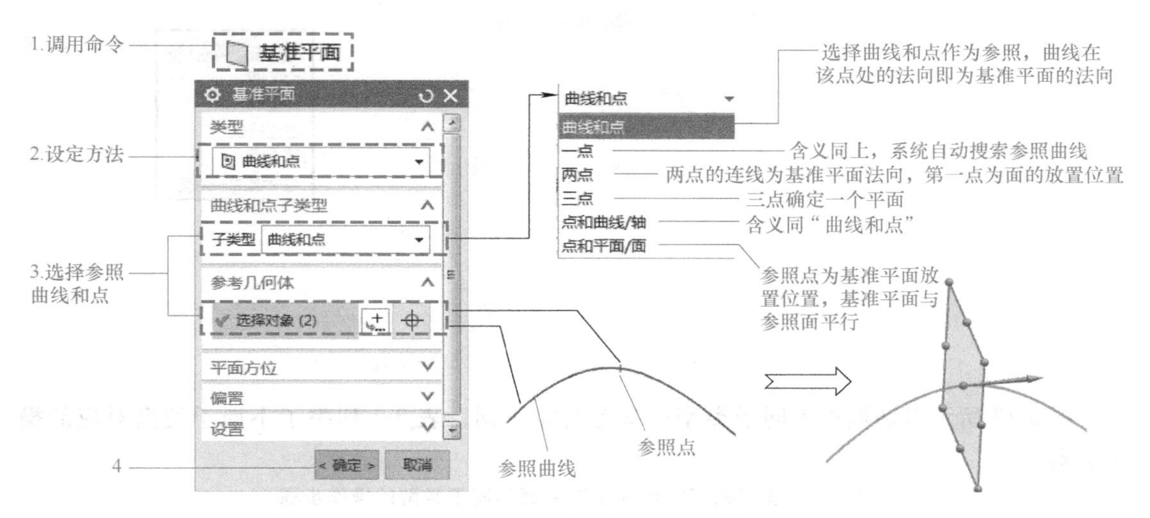

图 3-11　按“曲线和点”设置基准平面特征

5. 两直线

3.3.1
基准面——
“两直线”

选择两直线作为参考对象来创建基准平面，两参照直线可以为平行、相交或者异面关系。当为异面直线时，通过一条直线向另一条直线投影来确定基准平面，操作过程如图 3-12 所示。

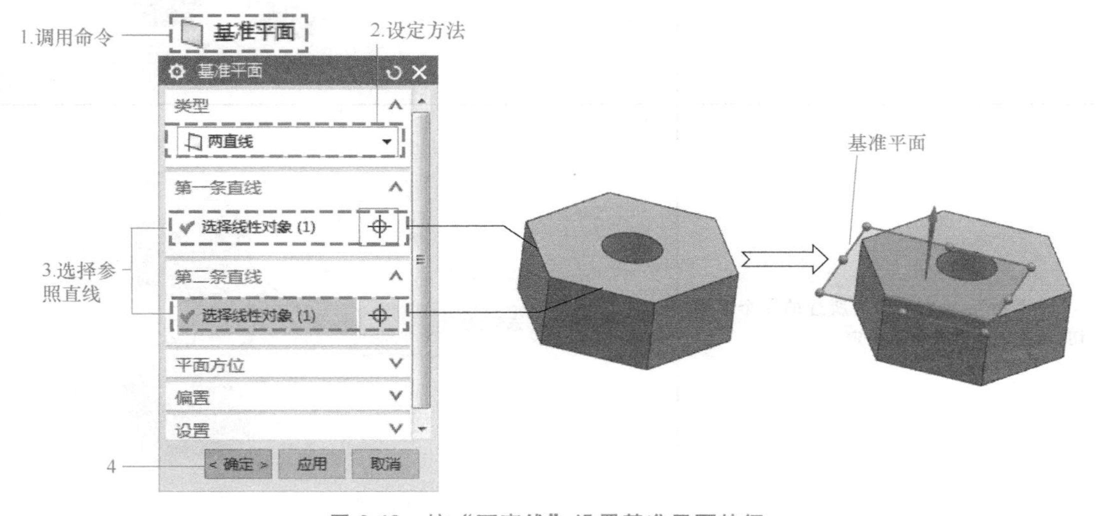

图 3-12　按“两直线”设置基准平面特征

6. 相切

通过相切约束创建基准平面，相应的子类型有“相切”“一个面”“通过点”等，不同子类型之间虽方法不尽相同，但均需要用到相切约束方式，对话框如图 3-13 所示。

图 3-13　按“相切”设置基准平面特征

图 3-13 所示对话框中不同子类型的参考对象不同，表 3-1 列举了不同子类型对应的操作步骤。

表 3-1　按“相切”创建基准平面不同子类型的操作步骤

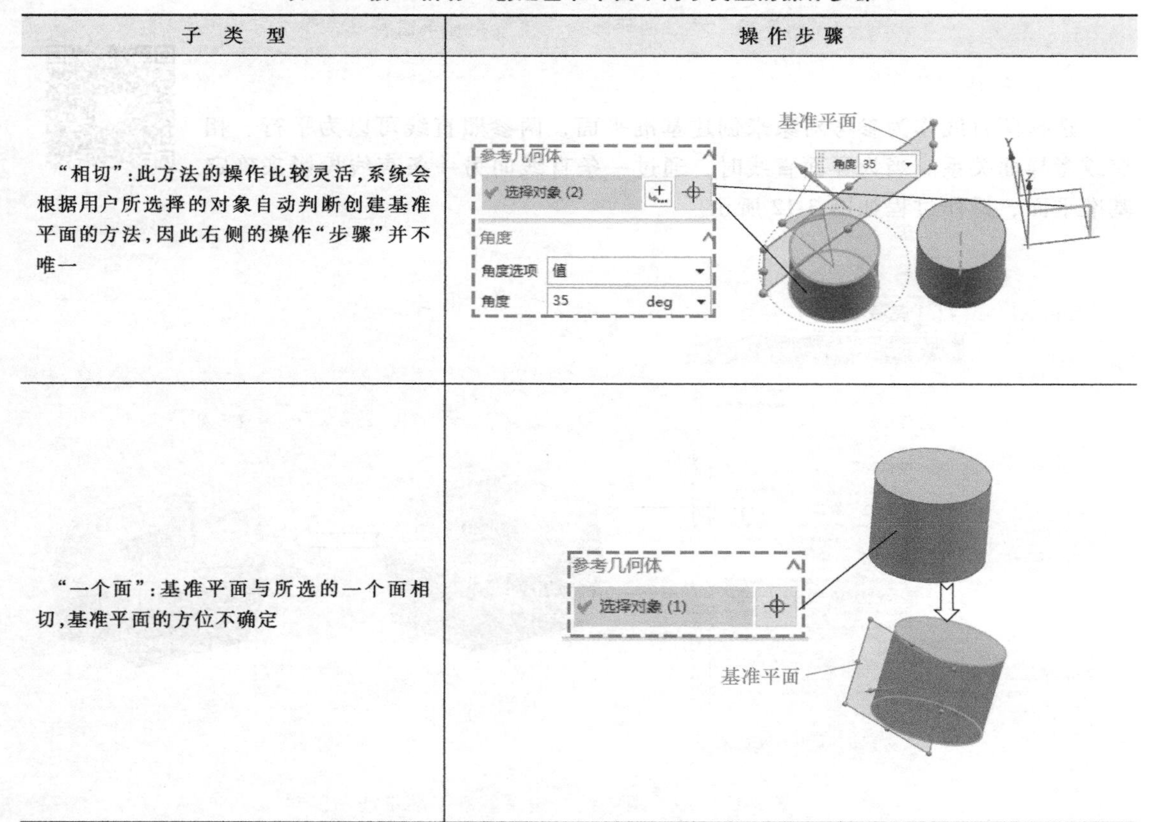

子　类　型	操 作 步 骤
“相切”：此方法的操作比较灵活，系统会根据用户所选择的对象自动判断创建基准平面的方法，因此右侧的操作“步骤”并不唯一	
“一个面”：基准平面与所选的一个面相切，基准平面的方位不确定	

（续）

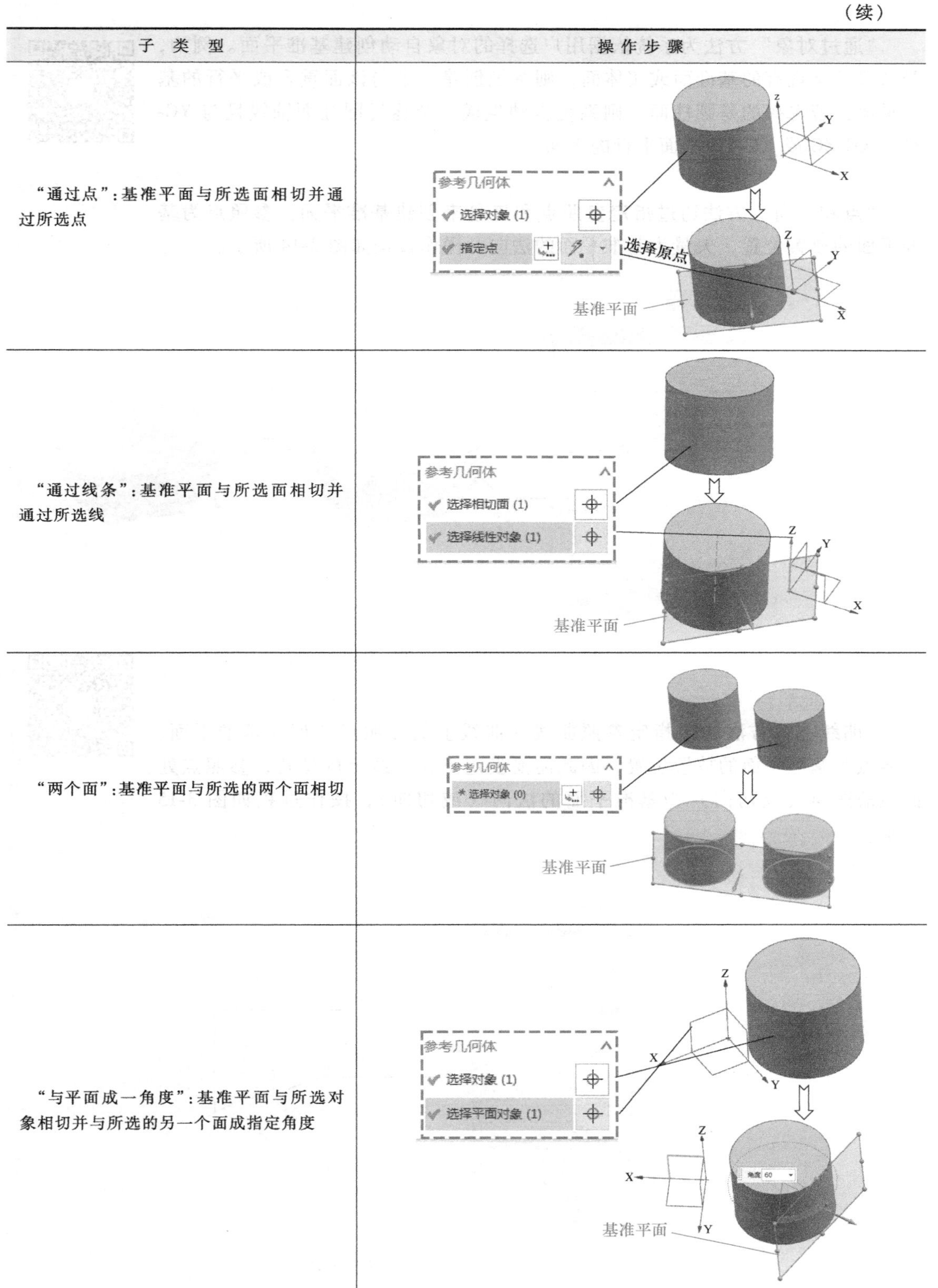

子 类 型	操 作 步 骤
“通过点”：基准平面与所选面相切并通过所选点	
“通过线条”：基准平面与所选面相切并通过所选线	
“两个面”：基准平面与所选的两个面相切	
“与平面成一角度”：基准平面与所选对象相切并与所选的另一个面成指定角度	

7. 通过对象

“通过对象”方法为系统依据用户选择的对象自动创建基准平面。例如，若选择的是现有的基准面或实体面，则系统创建一个与该面重合或平行的基准平面；若选择的是圆柱面，则系统自动生成一个通过圆柱面轴线且与 YC-ZC、XC-ZC 或 XC-YC 平面平行的平面。

3.3.1 基准面——“点和方向”

8. 点和方向

“点和方向”方法通过指定参照点和矢量来创建基准平面。参照点为基准平面的放置位置，矢量为基准平面的法向，操作过程如图 3-14 所示。

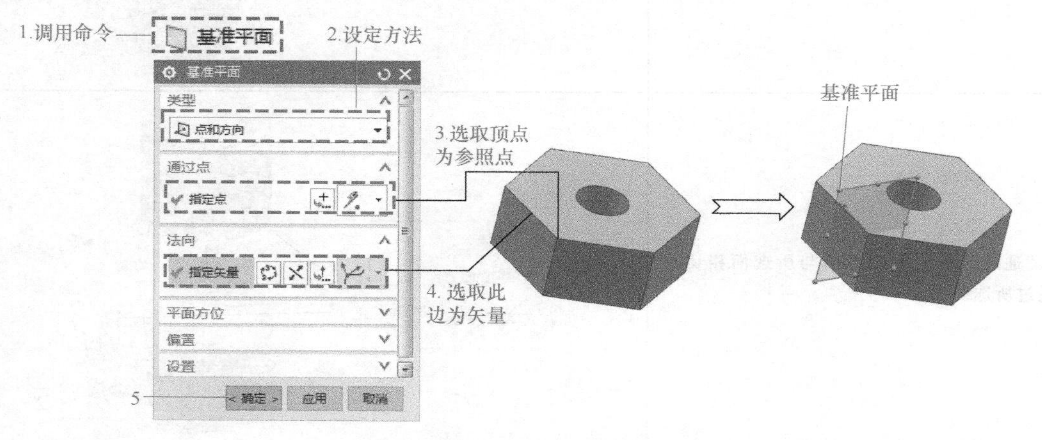

图 3-14 按“点和方向”设置基准平面特征

3.3.1 基准面——“曲线上”

9. 曲线上

“曲线上”方法通过指定参照曲线和曲线上的参照点来创建基准平面。参照点为基准平面的放置位置，因此需要设定点在曲线上的位置，参照点处曲线的法向（或切向）为基准平面的法向（或切向），操作过程如图 3-15 所示。

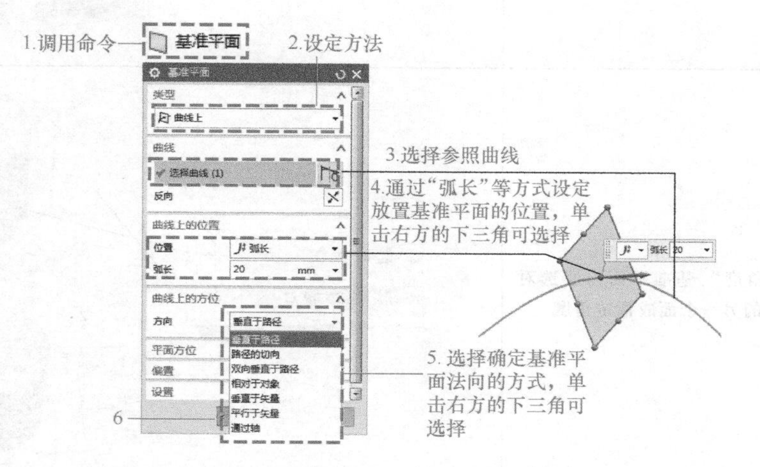

图 3-15 按“曲线上”设置基准平面特征

3.3.1 基准面——YC-ZC、XC-ZC、XC-YC 平面

10. 视图平面

“视图平面”方法创建基准平面的思路比较简单，无论操作者怎么调整视图，系统始终创建一个通过基准坐标系原点并与绘图区界面平行（法向垂直于绘图区界面）的基准平面。由于其操作比较简单，不做过多介绍。

11. YC-ZC、XC-ZC、XC-YC 平面

YC-ZC、XC-ZC、XC-YC 平面方法通过坐标系的两根基准轴来创建基准平面，同时可以在此基础上进行偏置，其创建基准平面的原理类似于“两直线”。基准轴的来源可以是动态坐标系（WCS）和绝对坐标系，操作过程如图 3-16 所示。

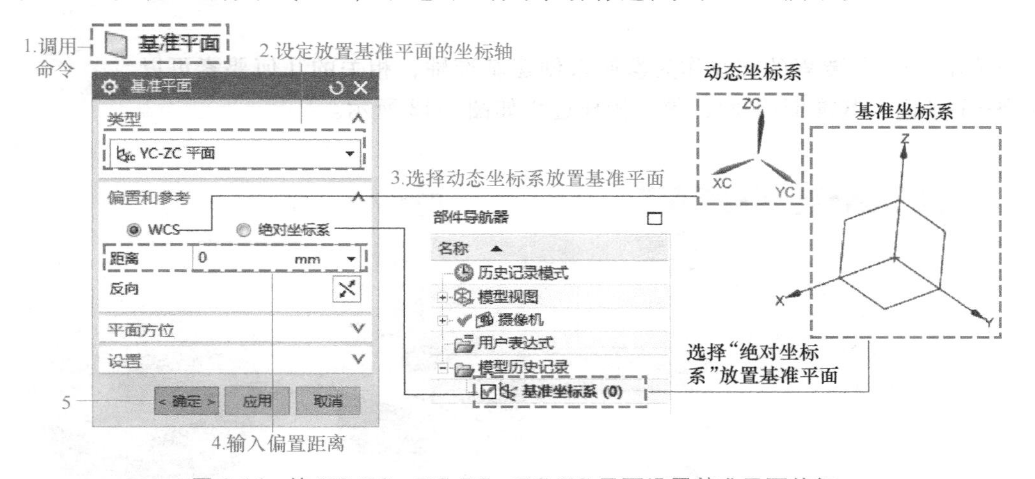

图 3-16 按 YC-ZC、XC-ZC、XC-YC 平面设置基准平面特征

3.3.1 基准面——“按系数”

12. 按系数

“按系数”方法是通过输入标准平面方程的系数来创建基准平面，输入的 a、b、c、d 几个参数是平面方程的系数，其中向量 $\vec{n}=(a,b,c)$ 用于确定基准平面的方向，向量的起点可以是动态坐标系或者基准坐标系的原点，操作过程如图 3-17 所示。

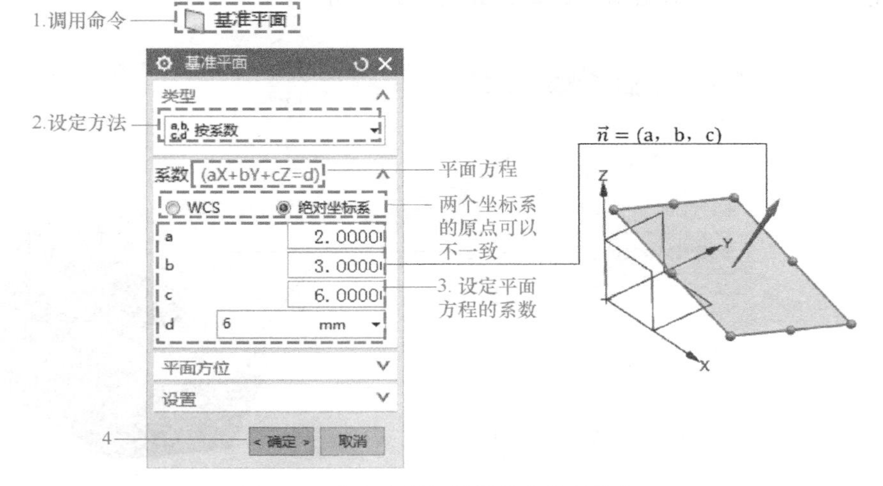

图 3-17 “按系数”设置基准平面特征

3.3.2 基准轴

基准轴用来作为创建特征时的参照（尤其是协助基准平面、基准点的创建），尺寸标注的参照，圆柱、圆孔及旋转特征中心线的创建，阵列复制、旋转复制的旋转轴等。

3.3.2 基准轴——“交点”和“曲线/面轴”

与基准平面的创建原理相同，当选择几何约束条件时，选择相关的平面、线、点及相应的数值，即可创建所需的基准轴。可以通过以下常用的方法创建基准轴。

1. 交点

选择两个几何要素的交线作为参照来创建基准轴，相关的几何要素可以是：平面-平面、基准面-平面，等。操作过程如图3-18所示。

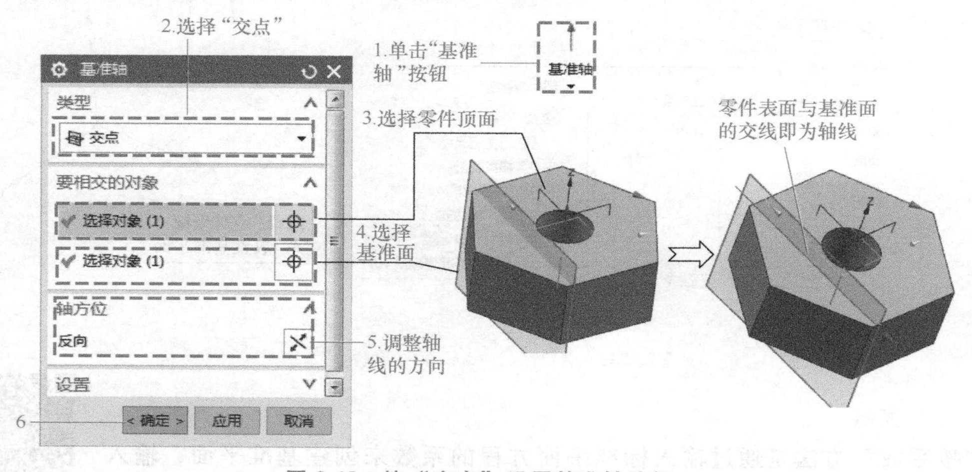

图3-18 按“交点”设置基准轴特征

2. 曲线/面轴

可通过选择实体的边线设定轴线的位置，或者选择圆柱面、圆锥面等回转面来创建基准轴线，基准轴的方向可在对话框中调整，如图3-19所示。

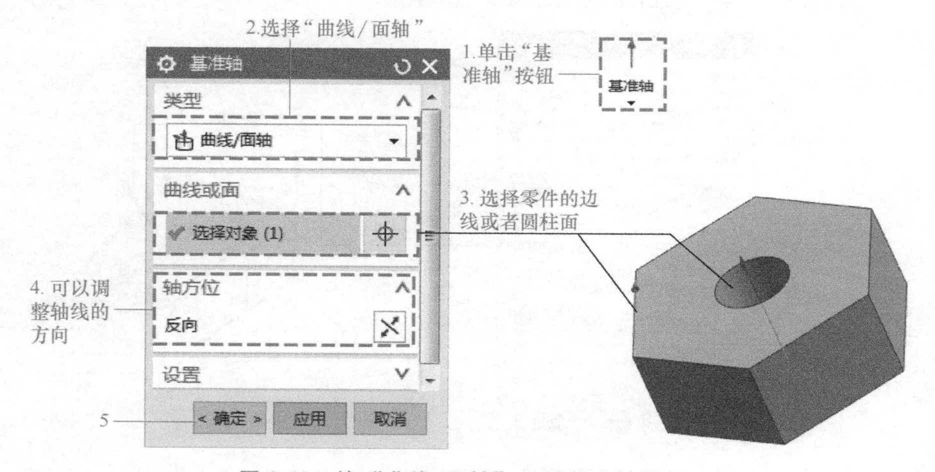

图3-19 按“曲线/面轴”设置基准轴特征

3. 曲线上矢量

3.3.2
基准轴——
"曲线上矢量"

"曲线上矢量"方法创建的基准轴依附于一条曲线。创建时需要指定一条曲线并指定曲线上的某一个点，该点确定了基准轴的位置，至于方向的选择则比较灵活，可以设定基准轴与曲线"相切""法向"等关系，具体操作如图 3-20 所示。

4. XC、YC、ZC 轴

XC、YC、ZC 轴方法创建基准轴比较简单，只需要选择工作坐标系（WCS）的坐标轴即可确定基准轴，此处不再详细介绍。

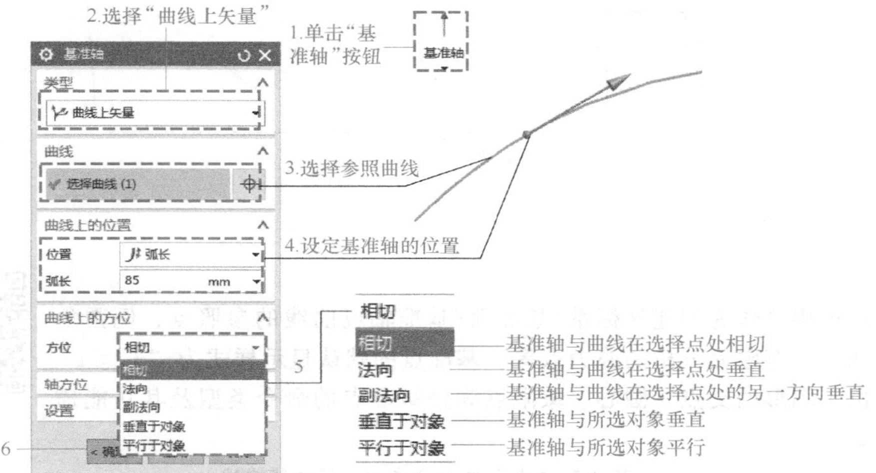

图 3-20　按"曲线上矢量"设置基准轴特征

5. 点和方向

3.3.2
基准轴——
"点和方向"

通过指定一个点来确定基准轴的位置，再指定一个与基准轴平行的矢量来确定基准轴的方向，其中矢量的方向可以调整，具体操作如图 3-21 所示。

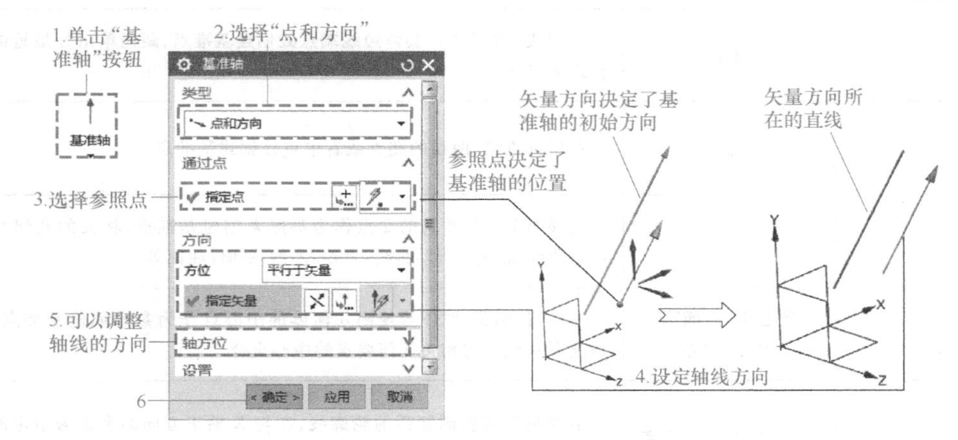

图 3-21　按"点和方向"设置基准轴特征

6. 两点

需要选择目标基准轴通过的两个点来确定基准轴的位置，基准轴的方向是可以调整的，具体操作如图 3-22 所示。

3. 3. 2 基准轴——“两点”

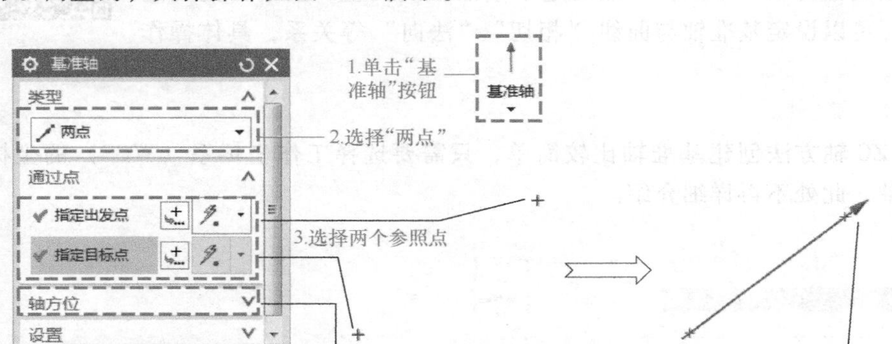

图 3-22 按“两点”设置基准轴特征

3. 3. 3 基准点

3. 3. 3 基准点

基准点可用来作为创建坐标系/基准面/基准轴或曲线的参照点、倒圆角半径的控制点、有限元分析的施力点等。基准点的默认显示样式为“+”。

创建位于图形的交点、圆心、象限点等处基准点的命令类型及其功能描述见表 3-2。

表 3-2 “点”的命令类型及其功能描述

图标	类型	功能描述
	光标位置	在光标所在位置单击即可创建基准点
	现有点	以绘图区现有的点为参照创建新的基准点，参照点可以是草绘点、曲线端点、实体边线端点，也可以是提前创建好的基准点
	端点	在曲线（含直线）、实体边线端点处创建基准点，距离单击处最近的端点被选为参照
	控制点	在所选直线、曲线的端点或者中点处创建基准点
	交点	选择两个几何要素的交点作为参照来创建基准点，相关的几何要素可以是曲线-曲线、直线-曲线、直线/曲线-平面/曲面等
	圆心中心/椭圆中心/球心	选择圆、椭圆、球体等规则几何体的中心点作为参照创建基准点，默认情况下基准点与相关几何要素的中心重合
	圆弧/椭圆上的角度	沿着圆弧或者椭圆弧的轮廓线，在与 X 轴正方向的夹角为指定的角度处创建基准点，逆时针方向角度为正

（续）

图标	类型	功能描述
	象限点	选择圆的四等分点作为参照创建基准点，每次创建一个点，可以是草绘圆，也可以是零件实体的圆形边
	点在曲线/边上	在所选曲线的某个位置处创建基准点，可以按照弧长、弧长百分比、参数百分比指定创建基准点的位置
	点在面上	在所选曲面上的指定位置处创建基准点，可以通过 U、V 两个方向的参数指定基准点的位置。注意：U、V 参数在 0~1 范围内
	两点之间	在所选择的两个参照点之间创建基准点，基准点的位置可以自由设定
	样条极点	以样条曲线的极点为参照创建基准点
=	表达式	在构造器中通过输入表达式来确定点的位置并创建基准点

3.4　草图平面、方向和原点的确定

本节介绍草绘参照面的操作概念，掌握这个概念，将在建模操作中提高工作效率。

UG NX 软件是通过草绘出物体的轮廓（剖面）来创建实体的，所以草绘是 UG NX 软件最基本的操作之一。草绘有以下两种模式。

（1）独立草绘模式　即绘制的草图可以单独作为一个步骤存在，并不一定要与实体模型产生联系。

（2）特征命令模式　在运行某特征命令时，配合特征命令的运行来绘制草图。这是设计实务中的重点内容，绘制的草图隶属于该特征命令创建的几何图素。

3.4.1　草图平面的设定

在特征草绘操作之初，经常要求操作者决定草绘图素所在的平面。创建草图的类型有两种，分别是“在平面上”和“基于路径”，具体操作分别如图 3-23 和图 3-24 所示。

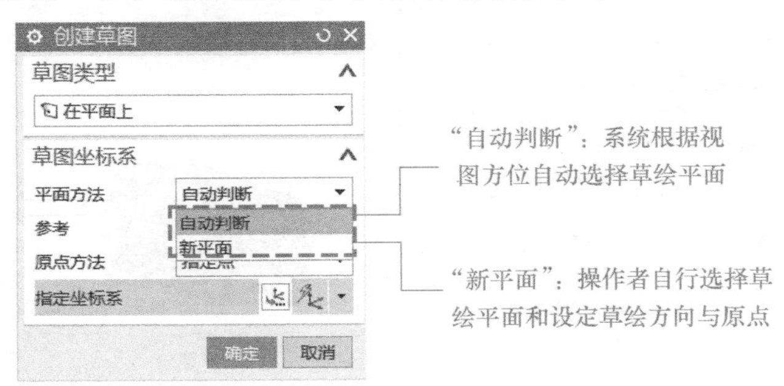

图 3-23　“在平面上”创建草图

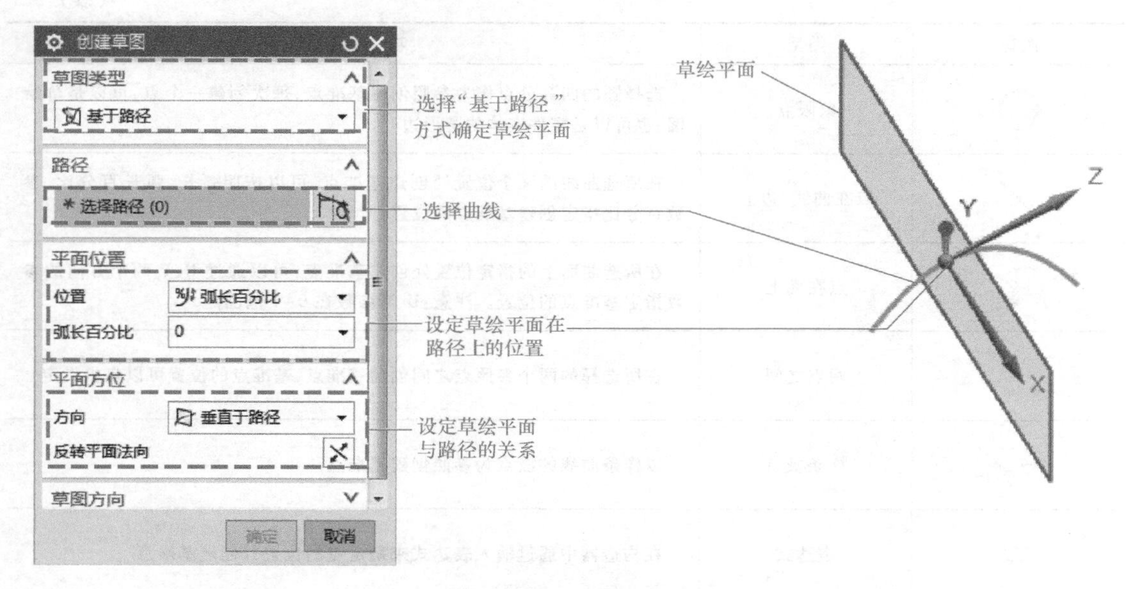

图 3-24 "基于路径"创建草图

3.4.2 草图方向与原点的确定

3.4.2 草图方向与原点的确定

绘制草图时，系统需要用户设定草图的摆放方向，以便用户在最舒适的视角绘制草图。由于"草图类型"的两种方式在设置"草图方向"和"草图原点"时设置方式是一样的，故本小节只介绍其中一种方式，如图 3-25 所示。

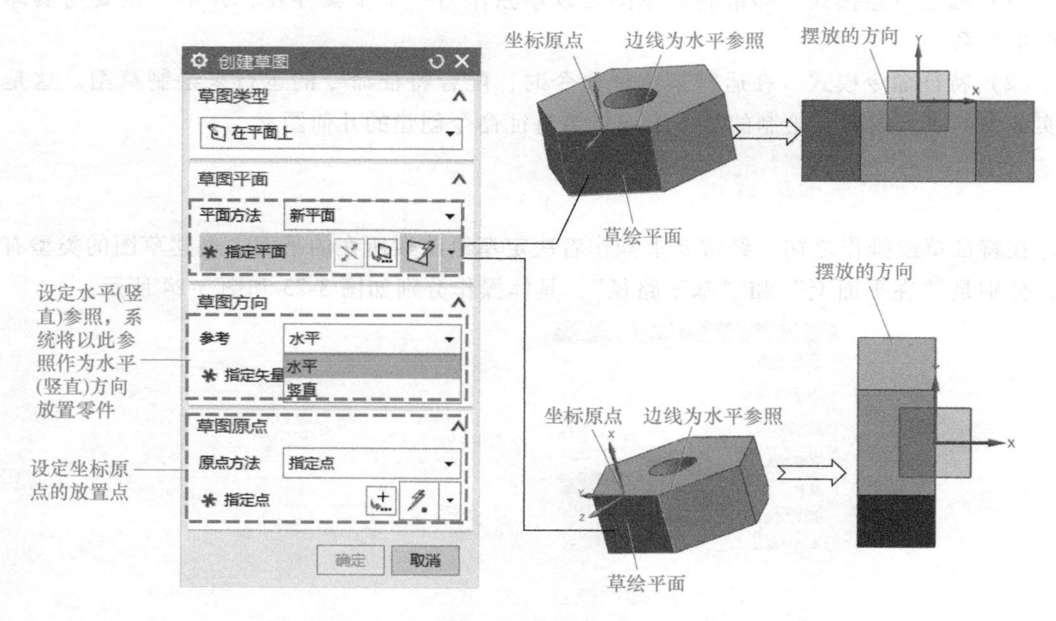

图 3-25 草图方向与原点的确定方法

> **信息补充站**
>
> “创建草图”对话框的几点说明
>
> (1)“草图类型” 是指草图平面的获取方法，有以下两种方式。
>
> 1)“在平面上”：选择现有的或者自行创建的平面作为草绘平面的放置面。还可以在合适位置创建新的基准坐标系，选择基准坐标系的基准平面作为草绘平面。
>
> 2)“基于路径”：在指定的曲线（路径）上创建一个基准平面并将该基准平面作为草绘平面，草绘平面与路径的关系可以为垂直于路径、平行于矢量、垂直于矢量、通过轴。
>
> (2)“草图方向” 选定水平或者竖直参照，进入草绘时系统将以参照作为水平或竖直方向来摆正模型。
>
> (3)“草图原点” 系统将自动分配一个坐标系，此坐标系会影响尺寸标注的便利性，但默认坐标系的原点位置不一定符合用户要求，因此可以在“创建草图”对话框中设定原点的位置。

3.5 设置基准坐标系

通过前面所述内容对概念的“锻炼”后，想必现在读者对实体的创建规则有了初步清晰的理解！同时，不管操作者的三维概念好不好，都已经知道：UG NX 软件中实体的摆放方向是根据操作者所指定的草绘所在面与方向来决定的。

坐标系也可以决定实体的方向，但是它是针对单一零件的设置，只影响零件的视角，并不会实际翻转实体（因为在单一的零件文件中自我翻转没有意义），所以在零件文件中看不出效果。坐标系主要用来在组件模型中更改零件的方向。换句话说，当在组件模型中组装零件时，只要更改其中某一已组装零件文件的坐标系设置，效果就会立刻反映在组件文件中。图 3-26 所示为“基准 CSYS”对话框解析。

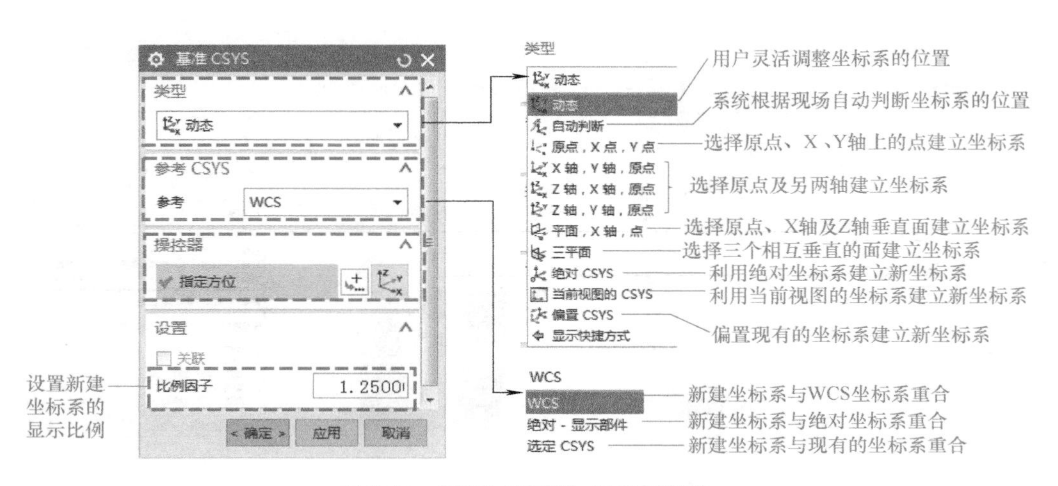

图 3-26 “基准 CSYS”对话框解析

3.6　模型的测量

在设计、调整与修改模型的过程中，不可避免地需要了解模型的几何参数，此时便要对模型进行测量。几乎所有的三维建模软件都设计了相关的功能，用户可以测量模型几何特征之间的距离、角度等几何参数，以便及时调整和核查自己的设计是否符合预期，因此此项功能是十分必要的。

3.6.1　测量距离

3.6.1　测量距离

测量距离功能用于实现距离类参数的测量，可以测量点、平面（含基准面）、圆柱面（圆、弧线）等几何要素的间距、长度以及直（半）径等参数，同时还可以设置测量的方向、最大（小）值的类型、与其他尺寸的关联，在工程中是非常实用的。图3-27所示为“测量距离”对话框解析。

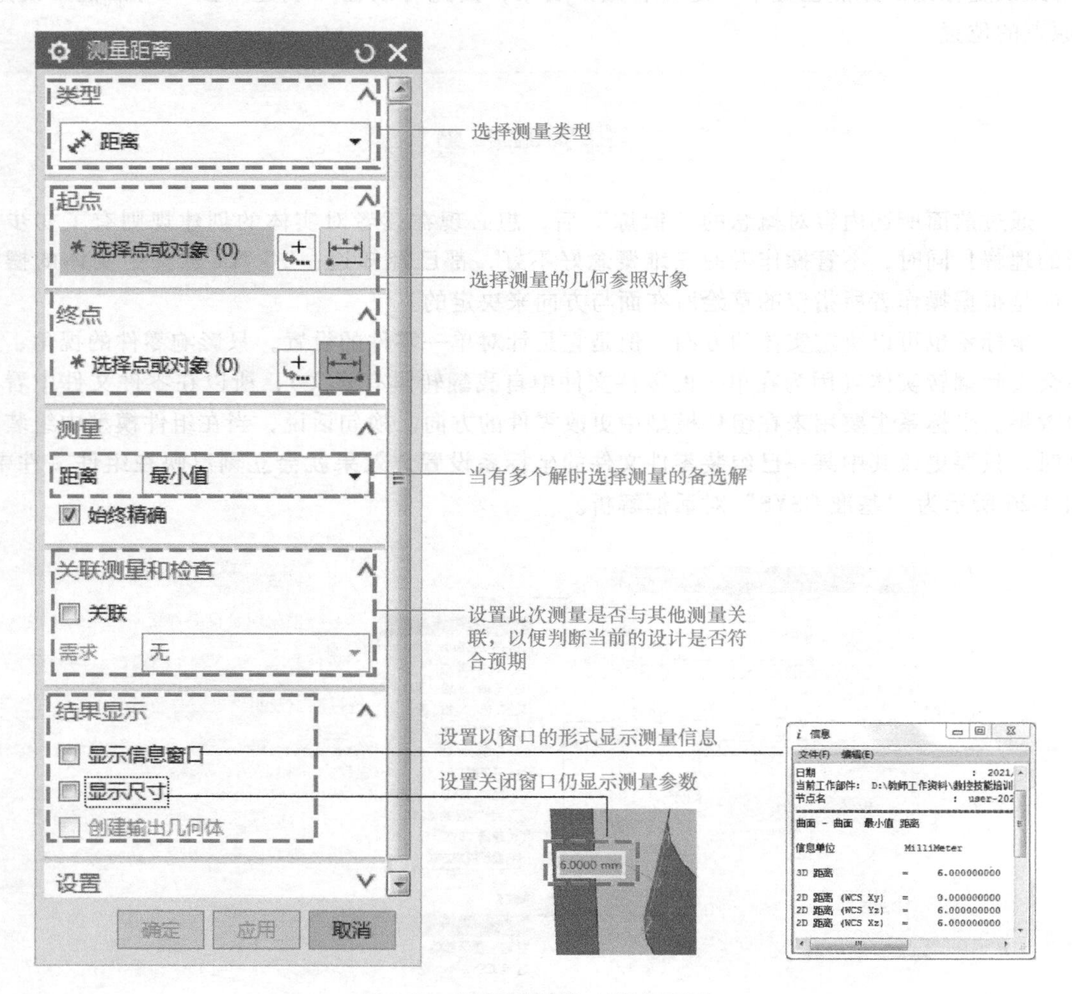

图3-27　“测量距离”对话框解析

“测量距离”对话框中的测量类型及其功能说明见表 3-3。

表 3-3 “测量距离”对话框中的测量类型及其功能说明

图标	类型	功能说明
	距离	测量两个几何对象之间的距离尺寸，但不一定是最短距离，与几何对象之间的方位有关 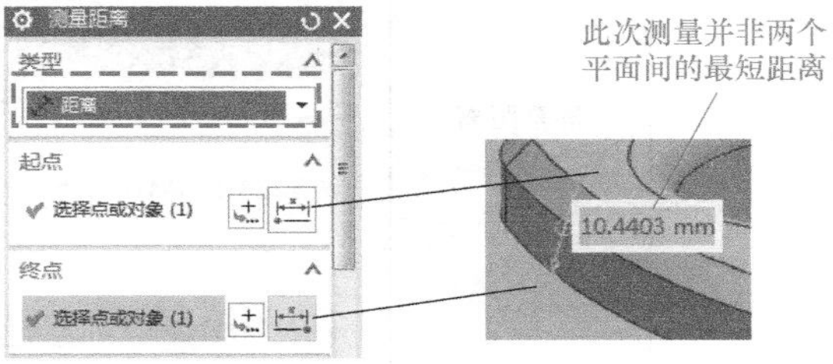
	对象集之间	测量两个对象集之间的距离，但不一定是最短距离，与几何对象之间的方位有关，此时需要结合对话框中的“测量”选项组来调整和理解其含义 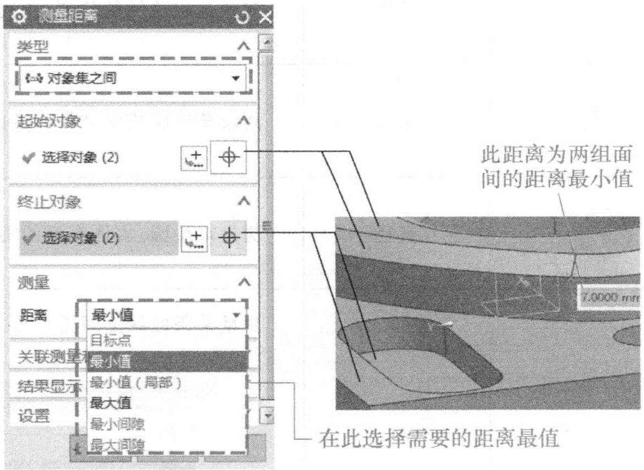
	投影距离	测量两个几何对象之间某个指定方向上的距离，因此，测量之前需要指定测量的方向 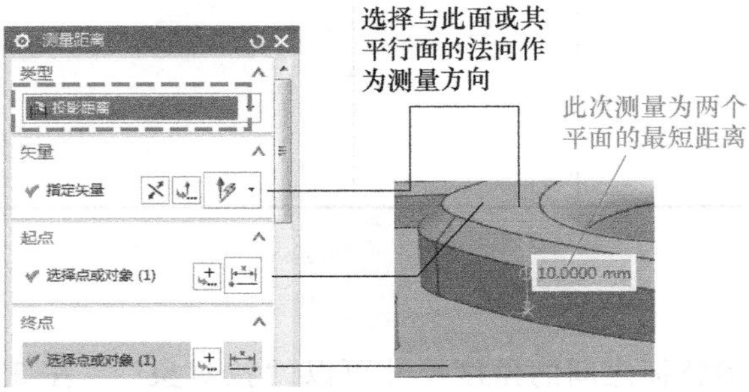
	对象集之间的投影距离	该方法类似于“投影距离”，只不过此时是测量两个对象集之间投影距离的最小值或最大值，需要在对话框中指定矢量，即选择投影的方向

（续）

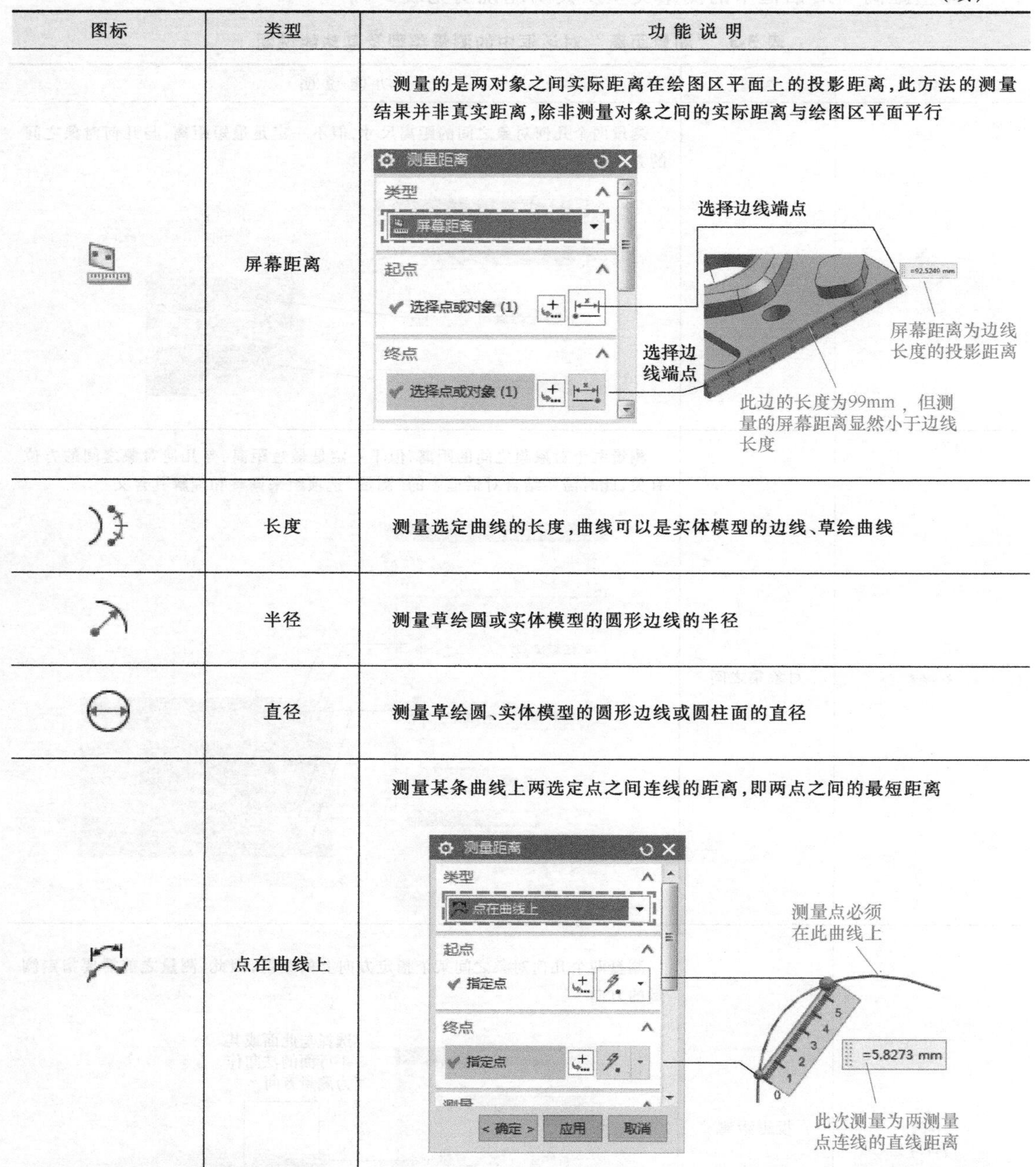

图标	类型	功能说明
	屏幕距离	测量的是两对象之间实际距离在绘图区平面上的投影距离，此方法的测量结果并非真实距离，除非测量对象之间的实际距离与绘图区平面平行
	长度	测量选定曲线的长度，曲线可以是实体模型的边线、草绘曲线
	半径	测量草绘圆或实体模型的圆形边线的半径
	直径	测量草绘圆、实体模型的圆形边线或圆柱面的直径
	点在曲线上	测量某条曲线上两选定点之间连线的距离，即两点之间的最短距离

3.6.2 测量角度

3.6.2 测量角度

几何特征之间的角度尺寸可以“按对象”“按 3 点”“按屏幕点”实现不同的选择方式，可以设置在不同平面、不同方向上进行测量，在工程中同样非常实用。图 3-28 所示为“测量角度”对话框解析。

“测量角度”对话框中的测量类型及其功能说明见表 3-4。

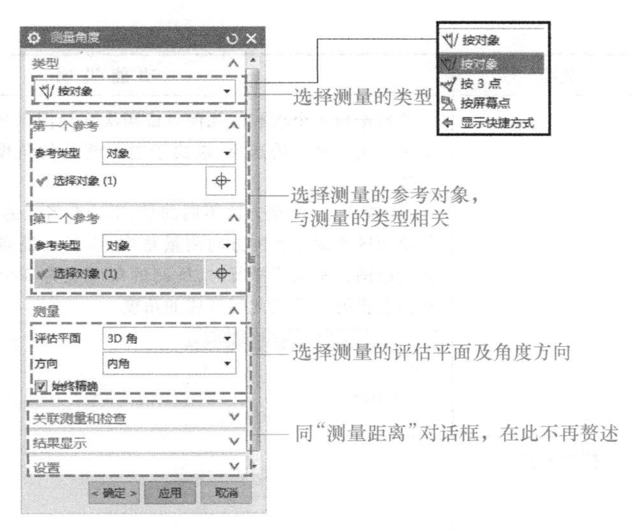

图 3-28　“测量角度”对话框解析

表 3-4　“测量角度”对话框中的测量类型及其功能说明

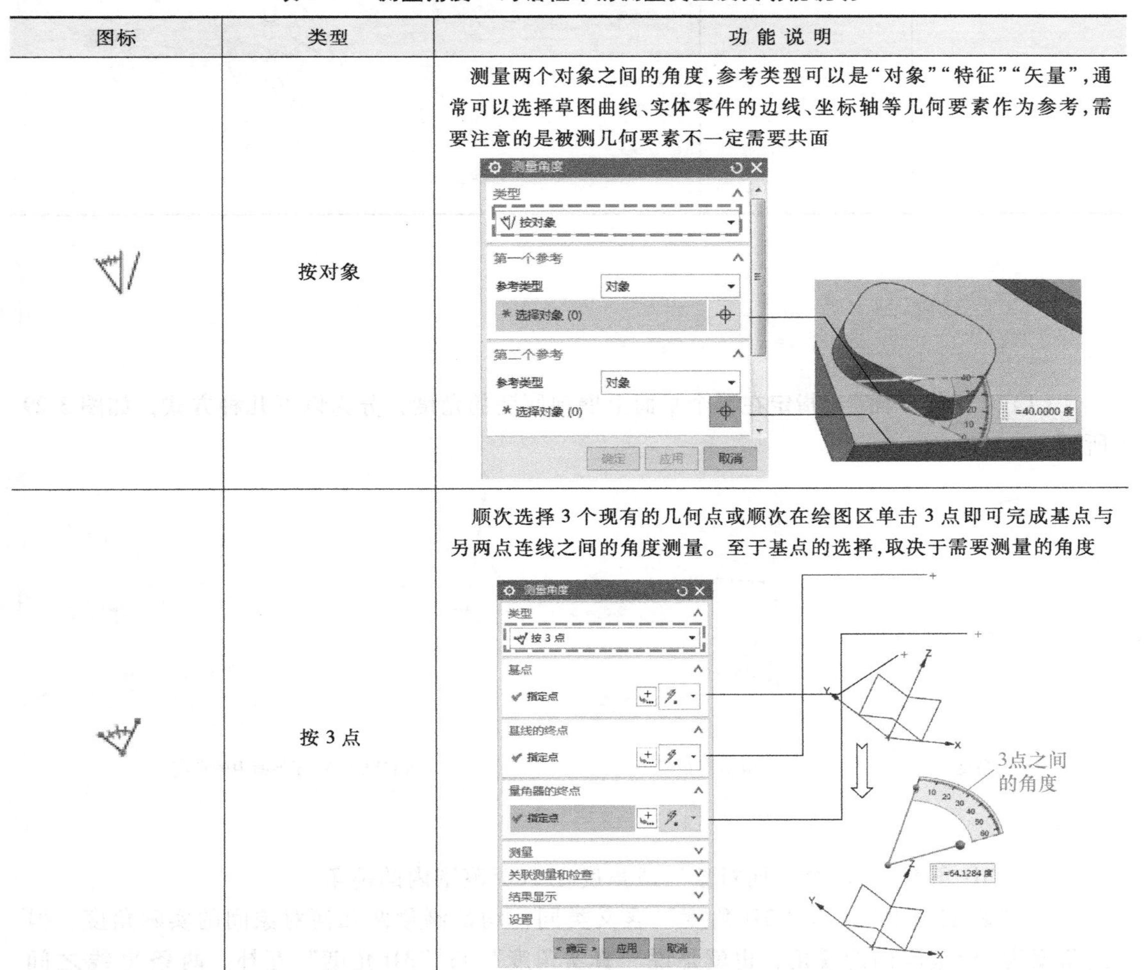

图标	类型	功 能 说 明
	按对象	测量两个对象之间的角度，参考类型可以是“对象”“特征”“矢量”，通常可以选择草图曲线、实体零件的边线、坐标轴等几何要素作为参考，需要注意的是被测几何要素不一定需要共面
	按 3 点	顺次选择 3 个现有的几何点或顺次在绘图区单击 3 点即可完成基点与另两点连线之间的角度测量。至于基点的选择，取决于需要测量的角度

（续）

图标	类型	功能说明
	按屏幕点	顺次选择3个现有的几何点或顺次在绘图区单击3点即可完成角度的测量。至于基点的选择，取决于需要测量的角度，操作步骤与“按3点”一致 与“按3点”测量方法不同的是，不论参考点的方位如何，此方法始终在与绘图区平面平行的方向测量角度，也就是说当3个几何点所确定的平面与绘图区平面不平行时，所测的角度应为3个点在绘图区平面的平行平面上投射之后彼此间形成的角度

信息补充站

“测量角度”对话框中“测量”选项组的几点说明

（1）“评估平面”　指定在哪个平面上展现所测的角度，分为以下几种方式，如图3-29所示。

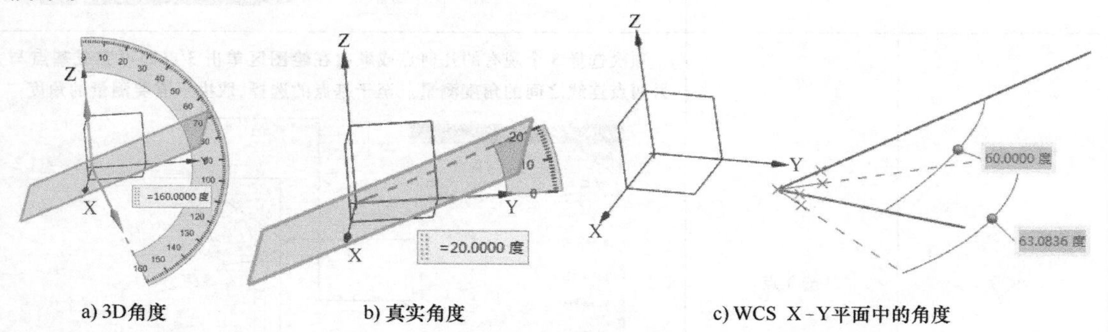

a) 3D角度　　b) 真实角度　　c) WCS X-Y平面中的角度

图3-29 “评估平面”解析

1）“3D角度”：两个几何对象所成角度在180°范围内的钝角。

2）“真实角度”：与“3D角度”含义类同，均是测量两几何对象间的实际角度，但此角度为90°范围内的锐角，也就是说“真实角度”与“3D角度”互补。两条直线之间不能测量“真实角度”。

3）“WCS X-Y 平面中的角度”：几何对象之间所成实际角度在 WCS 坐标系的 X-Y 坐标平面上投影的角度值。

（2）“方向”　360°范围内的两个角度，分为“内角”和“外角”，两者之和为 360°。

1）“内角”：两个几何要素所形成的角度中，在 360°范围内其中一个较小的角度。

2）“外角”：两个几何要素所形成的角度中，在 360°范围内其中一个较大的角度。

3.6.3　测量面积及周长

3.6.3　测量面积及周长

在某些行业，零件的表面积和线框周长是重要的几何属性，可以通过单击“菜单”→“分析”→ 测量面 按钮调用相关的功能命令，测量的对象可以选择草图或实体线条、实体面或整个零件体，在窗口中切换测量的项目或在信息窗口中查看，如图 3-30 所示。

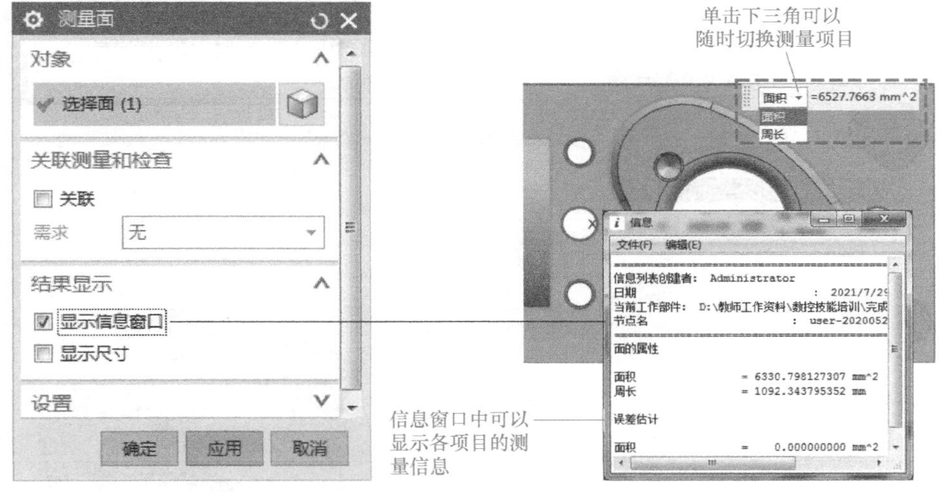

图 3-30　面积和周长的测量

3.6.4　测量体

3.6.4　测量体

在工程应用中，零件的体积、表面积通常会影响设备的占地范围，而其质量或者重量则关系到材料、加工时间等实际成本的投入，因此设计者还需要了解自己设计的零件的几何与质量属性。“测量体”功能可以通过单击“菜单”→“分析”→ 测量体 按钮调用。图 3-31 所示为“测量体”对话框解析。

3.6.5　测量局部半径

3.6.5　测量局部半径

对零件局部半径的测量在某些时候也是必要的，例如，加工编程的过程中对于向内凹的曲面而言，若刀具半径大于曲面的最小半径，则无法实现准确的加工。因此，开始工作之前应先分析零件局部半径（或最小半径），可以通过单击“菜单”→“分析”→ 局部半径 按钮调用“局部半径”或“最小半径”命令实现测量。由于两者的功能类似，且“局部半径”的操作较简单，此处以“局部半径”为例进行介绍，如图 3-32 所示。

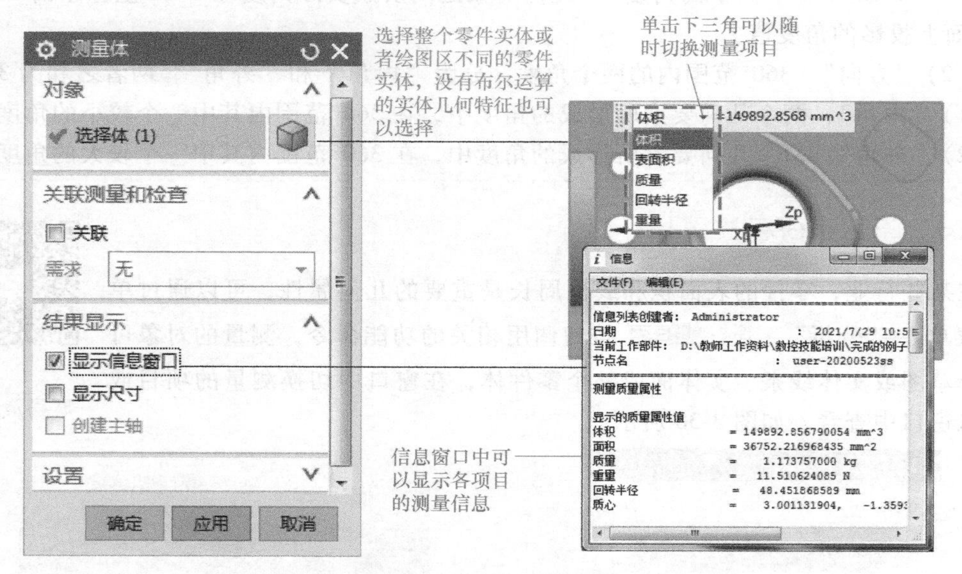

图 3-31 “测量体”对话框解析

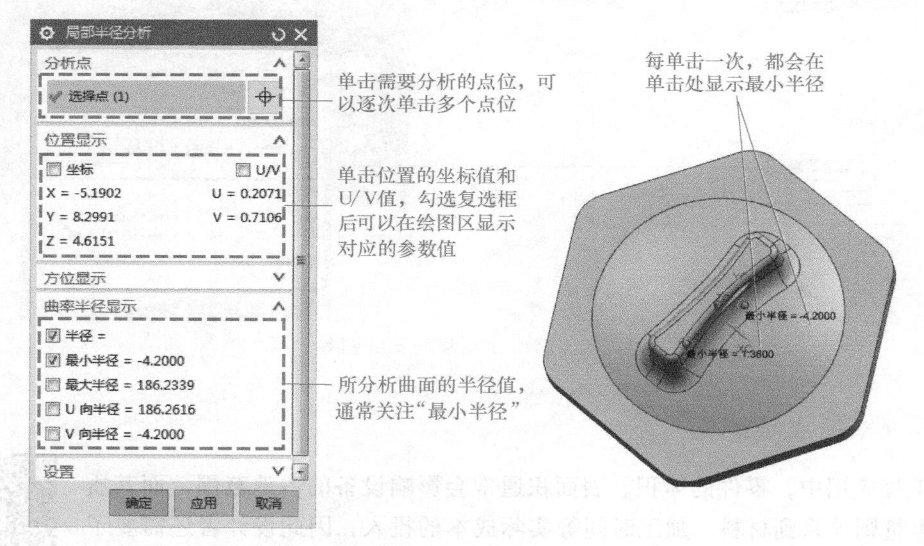

图 3-32 “局部半径分析”对话框解析

3.7 模型的基本分析

3.7.1 模型的偏差分析

3.7.1 模型的偏差分析

模型的偏差分析可以分析所选的对象是否相接、相切以及边界是否对齐等，并得到所选对象的距离偏移值和角度偏移值。相关命令的调用路径：单击“菜单”→“分析”→“偏差”→“检查”按钮。“偏差检查”对话框解析如图 3-33 所示。

图 3-33　“偏差检查”对话框解析

3.7.2　模型的几何对象检查

3.7.2　模型的几何对象检查

模型的几何对象检查功能是检查与分析各类几何对象，找出其中的错误或无效的几何体，或是无用的、错误的数据结构。一般来说，直接使用 UG NX 软件建立几何模型不会有什么问题，而通过其他途径获取的几何模型（其他软件导出的通用格式文件）可能存在错误。由于有缺陷的模型会影响后续编程、分析等工作，因此需要操作者使用此工具进行几何体的检查。“检查几何体”对话框解析如图 3-34 所示。

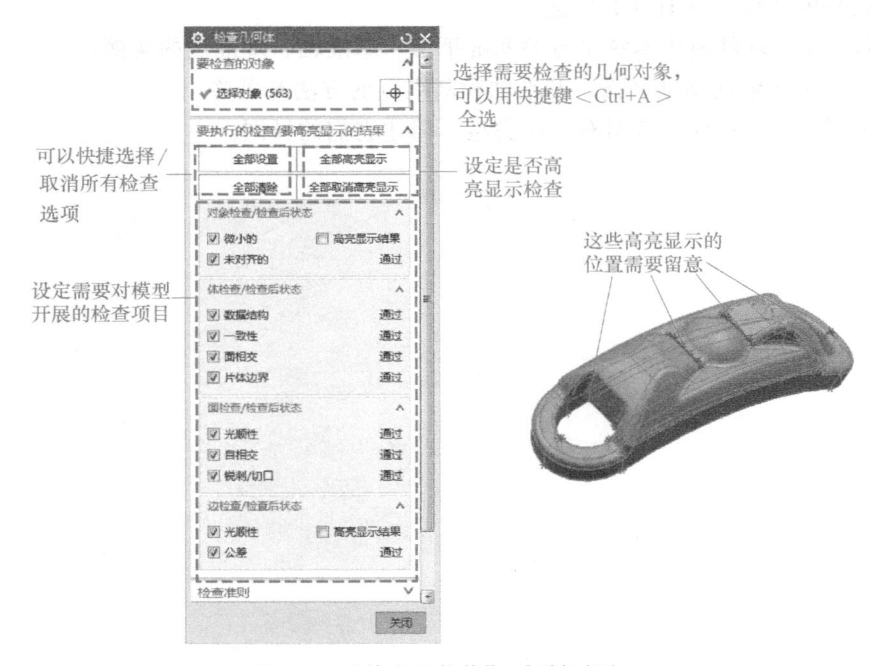

图 3-34　“检查几何体”对话框解析

3.7.3 装配干涉检查

UG 软件可以组装设备的虚拟样机。由于设备通常包含众多零部件，尤其是内部部件之间的位置关系如何，单凭简单的肉眼观察是无法知道的，因此有必要借助软件的干涉检查功能查看部件之间是否存在干涉，以确定设计是否合理，以免后续的物理样机无法装配。“简单干涉”对话框解析如图 3-35 所示。

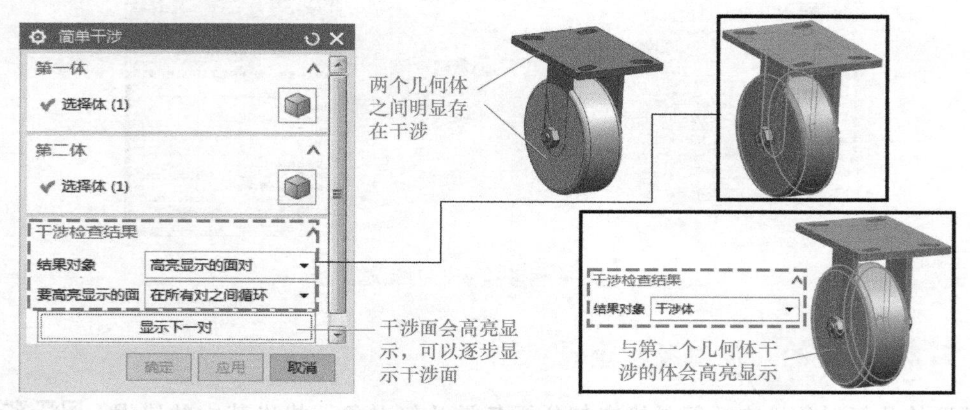

图 3-35 “简单干涉”对话框解析

习 题

1. 什么是基准特征？请说明其含义及其在实际应用中所扮演的角色。
2. 什么是模型树？它有什么用途？
3. 请打开 UG 软件演练本章中有关基准平面、基准轴、基准点的实例。
4. 请简要阐述创建基准平面、基准轴和基准点的方法有哪些。
5. 请说明在 UG 软件中草图有哪些类型，简述它们的异同。

第4章　建模基础（一）

产品的构型灵活多样，但从几何学的角度看，它们是有很多共性的，所以可以通过研究产品的几何构型方法来解决如何表达产品外形的问题。尽管市场上三维建模软件产品众多，但只要掌握了其中一种软件的用法，其他的软件自然也能够触类旁通。因此，本章就从建模的基本原理出发，介绍一些众多软件都要用到且能解决绝大部分零部件建模问题的基本指令，相信读者会获益匪浅。

4.1　拉伸特征

拉伸是实体建模中最基本的特征，它有很多的功能和应用。“拉伸”属线性扫描，是所有三维 CAD 软件必备的基本功能。当完成剖面草图后，就可以使用此草图于指定的方向扫描出实体。“拉伸”对话框解析如图 4-1 所示。

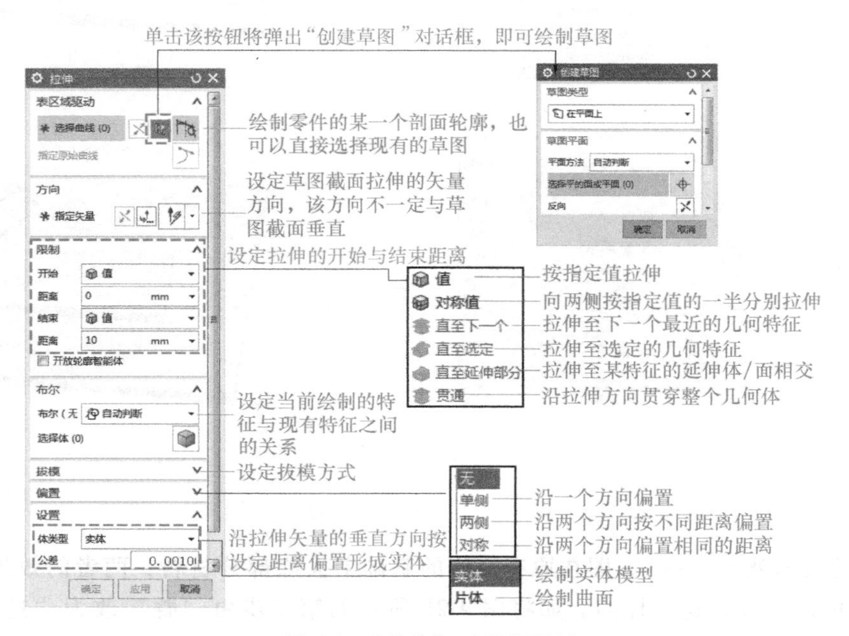

图 4-1　“拉伸”对话框解析

4.1.1 拉伸的“叠”与“挖”

零件的三维建模是一个逐步建立与完善各几何特征的过程，然而几何特征间并不是孤立的，彼此间存在位置、参照关系，因此构建完整的零件模型可以将其理解为若干个具有有机联系的几何特征的“叠”，这几乎是所有三维建模软件的基本设计思路。所以对建模技术的学习一方面应该关注构建几何特征的基础方法，如拉伸、回转、扫掠等；另一方面还应该注重几何特征的构建顺序，即如何堆叠。如图 4-2 所示，通过一个简单的实例来介绍堆叠的过程。

4.1.1 拉伸的“叠”与“挖”

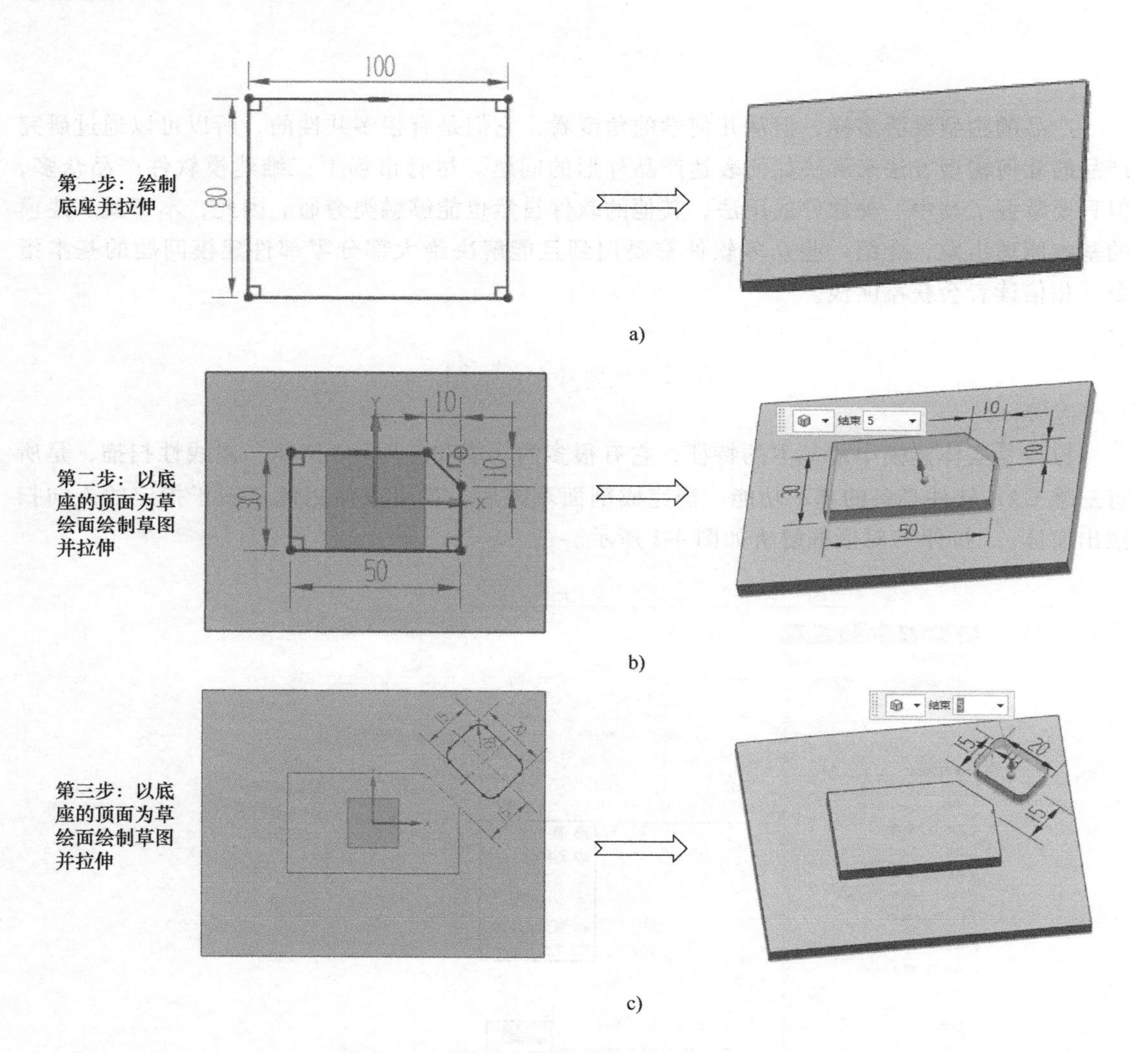

图 4-2 堆叠拉伸示意图

“叠”的反面就是“挖”，即在原有实体的基础上去除部分材料，两者的效果是不一样的，但概念的理解方式是一样的。如将图 4-2b 所示的第二步由“叠”改为“挖”，就能得到完全不一样的零件，如图 4-3 所示。

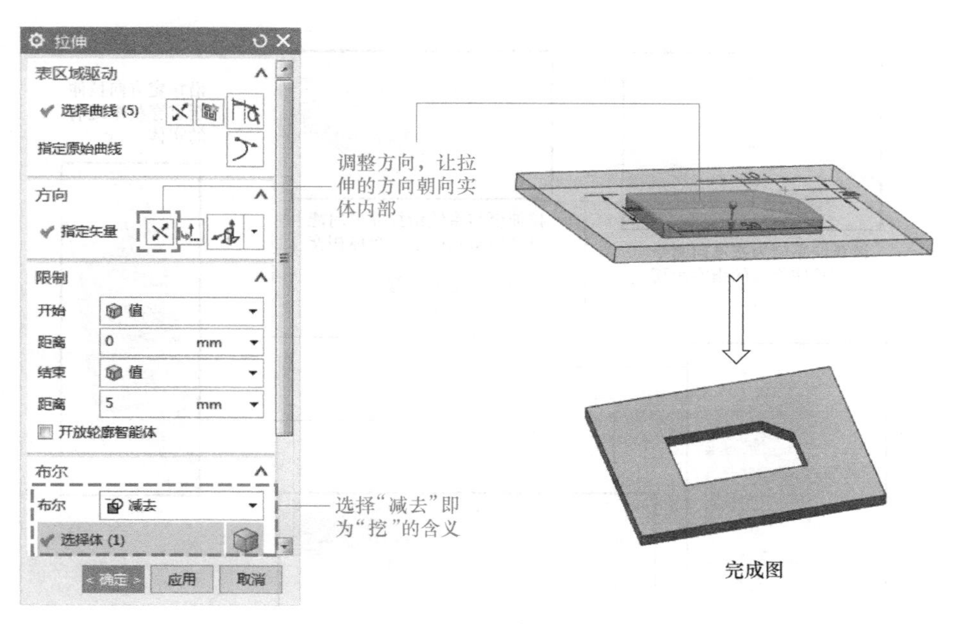

图 4-3　将第二步拉伸特征变更为“挖”的操作

4.1.2　拉伸的基准

4.1.2　拉伸的基准

在了解了“叠”与“挖”的概念与操作之后，下一步就来解决如何控制“叠”和“挖”的距离的问题，再次结合“拉伸”对话框来介绍，如图 4-4 所示。拉伸距离控制的其他选项功能如图 4-5 所示。

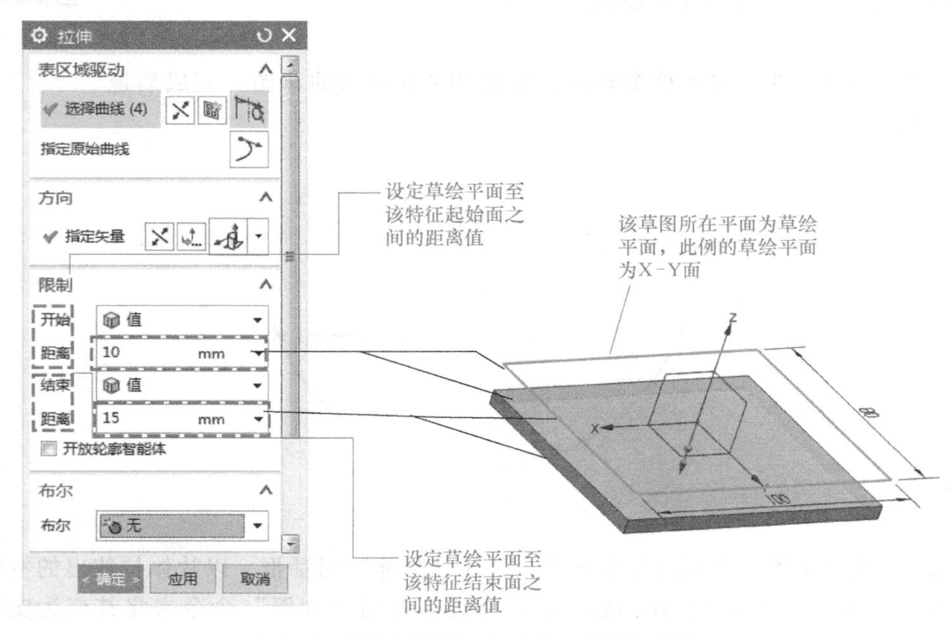

图 4-4　“开始距离”和“结束距离”解析

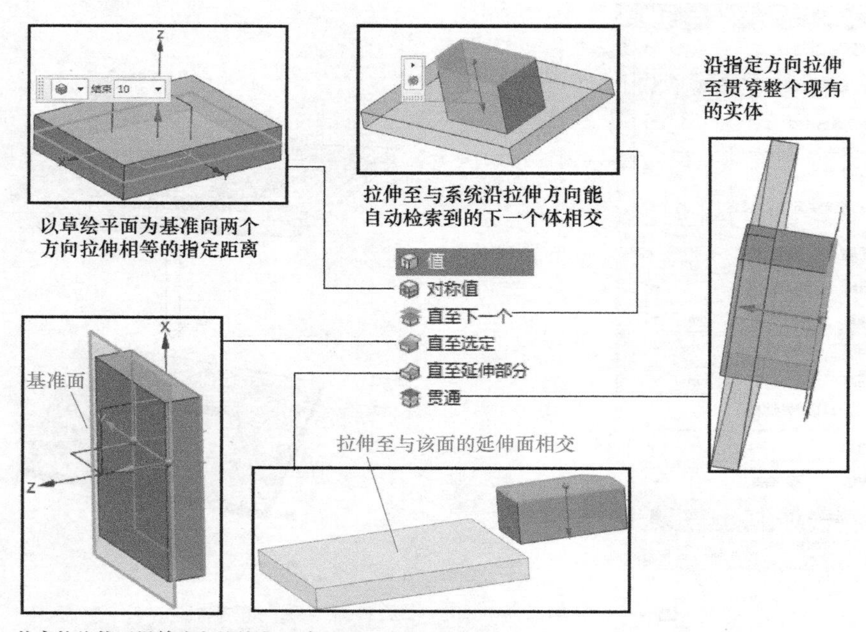

图 4-5　拉伸距离控制的其他选项功能

4.1.3　片体拉伸和薄壳拉伸

4.1.3　片体拉伸和薄壳拉伸（一）

在“拉伸”对话框中有“设置”和“偏置”选项组，可以分别实现拉伸出曲面和具有一定厚度的壳体特征。

1. 片体拉伸

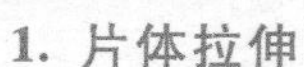

步骤 1：新建文件，进入草图环境，绘制图 4-6 所示的草图，完成后退出草图环境。

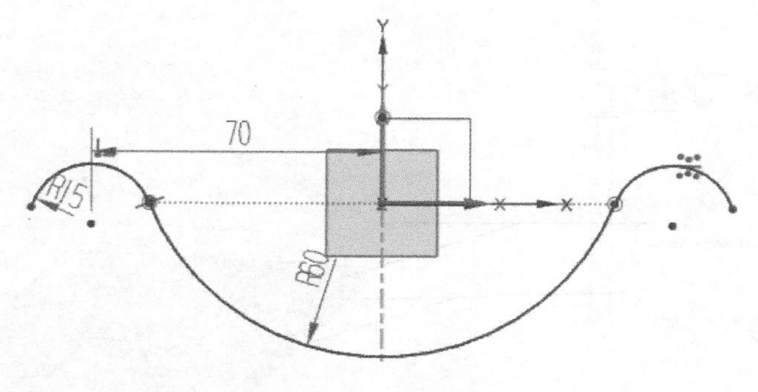

图 4-6　绘制片体草图

步骤 2：选择步骤 1 绘制的片体草图，打开“拉伸”对话框，以片体拉伸出的特征为曲面，并不是实体，一般用于设计构思阶段，后续需要用“加厚”命令来将其变为实体，具体操作过程如图 4-7 所示。

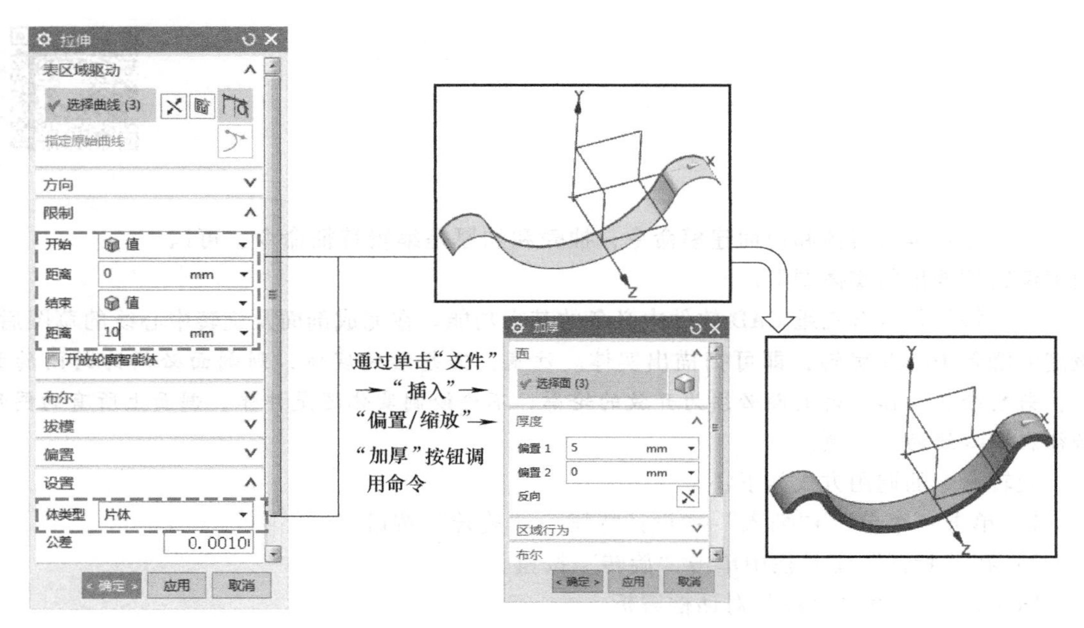

图 4-7　拉伸出片体并加厚为薄壳

2. 薄壳拉伸

步骤 1：新建文件，进入草图环境，绘制如图 4-8 所示的草图，完成后退出草图模式。

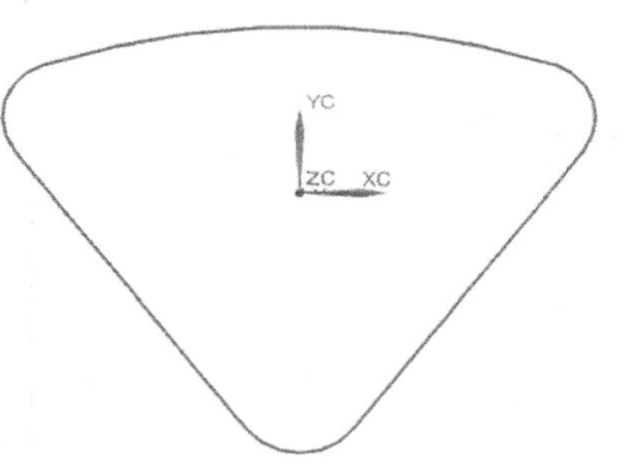

图 4-8　偏置实体的草图

4.1.3　片体拉伸和薄壳拉伸（二）

步骤 2：选择步骤 1 绘制的偏置实体的草图，打开“拉伸”对话框，在“偏置”选项组中选择不同的偏置方法，可以形成薄壳实体，具体操作方法如图 4-9 所示。

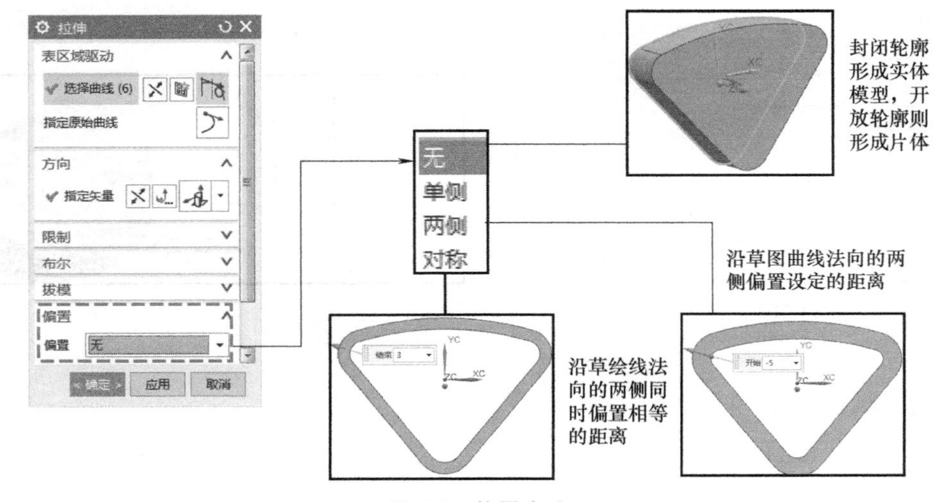

图 4-9　偏置方法

4.2 旋转、抽壳和加厚特征

4.2.1 旋转特征

4.2.1 旋转特征

旋转是基本的实体和薄面建模命令；抽壳和加厚是编辑特征命令，可以用来编辑拉伸出的实体图形。

旋转特征是所有三维CAD软件中必备的基本功能。在完成剖面及旋转中心线的草图后，该剖面绕着中心线旋转，即可扫描出实体。注意：若想绘制实体，则剖面必须为封闭的曲线；若想绘制片体，则剖面必须为开放的轮廓；不论绘制实体还是片体，剖面上所有的图形必须在中心线的同一侧。

旋转命令的调用方式如下：

1）单击“菜单”→“插入”→“设计特征”→“旋转”按钮。

2）在“特征”工具栏中单击“旋转”按钮。

图4-10所示为“旋转”对话框解析。

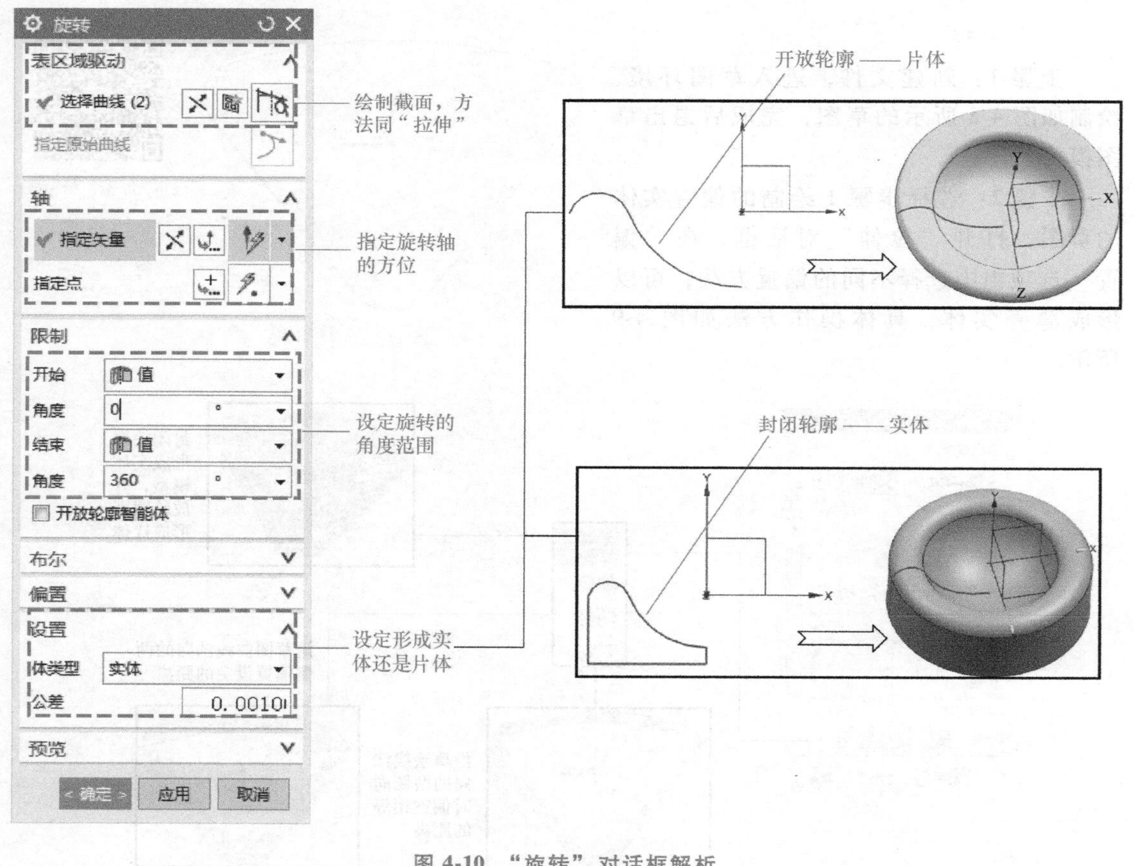

图4-10 “旋转”对话框解析

信息补充站

“旋转”对话框的几点说明

（1）“轴” 进行截面旋转操作时所依赖的中心线，有以下两个方面需要注意。

1）“指定矢量”：指定与旋转轴平行的矢量，旨在确定旋转轴的方向，矢量箭头方向为正向。

2）“指定点”：指定旋转轴通过的点，旨在确定旋转轴的位置。

当指定的矢量方向和位置是确定的时，则不必再指定点，如指定的矢量为坐标轴、草图曲线、实体边线等；当指定的矢量仅代表方向时，则需要再指定一个点来确定轴线的位置，如图 4-11 所示。

（2）“限制” 用于设定旋转的范围，有时并不需要 360°旋转，如图 4-12 所示。

1）“开始角度”：设定实体（片体）的起始面与截面草绘平面的角度，从旋转矢量的正向观察，逆时针方向旋转的角度为正。

2）“结束角度”：设定实体（片体）的结束面与截面草绘平面的角度，特征正向旋转至该面为止。

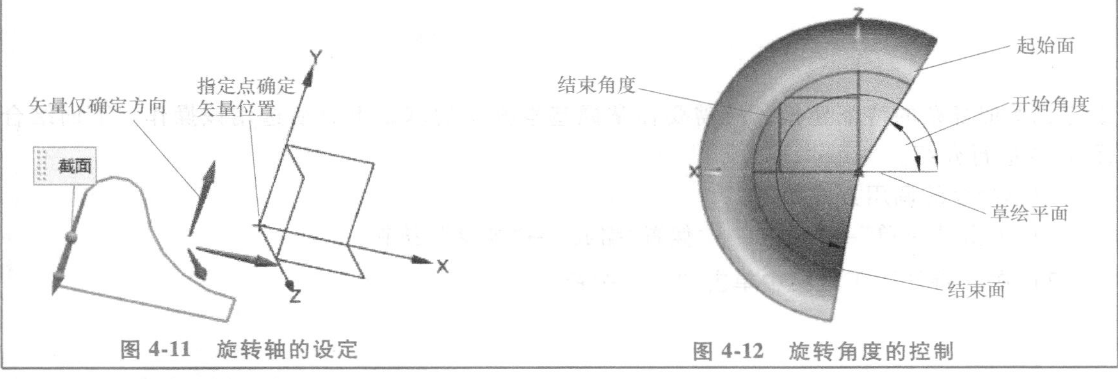

图 4-11 旋转轴的设定

图 4-12 旋转角度的控制

4.2.2 抽壳特征

4.2.2 抽壳特征

抽壳特征是指在模型上选择一个或多个移除面（也可不移除表面），并设置希望生成的薄壳厚度，系统就从选取的移除面开始，掏空所有和选取表面结合的特征材料，只留下指定壁厚的薄壳。一般情况下，所生成的薄壳各表面的厚度均相等，若欲生成不同厚度的薄壳，可对某些表面做单独的设置。

抽壳命令的调用方式如下：

1）单击“菜单”→“插入”→“偏置/缩放”→“抽壳”按钮。

2）在“特征”工具栏中单击 抽壳按钮。

“抽壳”对话框解析如图 4-13 所示。

4.2.3 加厚特征

“加厚”命令虽然不是建模过程中的常用命令，但是作为一个辅助功能在某些时候能帮

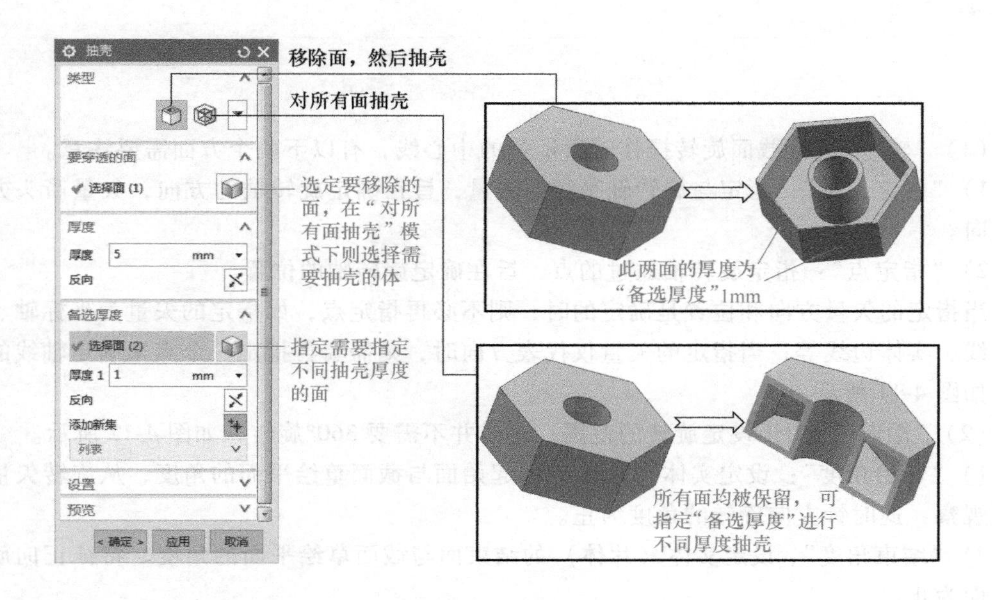

图 4-13 “抽壳”对话框解析

助完成看似复杂的特征建模，故需要在掌握基本操作的基础上灵活选用该操作。下面结合图 4-14 进行介绍。

加厚命令的调用方式如下：

1）单击“菜单”→“插入”→“偏置/缩放”→“加厚”按钮。

2）在“特征”工具栏中单击“加厚”按钮。

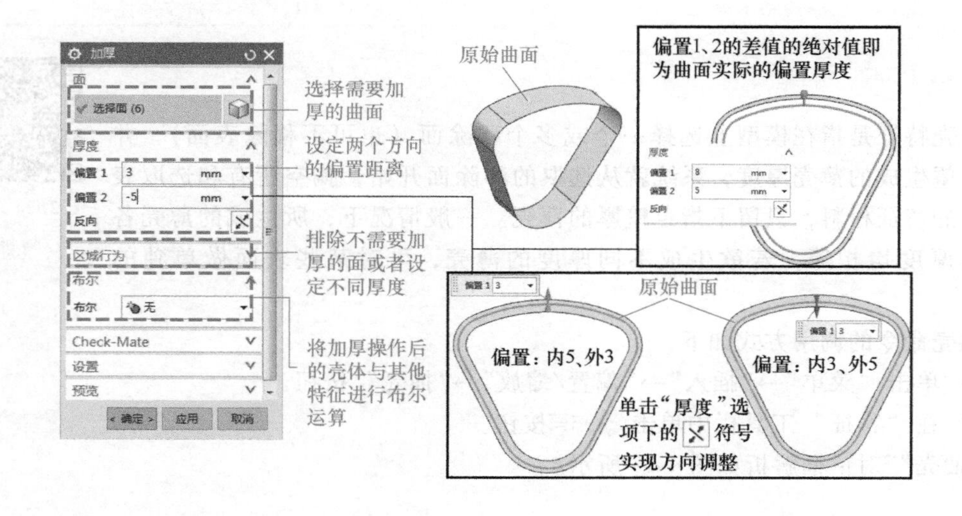

图 4-14 “加厚”命令操作

4.3　阵列特征

当需要建立多个结构相同但按一定规律分布在不同位置的特征时，“阵列”操作是一个不错的选择。阵列功能也是诸多三维建模软件均有的功能，具有一定的普适性。日常生活用品中，设计阶段需要用到阵列功能的物品也比较多，如滤水用的菜篮子、电子产品的散热孔、香皂盒底座的漏水孔等，如图 4-15 所示。

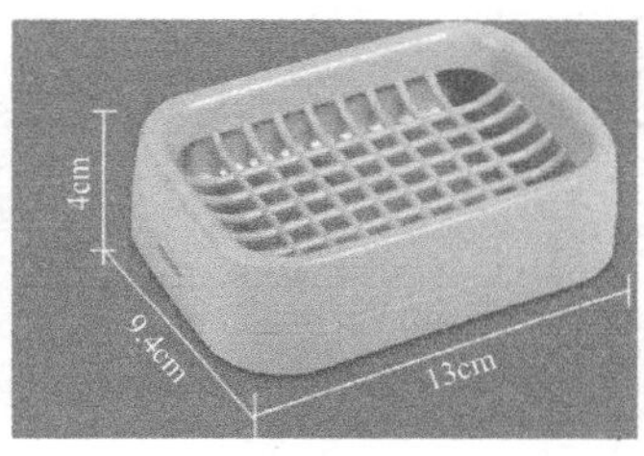

图 4-15　日常生活用品应用“阵列”操作的物品

阵列特征命令的调用方式如下：

1）单击“菜单”→“插入”→“关联复制”→“阵列特征”按钮。

2）在“特征”工具栏中单击 阵列特征 按钮。

使用 UG NX 软件的“阵列特征”命令来创建阵列时，可通过改变某些指定尺寸创建出所选特征实例。为进行阵列所选取的特征称为“阵列导引对象”。“阵列特征”命令功能有以下特点。

1）阵列是由参数控制的。因此，可以通过变更阵列参数（如实例数、实例间的间距和原始特征尺寸）来修改阵列。

2）修改阵列比修改各特征更为有效。当改变阵列中的原始特征尺寸时，系统会自动更新整个阵列实例。

3）对包含在阵列中的多个特征运行一次操作，这比分别对各特征进行操作更快更方便。

此外，系统只允许一次阵列一个单独特征。因此，要阵列多个特征，可创建一个“局部群组”，然后阵列这个群组。

4.3.1　线性阵列

4.3.1　线性阵列

线性阵列的含义为沿平面图形中的一条直线（一个方向）或者矩形的两条交线（两个方向）进行阵列，图 4-16 所示为“线性”阵列实例效果图，具体的操作过程如图 4-17 所示。

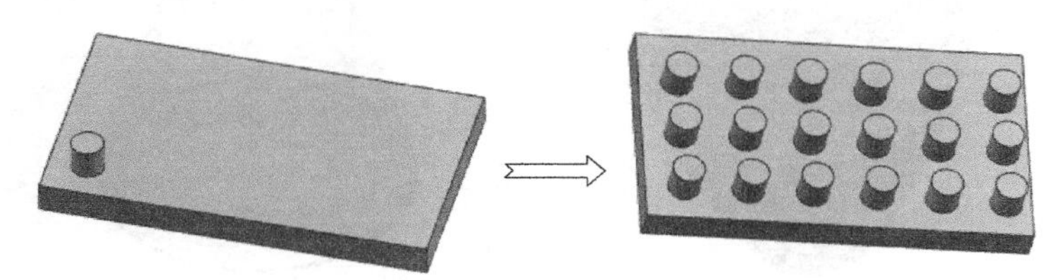

图 4-16　“线性”阵列实例效果图

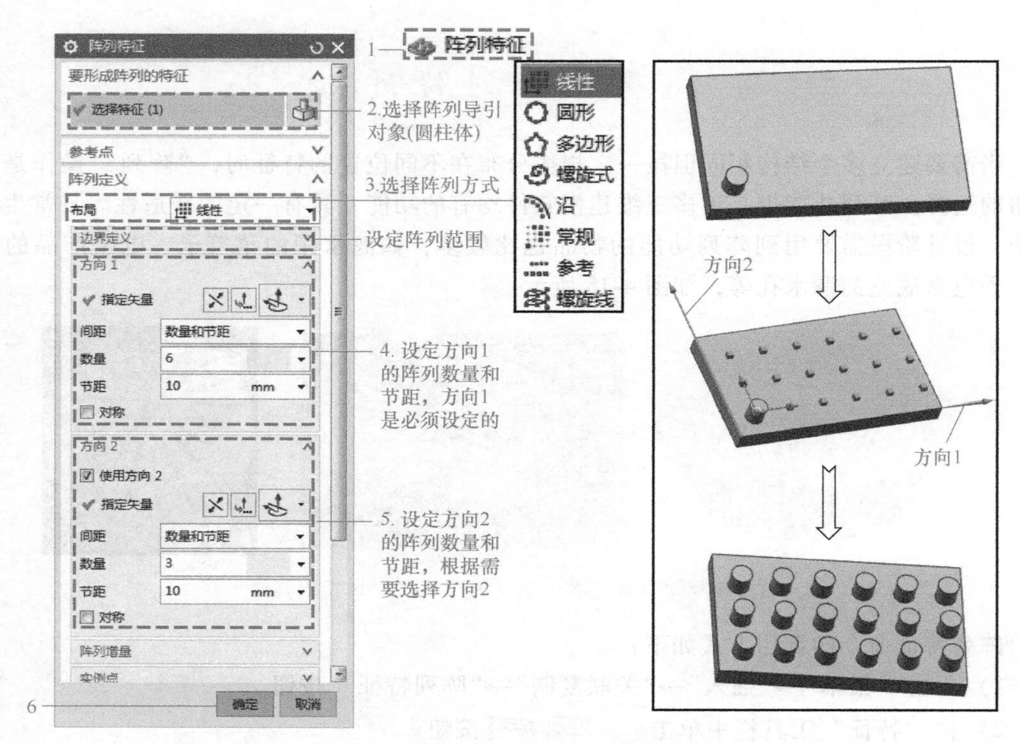

图 4-17 “线性”阵列的操作过程

信息补充站

“线性”阵列可选的方向参照

“线性”阵列的方向参照可以选取实体边线、平面（法向）、草图直线、坐标系轴线或基准轴等，本例选择的是实体的边线作为方向参照。

4.3.2 圆形阵列

4.3.2 圆形阵列

圆形阵列是将几何特征绕某个中心要素环形进行复制，因此，该阵列方式的效果为沿一个或多个同心圆分布的几何特征，其中阵列间距、分布范围、同心圆的半径等参数是可编辑的。图 4-18 所示为“圆形”阵列实例效果图，具体的操作过程如图 4-19 所示。

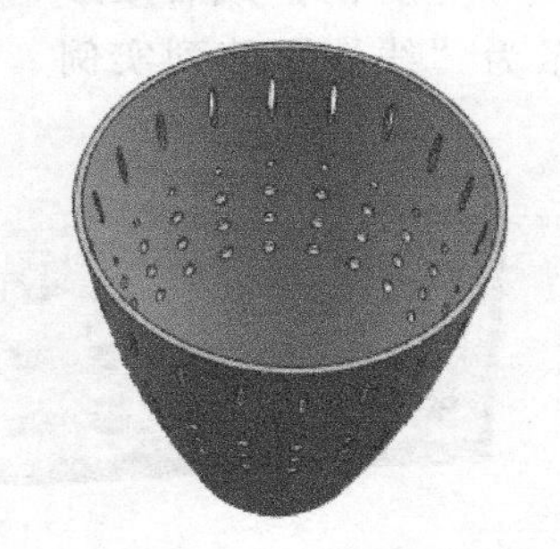
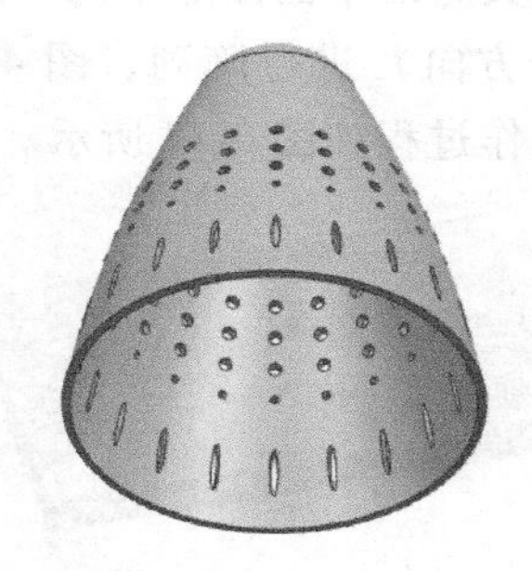

图 4-18 “圆形”阵列实例效果图

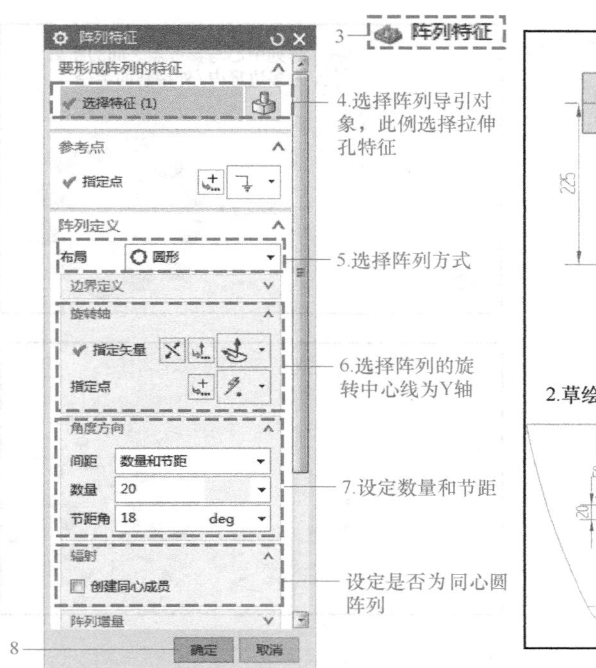

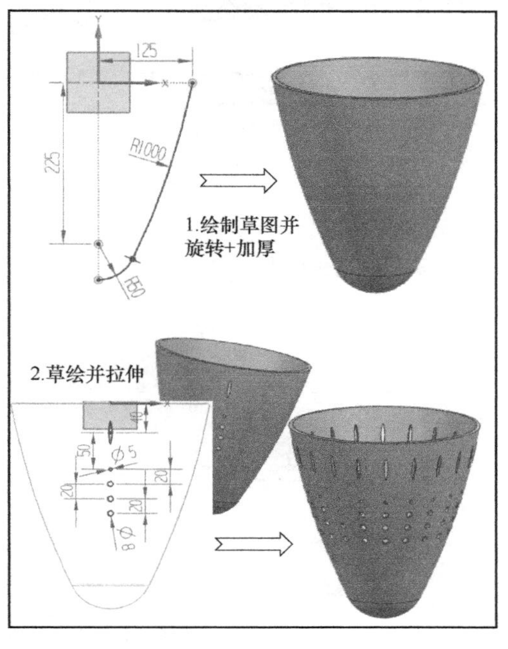

图 4-19　“圆形”阵列的操作过程

> **信息补充站**
>
> “圆形”阵列的几点说明
>
> “圆形”阵列的旋转轴可以选取实体边线、平面（法向）、草图直线、坐标系轴线或基准轴等，本例选择的是坐标系轴线作为旋转轴。

4.3.3　多边形阵列

4.3.3　多边形阵列

进行多边形阵列时，系统根据设定的多边形边数、阵列平面、多边形内/外接圆的半径等参数复制几何特征，因此当想在平面上依照常见的规则几何图形方式布置几何特征时，此方法是比较方便的，如图 4-20 所示。

4.3.4　螺旋式阵列

4.3.4　螺旋式阵列

螺旋式阵列是指在一个指定平面上将实例按照螺旋线的方式进行分布，可以设定螺旋线的旋向、节距、实例间距等参数。图 4-21 所示为“螺旋式”阵列实例效果图，具体操作如图 4-22 所示。

4.3.5　沿阵列

4.3.5　沿阵列

沿阵列即将阵列导引对象沿着选定的路径按一定的规律复制，具体的操作步骤如图 4-23 所示。

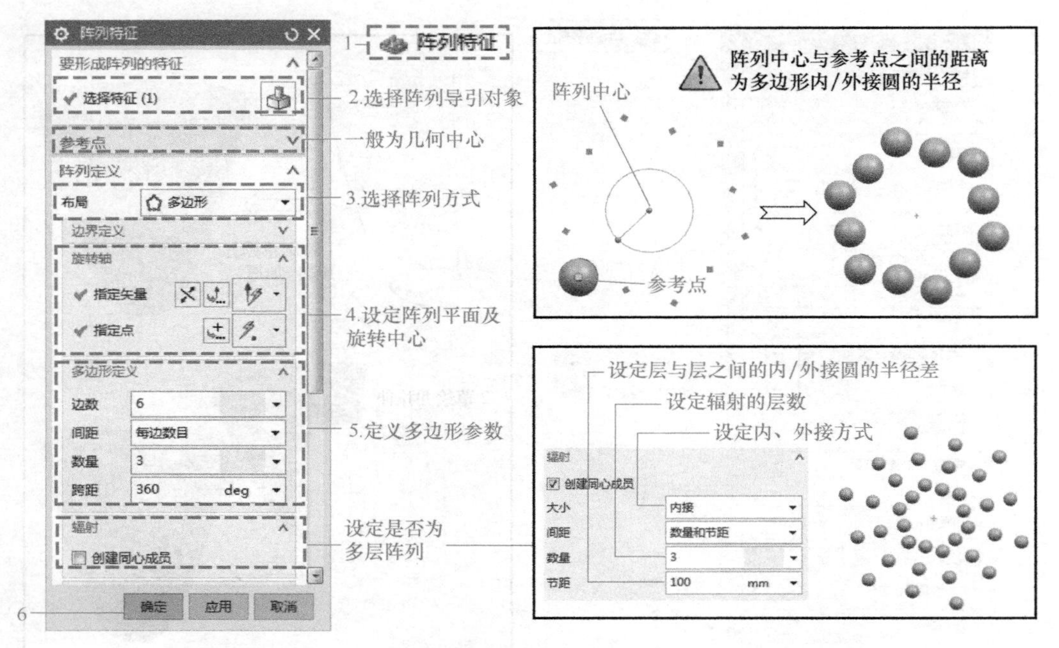

图 4-20 “多边形”阵列的操作过程

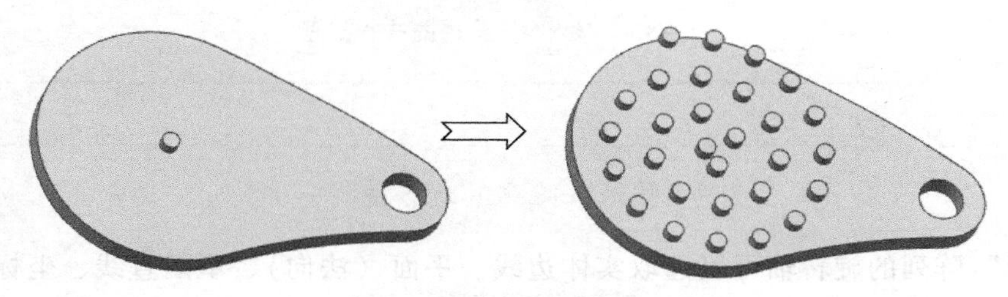

图 4-21 “螺旋式”阵列实例效果图

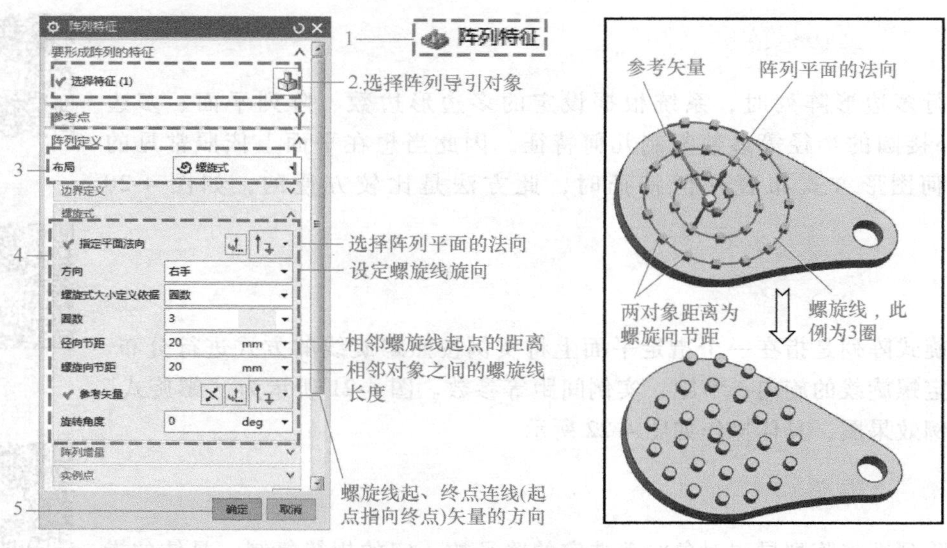

图 4-22 “螺旋式”阵列的操作

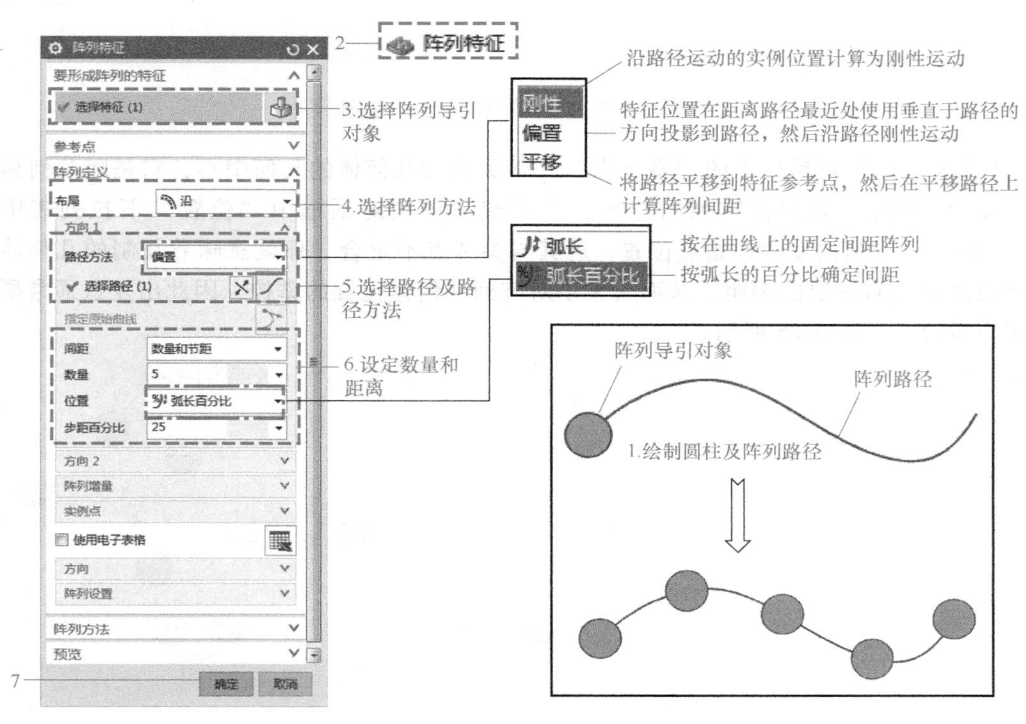

图 4-23　“沿”阵列的操作步骤

4.3.6　常规阵列

4.3.6　常规阵列

常规阵列中的“点”形式，就是在任意位置进行复制。如图 4-24 所示，“出发点”指基准点，“至”指目标点。进行阵列时直接点选即可，单击一个点进行一次复制，该点可以使用点构造器来创建，直接点选构造器即可。

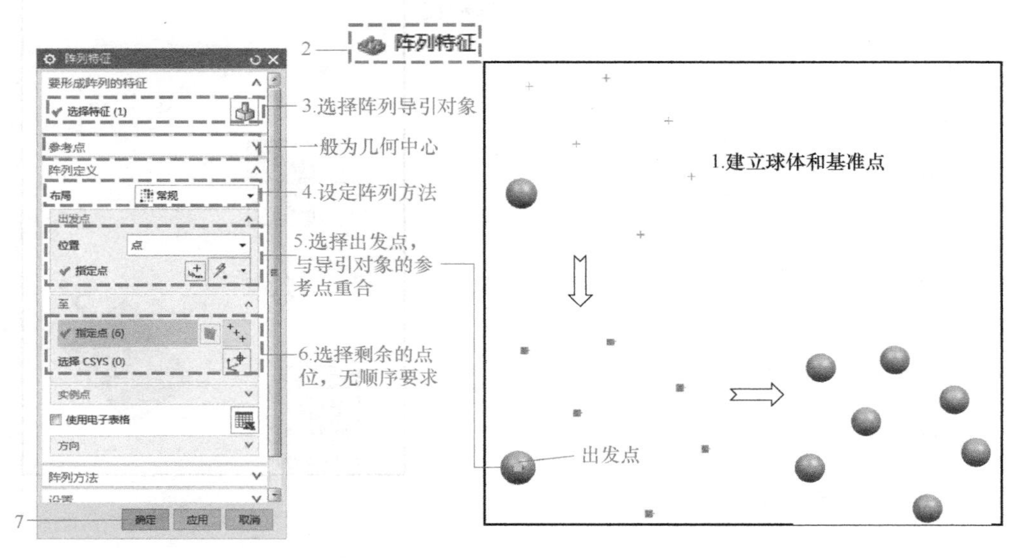

图 4-24　“常规”阵列“点”的操作

信息补充站

“位置”下拉列表中“点”的确定

“阵列特征”对话框下的“参考点”一般默认为几何体的几何中心，它是随几何体一起运动的，决定了几何体阵列的位置。“常规”阵列对话框中“位置”下拉列表中的“点”决定了阵列出发的起始点位置，若其与参考点不重合，那就意味着复制的几何体与目标点之间会有一定的偏距，从而失去了对阵列几何体位置的掌控，因此出发点通常要与参考点重合，如图 4-25 所示。

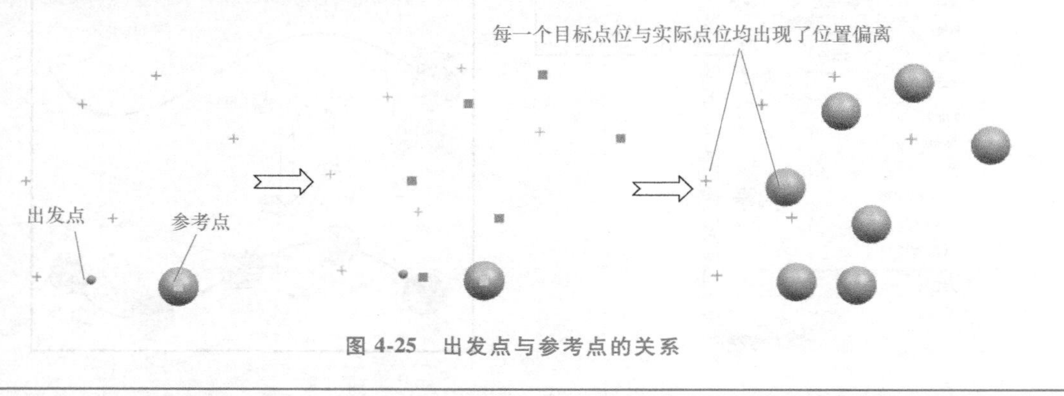

图 4-25　出发点与参考点的关系

“常规”阵列中的“坐标系”形式，在实践中也会遇到，一般尺寸相同但方向不同时，使用这个阵列十分方便，其操作如图 4-26 所示。但是，采用“坐标系”方式阵列时，要注意方向的选择，坐标系方向旋转时，“方向”要选择“遵循阵列”，才能显示出新坐标系的阵列状态，“与输入相同”则是根据原来的方向阵列，不发生改变。

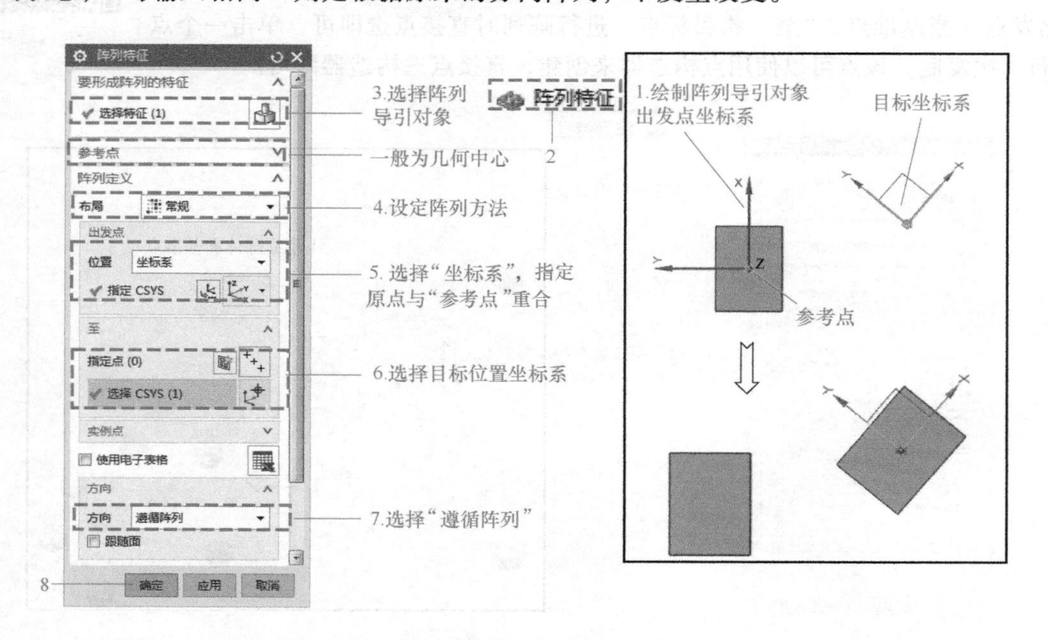

图 4-26　“常规”阵列中“坐标系”的操作

"出发点"选项组中的"位置"设为"坐标系"时，坐标系原点与"参考点"的关系与"位置"为"点"时相似。在此不做过多介绍。简而言之，当"位置"设置为"坐标系"时，坐标系的原点与"参考点"必须重合，否则阵列结果中几何特征的实际位置与目标位置必然是偏离的。

4.3.7　螺旋线阵列

4.3.7　螺旋线阵列

进行螺旋线阵列时，阵列实例沿着螺旋线的曲线分布，可以设定螺旋线的轴线方向和位置、两相邻实例间的角度、实例数量等参数，如图 4-27 所示。螺旋线阵列与螺旋式阵列的区别在于：螺旋式阵列是在平面上分布阵列实例，属二维阵列，而螺旋线阵列的实例是沿螺旋线分布的，属于三维空间阵列。

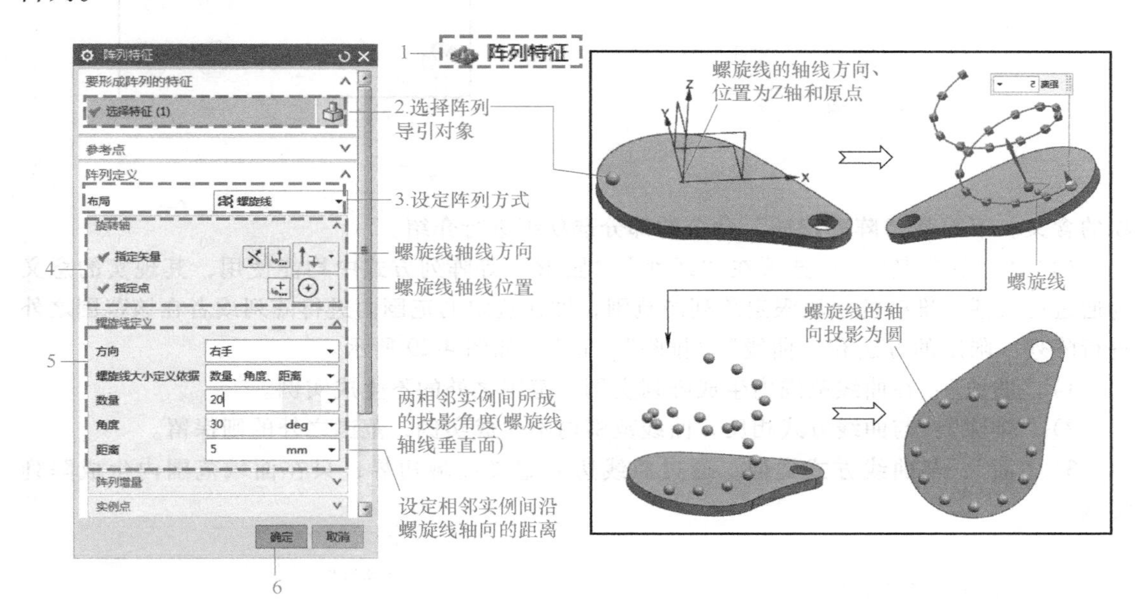

图 4-27　"螺旋线"阵列的操作

4.3.8　参考阵列

4.3.8　参考阵列

参考阵列是指参照现存的一个阵列，如线性阵列，再建立另一个与之分布方式相同的阵列时，可以不用设置而直接参考即可。对话框中的"选择阵列"就是选择已有的阵列，"选择基本实例手柄"指的是被参考阵列中的某个对象，它能决定新阵列布局的方位，直接选择被参考阵列中的一个实例即可，一般选择参考阵列中的阵列导引对象，具体操作如图 4-28 所示。

"阵列特征"命令总结：

通过前面详尽的介绍，不难得知"阵列特征"命令的功能非常强大，设计中需要根据需求灵活选择阵列的方式。而且，UG NX 软件相比其他软件的特点之一是：UG NX 软件更加细化地设计了"阵列特征"命令的功能。在增强了软件功能的同时，也增加了学习的难度，因此，若想充分发挥 UG NX 软件的强大功能，需要读者不断地摸索，逐个了解每一个选

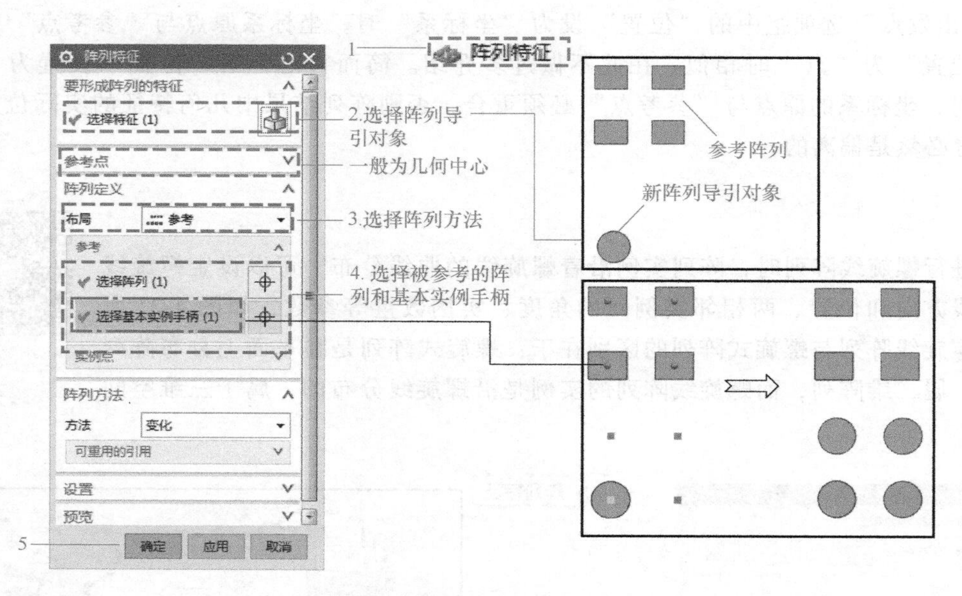

图 4-28 “参考”阵列的具体操作

项的含义。下面就“阵列特征”命令的部分选项组进行介绍。

（1）“边界定义” 该选项在“线性”“圆形”等阵列方式中均能使用，其现实的意义为通过更灵活、准确的手段限定阵列的范围，即在选定的范围内进行阵列或者在该范围之外进行阵列。限定的方法有“曲线”“排除”“面”，如图 4-29 所示。

1）“曲线”：在曲线范围内生成阵列实例，范围之外的不生成实例。

2）“排除”：与曲线方式相反，曲线范围内不生成实例，范围之外的则保留。

3）“面”：与曲线方式类似，通过曲线边界定义面域边界，只在面域范围内生成阵列实例。

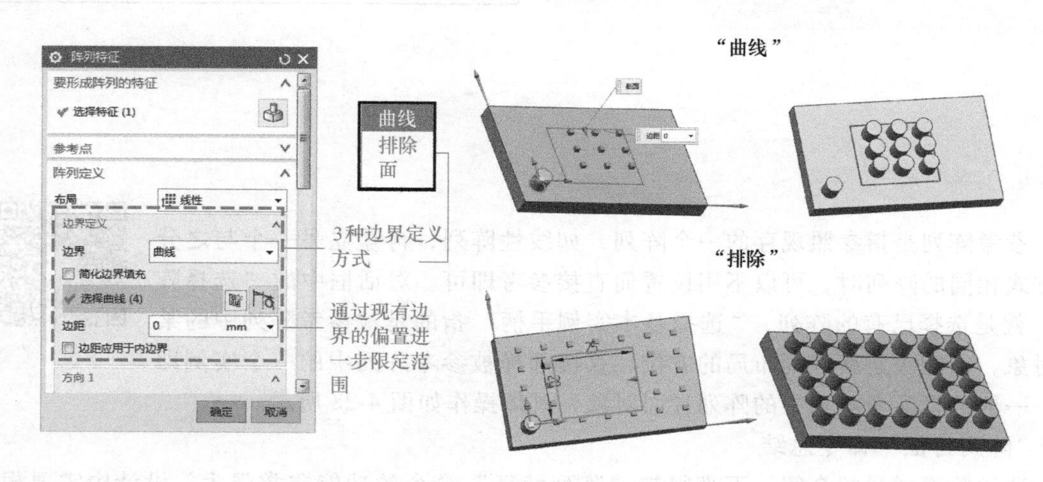

图 4-29 “边界定义”的解析

（2）“阵列增量” 该选项可以在阵列的同时调整几何体某些尺寸，即在阵列的同时灵活调整被阵列特征的几何尺寸。“阵列增量”具体的操作过程如图 4-30 所示。

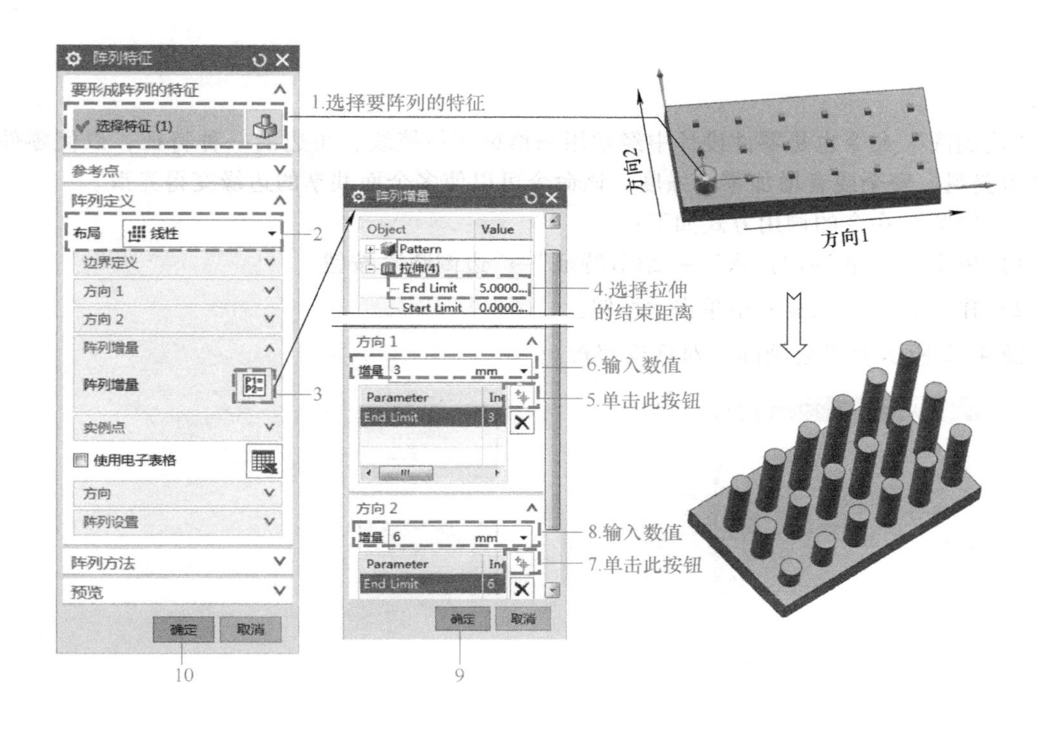

图 4-30　“阵列增量”具体的操作过程

（3）“阵列设置”　在选定的方向上，相邻的两行（列等）特征之间相互错开，错开的距离为指定方向上相邻特征间距（节距）的一半，如图 4-31 所示。

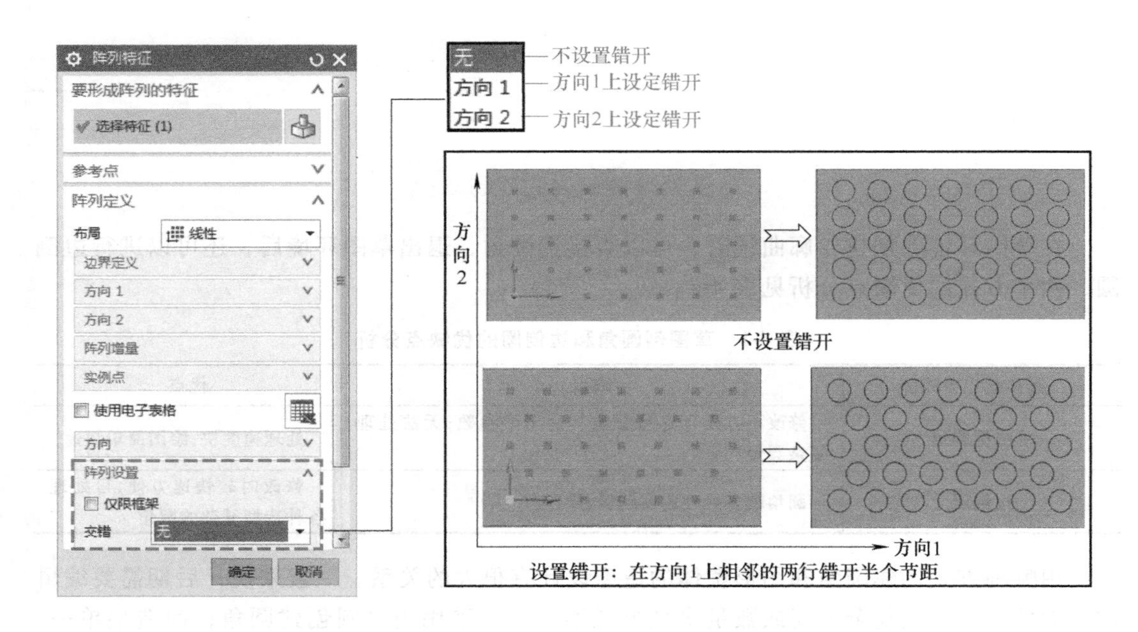

图 4-31　“阵列设置”的解析

4.4 倒圆角特征

“边倒圆”命令也是零件设计中经常用来修饰实体棱线、角边的一种特征，以使零件造型更为美观、安全或者增加零件强度。该命令可以使多个面共享的边缘变得光滑。

“边倒圆”命令的调用方式如下：

1）单击“菜单”→“插入”→“细节特征”→“边倒圆”按钮。

2）在“特征”工具栏中单击按钮。

图4-32所示为“边倒圆”对话框解析。

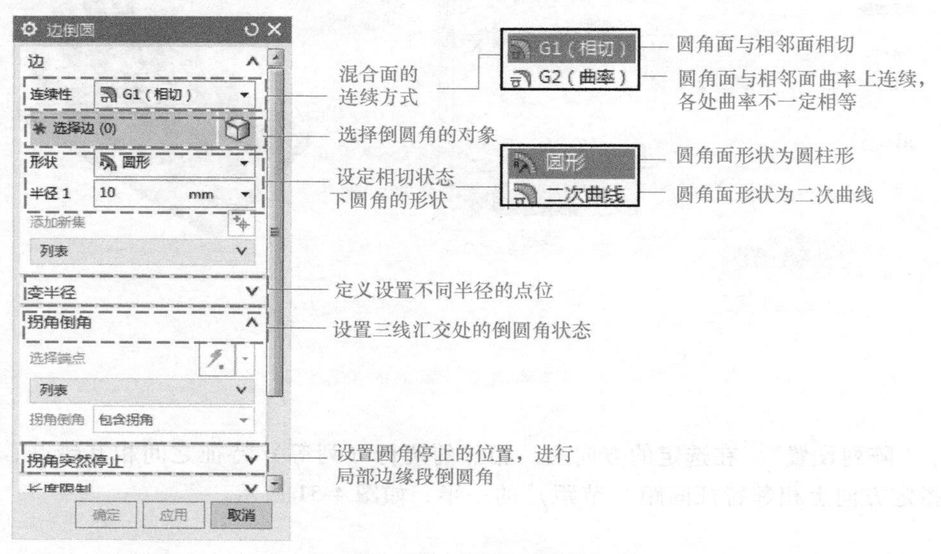

图4-32 “边倒圆”对话框解析

信息补充站

草图倒圆角和边倒圆的取舍

在草图环境中创建轮廓曲线时，可以直接倒圆角，退出草图环境后，还可以进行边倒圆，两个方式的优缺点分析见表4-1。

表4-1 草图倒圆角和边倒圆的优缺点分析

圆角绘出方式	缺点	优点
草图倒圆角	修改不方便且容易影响其他图形参数;无法处理复杂圆角	处理速度快;绘图简单快速
边倒圆	圆角越多处理速度越慢,操作较复杂	修改时较快速方便,可处理各种造型复杂的圆角

用哪种方式创建圆角和图形整体的造型设计有很大的关系。一般来说，后期需要编辑的可能性大、造型复杂度高或数量多且半径不一的，采用边倒圆创建圆角；而造型单一、变化概率不高的，就考虑采用草图倒圆角的方式，应特别注意这个应用技巧。

4.4.1　简单倒圆角

简单的圆角是设计中最常用的，“边倒圆”命令用于创建一个恒定半径的圆角。恒定半径的圆角是最简单的，也是最容易生成的圆角。倒圆角操作的对象可以为零件实体的边线、曲面的交线等，“边倒圆”对话框中“连续性”和“形状”选项中各自两种倒圆角方式的区别见表 4-2 和表 4-3。

表 4-2　“连续性”选项中两种倒圆角方式的区别

倒圆角方式	圆角外形	圆角面曲率分析
相切：圆角面与相连曲面相切，截面形状为圆柱面		曲率分析：圆角面各处曲率一致
曲率：圆角面与相邻曲面曲率连续		曲率分析：圆角面各处颜色、曲率不同

表 4-3　“形状”选项中两种倒圆角方式的区别

倒圆角方式	圆角外形	圆角面的曲率分析
圆形：圆角面与相连曲面相切，截面形状为圆柱面		曲率分析：圆角面各处曲率一致
二次曲线：圆角面为二次曲线		曲率分析：圆角面各处曲率不同、颜色不同

4.4.2 可变半径点倒圆角

设计中为增添造型的美观度或者满足其他需求，通常需要在一条圆角边上设定不同的半径值，“可变半径点”选项组就是通过定义边缘上的点，然后输入各点位置的圆角半径值，沿边缘的长度改变圆角半径的。在改变圆角半径时，必须已指定了至少一个半径恒定的边缘，才能使用该选项组添加多个可变半径点，以便设置不同的半径值，具体操作如图 4-33 所示。

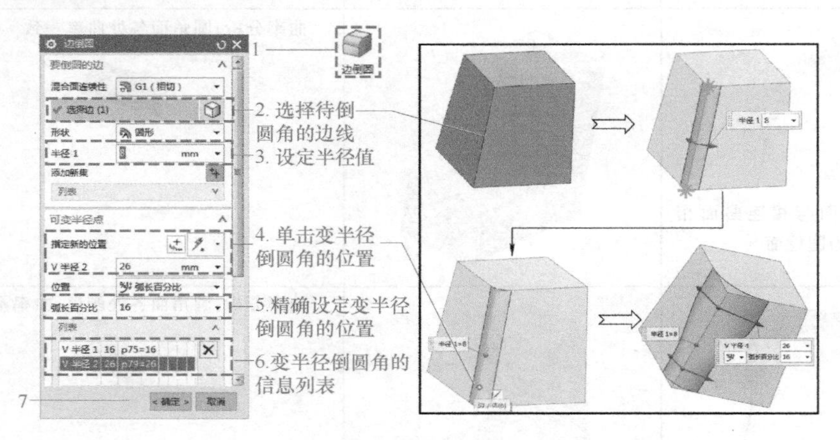

图 4-33 “可变半径点”的具体操作

4.4.3 拐角倒角

3 条及以上的线条相交时，若对线条倒圆角，则相交处的圆角需要特别处理。“拐角倒角”是添加回切点到一倒圆拐角，通过调整每一个回切点到顶点的距离来对拐角应用其他的变形，具体操作如图 4-34 所示。

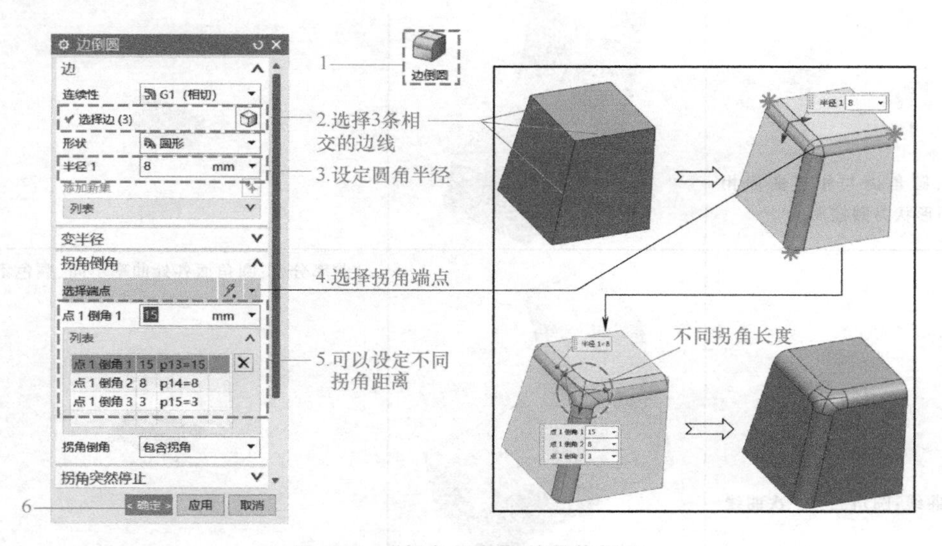

图 4-34 “拐角倒角”的具体操作

4.4.4　拐角突然停止

通过添加突然停止点，可以在非边缘端点处停止倒圆，进行局部边缘段倒圆角，具体操作如图 4-35 所示。

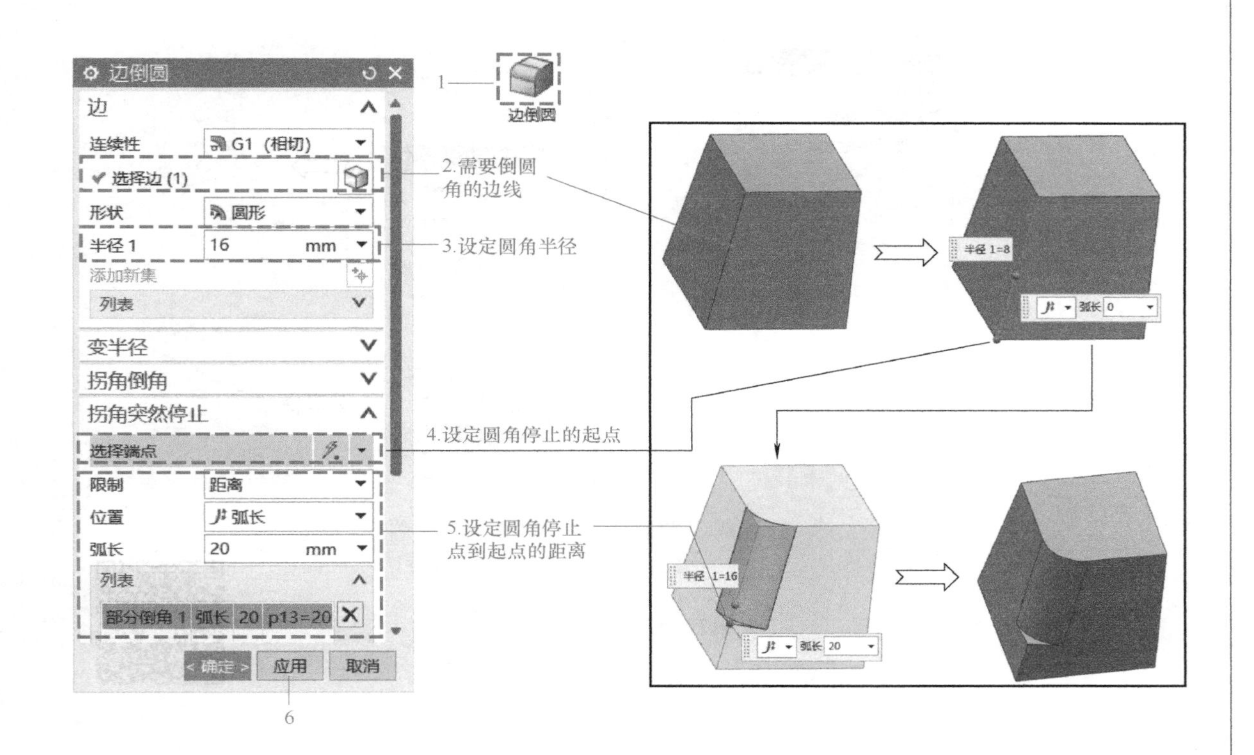

图 4-35　“拐角突然停止”的具体操作

4.5　倒斜角特征

4.5　倒斜角特征

和“边倒圆”类似，“倒斜角”是在零件的边线或角落上切削材料，在相应位置生成一个斜面，以达到设计要求的一类切割特征命令。倒斜角特征可在零件两个面的交线处生成，也可在零件的拐角处生成。若欲在零件的边界线上生成倒斜角特征，需选取零件的边线，此边线应位于两面之间，系统允许同时选取多个边线来进行倒斜角。

“倒斜角”命令的调用方式如下：

1）单击“菜单”→“插入”→“设计特征”→“边倒角”按钮。

2）在“特征”工具栏中单击按钮。

“倒斜角”对话框解析如图 4-36 所示。

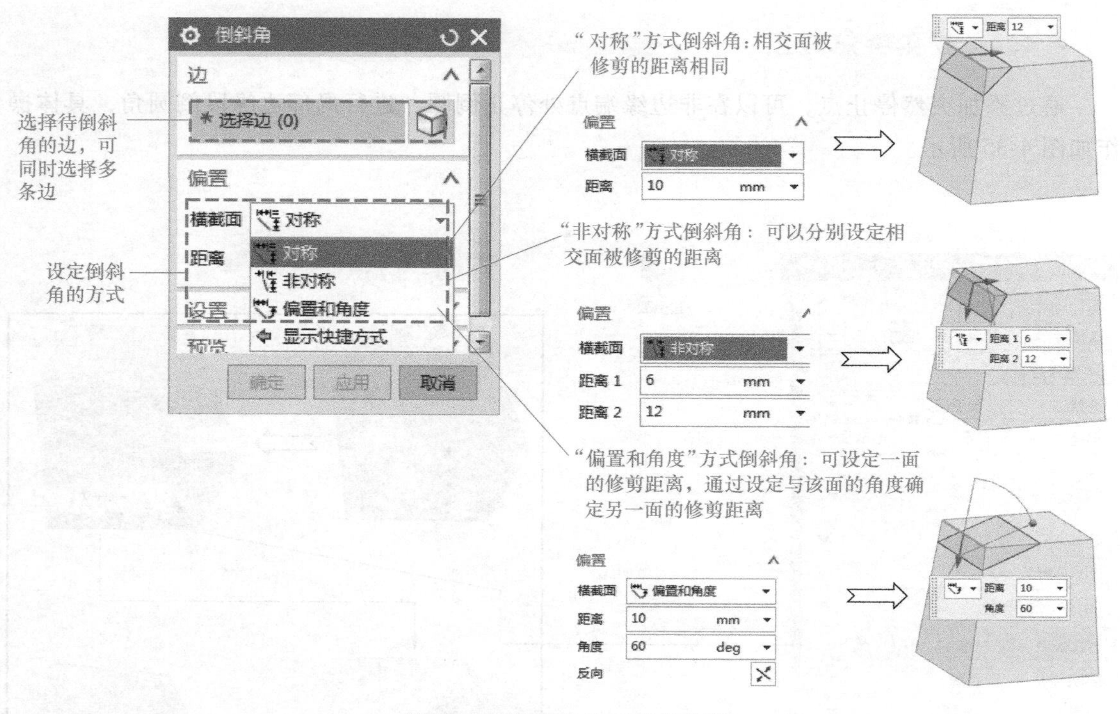

图 4-36 "倒斜角"对话框解析

4.6 布尔操作

4.6 布尔操作

4.6.1 布尔操作概述

布尔操作可以将原先存在的多个独立的实体进行运算以产生新的实体。进行布尔操作时，首先选择目标体（即被执行布尔操作的实体，只能选择一个），然后选择工具体（即在目标体上执行操作的实体，可以选择多个），操作完成后，工具体成为目标体的一部分。如果目标体与工具体具有不同的图层、颜色、线型等特性，产生的新实体具有与目标体相同的特性。如果部件文件中已存有实体，当建立新特征时，新特征可以作为工具体，已存在的实体作为目标体。布尔操作主要包括以下 3 部分内容：合并、相交、减法操作。"相交"对话框解析如图 4-37 所示，"合并""减去"对话框的选项与其类似，在此不再赘述。

布尔命令的调用方法如下：

1）单击"菜单"→"插入"→"组合"→"合并/相交/减去"按钮。

2）在"特征"工具栏中单击 合并(U)/ 相交(I)/ 减去(S) 按钮。

"设置"选项组的说明如下：

1）"保存目标"：为布尔操作保存目标体，当需要在未修改的状态下保存所选目标体的副本时，勾选此选项。

2）"保存工具"：为布尔操作保存工具体，当需要在未修改的状态下保存所选工具体的副本时，勾选此选项。

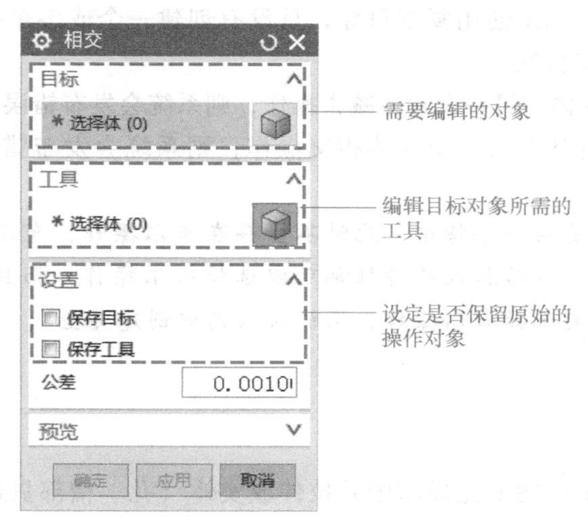

图 4-37 “相交”对话框解析

4.6.2　布尔操作分析

布尔操作工具体和目标体必须存在空间上的接触才能进行运算，否则系统就会报错。布尔操作的分析见表 4-4。

表 4-4　布尔操作的分析

布尔操作的分类	原始体	布尔操作结果
“合并”：将目标体与工具体合二为一，在两者之间的内部是没有分界线的	分界线，表明两个实体独立	分界线消失
“相交”：保留目标体与工具体共同拥有的部分，其余部分删除		
“减去”：从目标体中去除与工具体共同拥有的部分		

4.6.3　布尔操纵错误信息

如果布尔操作过程不正确，可能出现错误，其错误信息如下：

1）在进行实体的减去和相交运算时，所选工具体必须与目标体相交，否则系统会发布错误信息：“工具体完全在目标体外”。

2）在进行操作时，如果使用复制目标，且没有创建一个或多个特征，则系统会发布错误信息："不能创建任何特征"。

3）如果执行一个片体与另一个片体减去操作，则系统会发布错误信息："非歧义实体"。

4）如果执行一个片体与另一个片体相交操作，则系统会发布错误信息："无法执行布尔运算"。

注意：如果创建的是第一个特征，此时不会存在布尔操作，布尔操作的列表框为灰色。从创建第二个特征开始，以后加入的特征都可以选择布尔操作，而且对于一个独立的部件，每一个添加的特征都需要选择布尔操作，系统默认选中创建类型。

习　题

1. 请按图4-38所示的图形完成草图并拉伸成实体（孔、槽部贯通，拉伸尺寸自定）。

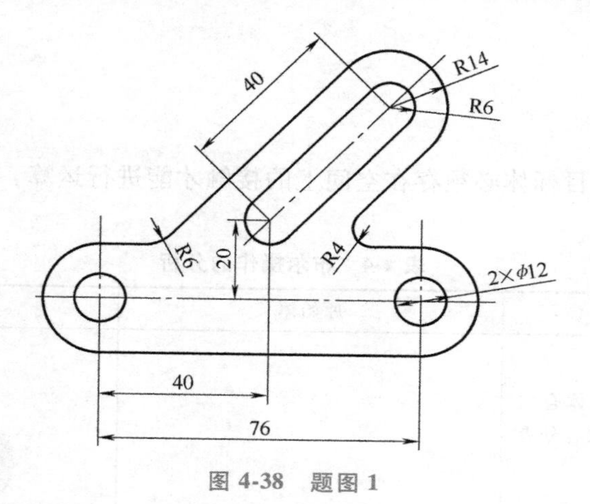

图4-38　题图1

2. 请参照图4-39所示的尺寸绘制草图并创建三维模型。

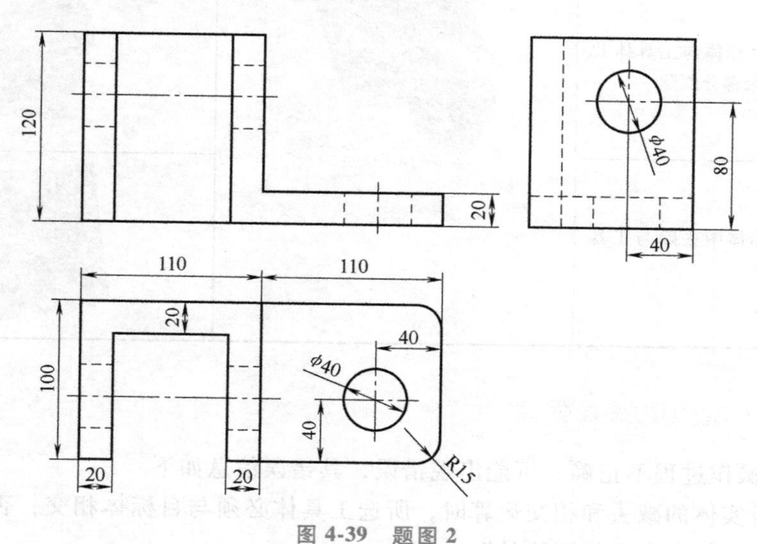

图4-39　题图2

3. 请参照图 4-40 所示的尺寸绘制草图并创建三维模型。

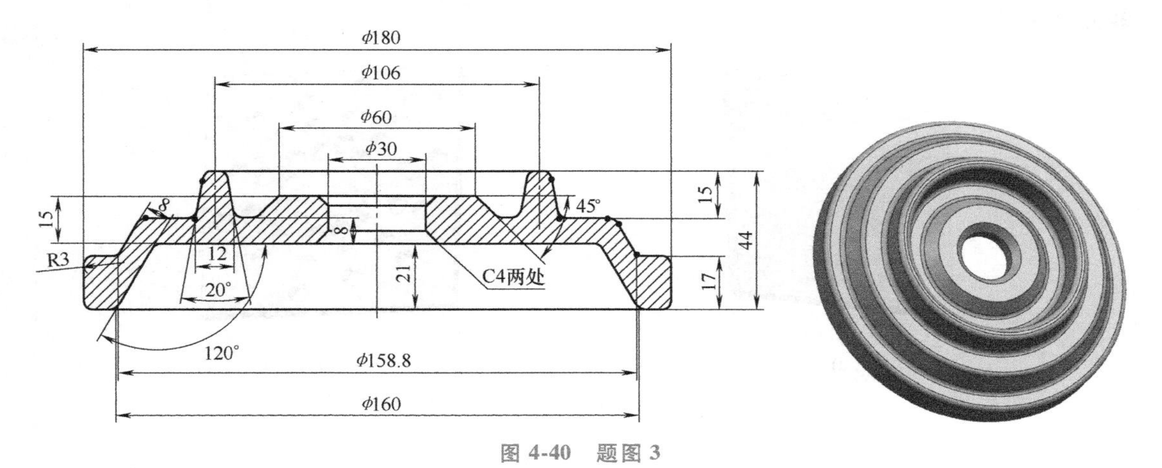

图 4-40　题图 3

4. 请参照图 4-41 所示的尺寸绘制草图并创建三维模型。

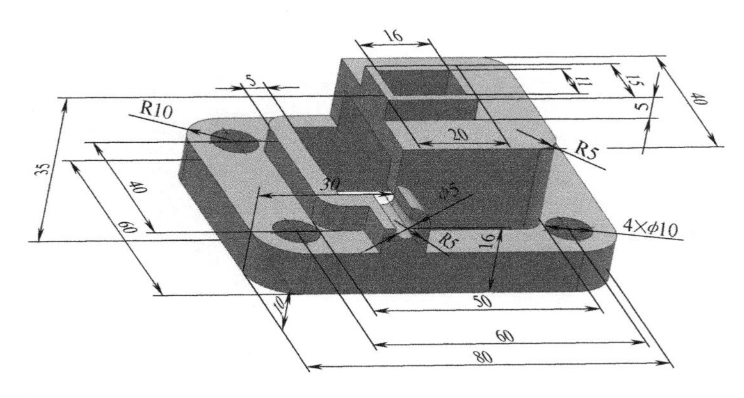

图 4-41　题图 4

5. 请将图 4-42 所示的尺寸绘制草图并创建三维模型。

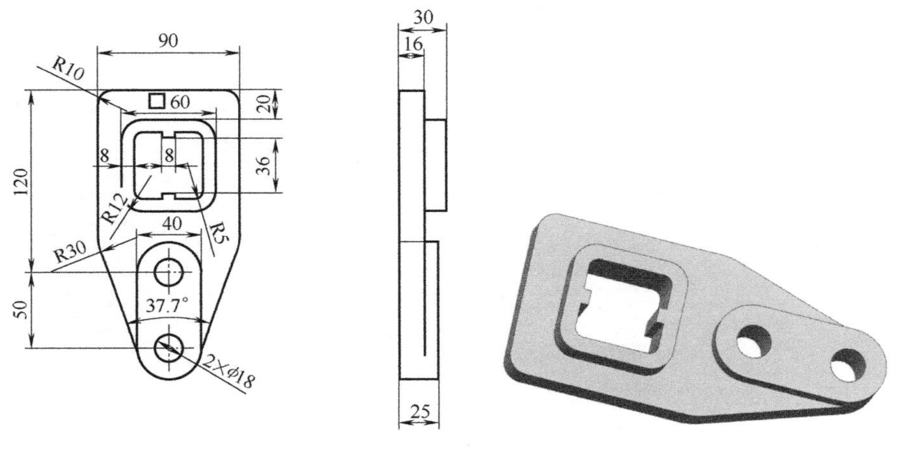

图 4-42　题图 5

6. 请将图 4-43a 所示的模型进行阵列操作成图 4-43b 所示的效果，尺寸自定义（提示：多边形阵列）。

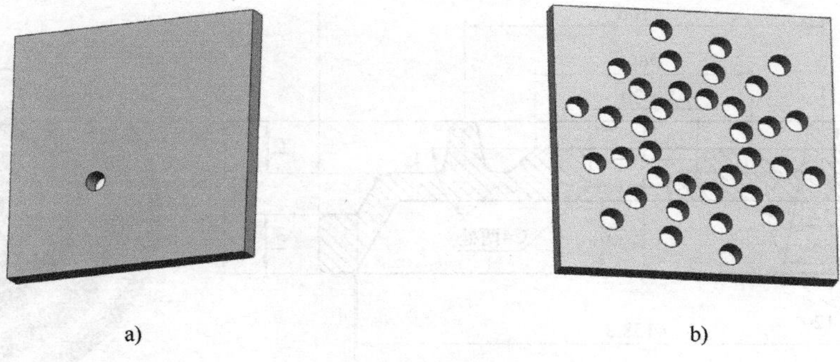

图 4-43　题图 6

第5章　建模基础（二）

在实际应用中，对某些零件采用常规的建模方法并不容易创建，因此本章介绍一些比较灵活的建模方法并适度拓展，以便于创建造型难度较高的模型。

5.1　扫掠特征

5.1　扫掠特征

有时基于产品的功能需求或者为了追求产品的外观，难免需要设计比较复杂的曲面。对于流线型的曲面，可通过单个或若干个截面沿着引导线的引导方向扫掠形成曲面。“扫掠”对话框如图 5-1 所示，各选项说明如下：

1）“截面”：用于选取截面线串，最多可选 150 条。

2）“引导线”：用于指定引导扫掠曲面的轨迹线，最多可选择 3 条曲线。

3）“脊线”：可以控制截面线串的方位，并避免因引导线上不均匀分布参数导致的变形。

4）“截面选项”：用来设置控制截面线串的参数。“截面选项”中有“定位方法”和“缩放方法”两个选项，具体介绍如下：

①“定位方法”：在截面引导线移动时控制该截面的方位。

②“缩放方法”：在截面沿引导线扫掠时，可增大或减小该截面的大小，用于创建复杂结构。

图 5-1　“扫掠”对话框

下面通过一个实例来介绍“扫掠”命令的具体操作过程，如图 5-2 所示。在操作过程中，应特别关注截面线和引导线的选择顺序。

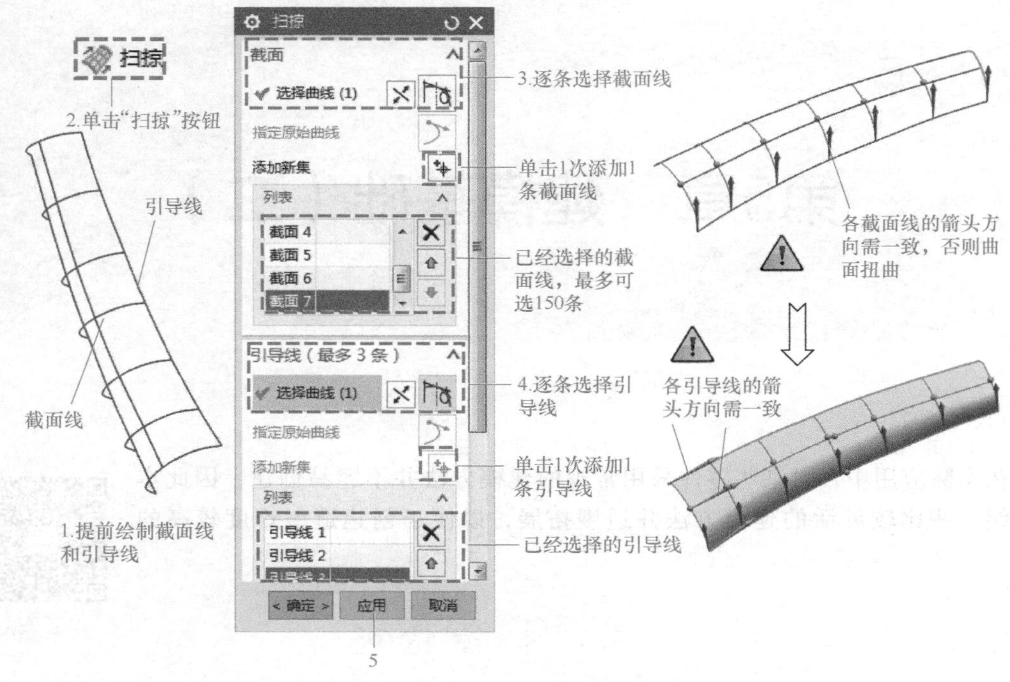

图 5-2 "扫掠" 命令的具体操作过程

5.2 变化扫掠特征

5.2 变化扫掠特征

"变化扫掠" 命令通过沿路径扫掠横截面来创建体（或曲面），此命令与"扫掠"命令的区别在于横截面的形状可沿路径改变，可以随路径位置函数和草图内部约束而更改其几何形状。下面通过一个实例来介绍"变化扫掠"命令的具体操作过程，如图 5-3 所示。

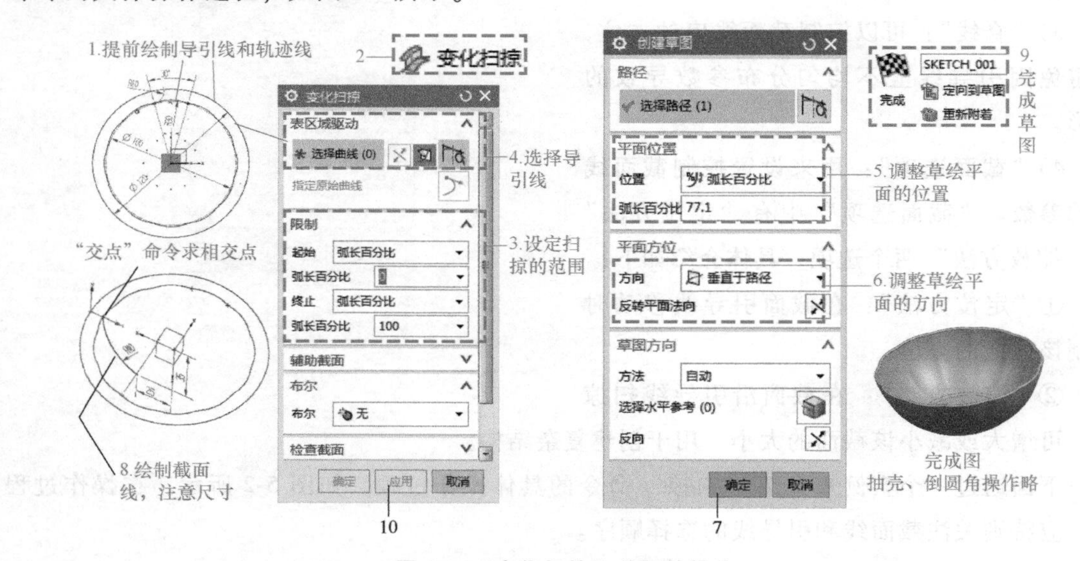

图 5-3 "变化扫掠" 特征的操作

5.3 管特征

5.3 管 特 征

管道类零件可通过调用“管”命令来快捷地绘制，但需要建立一个草图轨迹以引导管路的布局，还需要在“管道”对话框中指定管道的外径和内径，具体操作过程如图 5-4 所示。该命令的调用路径为：单击“菜单”→“插入”→“扫掠”→“管”按钮。

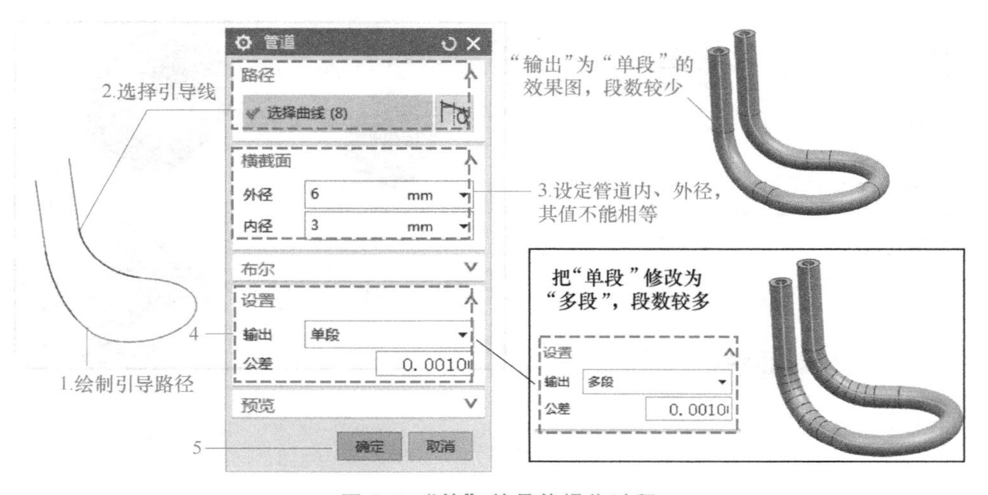

图 5-4 “管”的具体操作过程

5.4 孔 特 征

“孔”特征是机械设计中最常用的一种切割特征，常用于机器底座的固定及相关零部件的连接。“孔”命令分为以下几种类型。

（1）“常规孔” 创建指定尺寸的简单孔、沉头孔、埋头孔或锥孔特征等，常规孔可以是不通孔、通孔或指定深度条件的孔。

（2）“钻形孔” 根据 ANSI 或 ISO 标准创建简单钻形孔特征。

（3）“螺钉间隙孔” 创建简单孔、沉头孔或埋头通孔，它是为具体应用而设计的，例如，螺钉连接中，其中一个零件未加工螺纹，只是用于穿过螺杆，此即为螺钉间隙孔。

（4）“螺纹孔” 创建螺纹孔，其尺寸标注由标准螺纹尺寸和径向进刀等参数控制。

（5）“孔系列” 创建起始、中间和结束孔尺寸一致的多形状、多目标体的对齐孔。

由于不同类型的孔特征的创建方法基本相同，此处以“螺纹孔”为例讲解孔特征的创建过程，如图 5-5 所示。

“孔”命令的调用方式如下：

1）单击“菜单”→“插入”→“设计特征”→“孔”按钮。

2）在“特征”工具栏中单击 孔按钮。

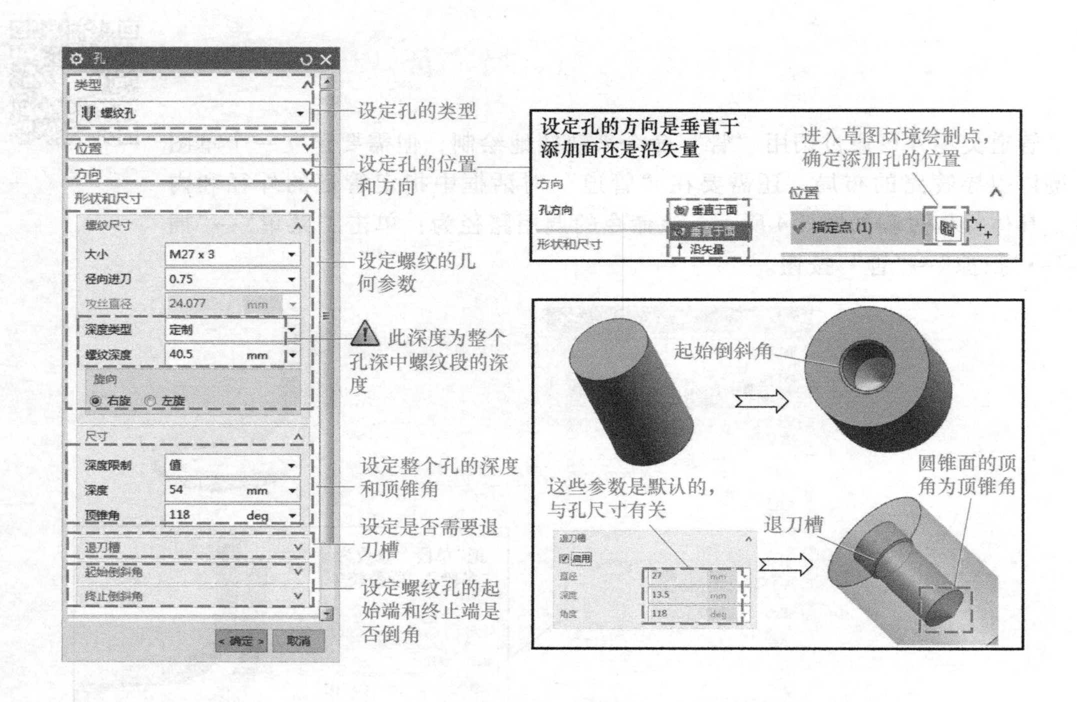

图 5-5 “螺纹孔”的创建过程

5.5 螺纹特征

5.5 螺纹特征

UG NX 软件可以创建两种类型的螺纹，分别是“符号”螺纹和“详细”螺纹，具体介绍如下。

(1)“符号”螺纹　以虚线圆的形式显示在要攻螺纹的一个或几个面上，这是一种简化表示的方法。软件会根据所选轴的直径自动确定螺纹的参数（大径、小径、螺距等参数），操作者也可在勾选“手工输入”复选框后手动输入相关参数。

(2)“详细”螺纹　比“符号”螺纹看起来更真实，但由于其几何形状的复杂性，创建和更新都需要较长的时间。“详细”螺纹是完全关联的，如果螺杆被修改，则螺纹也相应更新。

那么如何来选择添加“符号”螺纹还是“详细”螺纹呢？当需要创建产品的工程图时，应选择“符号”螺纹，这样可使图面更加简洁；若不需要创建产品的工程图，而是为了生动地展示产品的真实结构（如产品的广告图或效果图），则应选择“详细”螺纹。

下面结合实例分别介绍如何创建“符号”螺纹和“详细”螺纹，分别如图 5-6 和图 5-7 所示。

“螺纹”命令的调用方式如下：

1）单击“菜单”→“插入”→“设计特征”→“螺纹”按钮。

2）在“特征”工具栏中单击 螺纹(T)... 按钮。

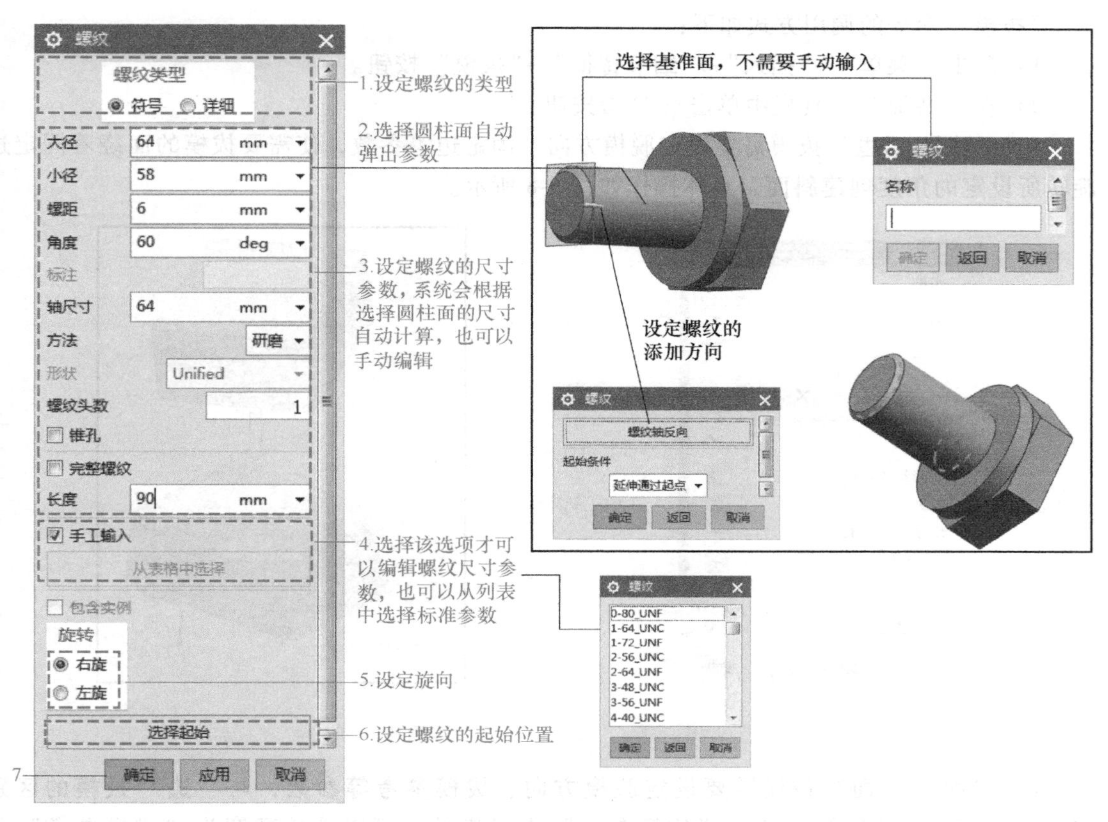

图 5-6 “符号”螺纹的操作过程

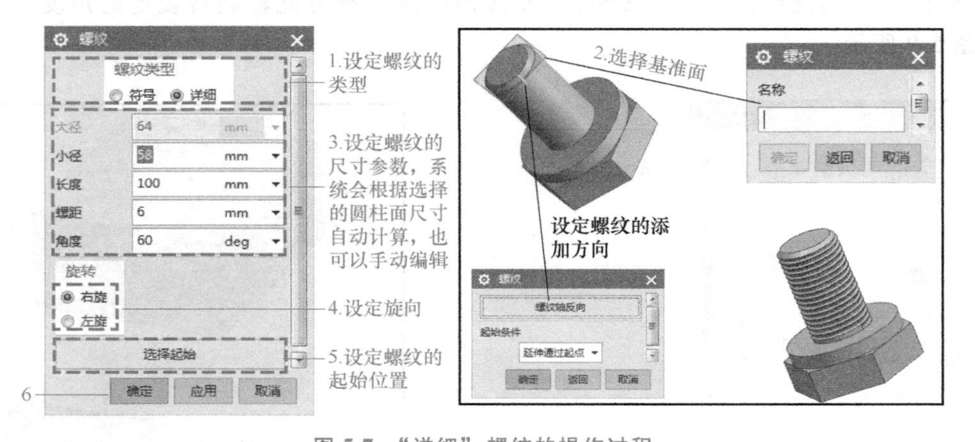

图 5-7 “详细”螺纹的操作过程

5.6 拔模特征

设计中通常要绘制一些斜面，斜面的绘制可以在草绘中通过绘制斜的截面线再结合三维建模命令来实现，还可以使用“拔模”命令来完成。“拔模”命令的操作比较复杂，下面详细介绍其操作方法。

“拔模” 命令的调用方式如下：

1）单击 “菜单”→“插入”→“细节特征”→“拔模” 按钮。

2）在 “特征” 工具栏中单击拔模按钮。

（1）“边” “边” 拔模需要设定脱模方向、固定边等参数，使需要拔模的面绕着固定边旋转所设定的角度创建斜面，具体操作如图 5-8 所示。

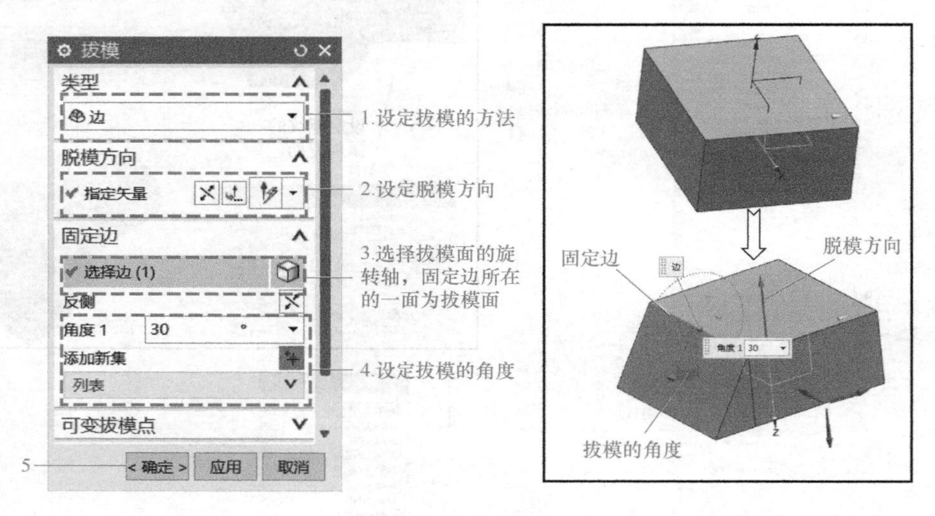

图 5-8 “边” 拔模的具体操作

（2）“面” “面” 拔模需要设定脱模方向、拔模参考等参数，与 “边” 拔模的区别在于其拔模面的旋转轴是通过 “拔模参考” 来设定的，可以简单理解为 “拔模参考” 与 “要拔模的面” 的交线为拔模旋转轴，“要拔模的面” 绕着此轴旋转设定的角度，操作过程如图 5-9 所示。

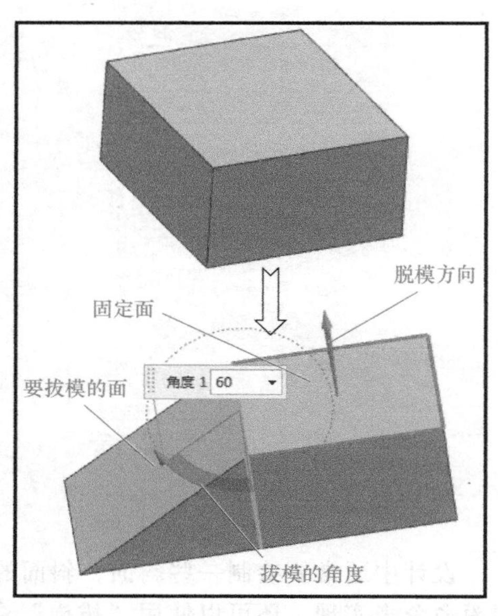

图 5-9 “面” 拔模的操作过程

信息补充站

有关“面”拔模中“拔模参考”选项的几点说明

“面”拔模的拔模参考有以下两种方式。

1）“分型面”：系统根据选择的分型面将要拔模的面分为两个部分，可单独对每一部分拔模，分型面与要拔模的面的交线为拔模旋转轴。

2）“固定面和分型面”：分型面的作用与上述相同，固定面的作用在于其与要拔模的面的交线为拔模旋转轴，从而间接确定了要拔模的面被拔模的部分。

“分型面”和“固定面和分型面”拔模方法的区别如图 5-10 所示。

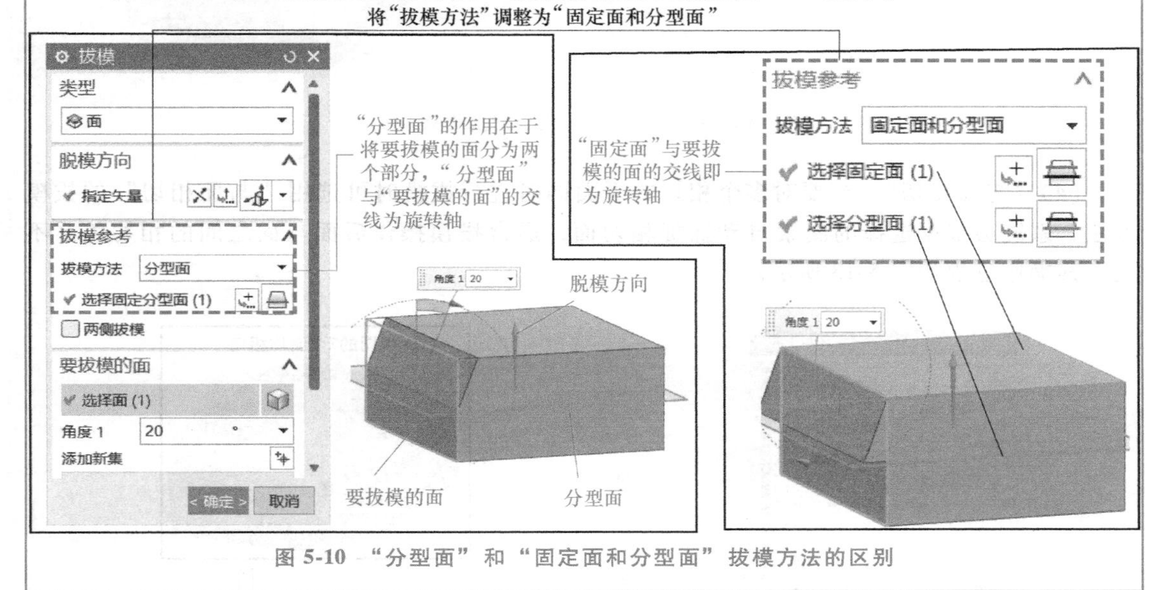

图 5-10　“分型面”和“固定面和分型面”拔模方法的区别

（3）“分型边”　当不需要对整个面进行拔模或者需要对一个面的不同部分按不同角度拔模时，可以利用“分型边”方式实现。在进行拔模之前需要绘制边界线（即分型边），随后利用该边界线结合“分割面”命令将面进行分解，如图 5-11 所示。“分型边”拔模操作的具体步骤如图 5-12 示。

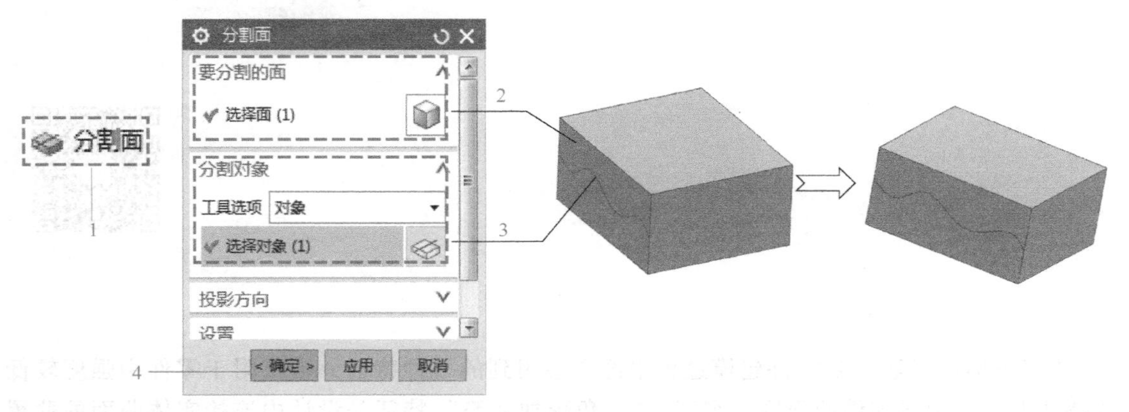

图 5-11　将要拔模的面按边界分解

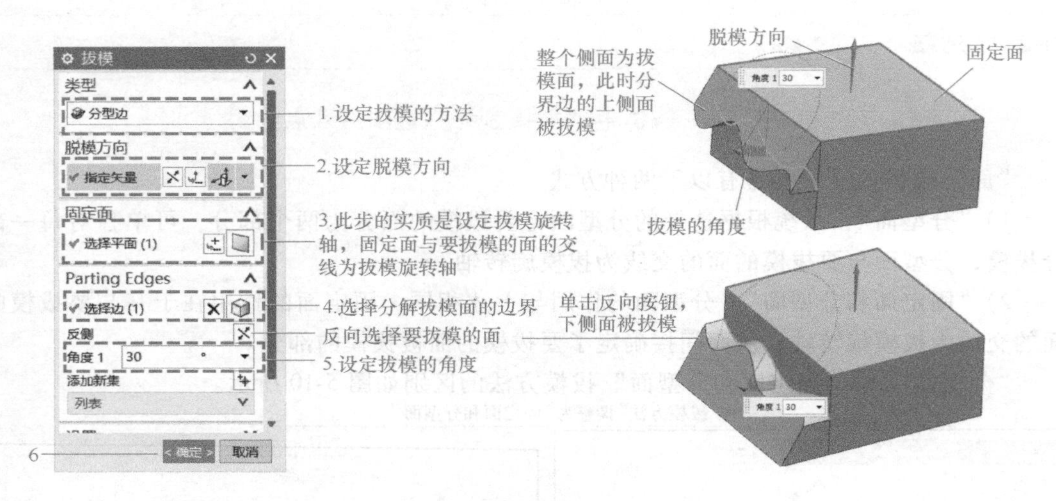

图 5-12 “分型边”拔模的操作过程

(4)“与面相切” 当要对多个相切的平面同时进行拔模时可选用“与面相切”的拔模方法，系统会根据选择的图素自动捕捉相切面，通常拔模操作后面与面之间的相切关系不变，其操作过程如图 5-13 所示。

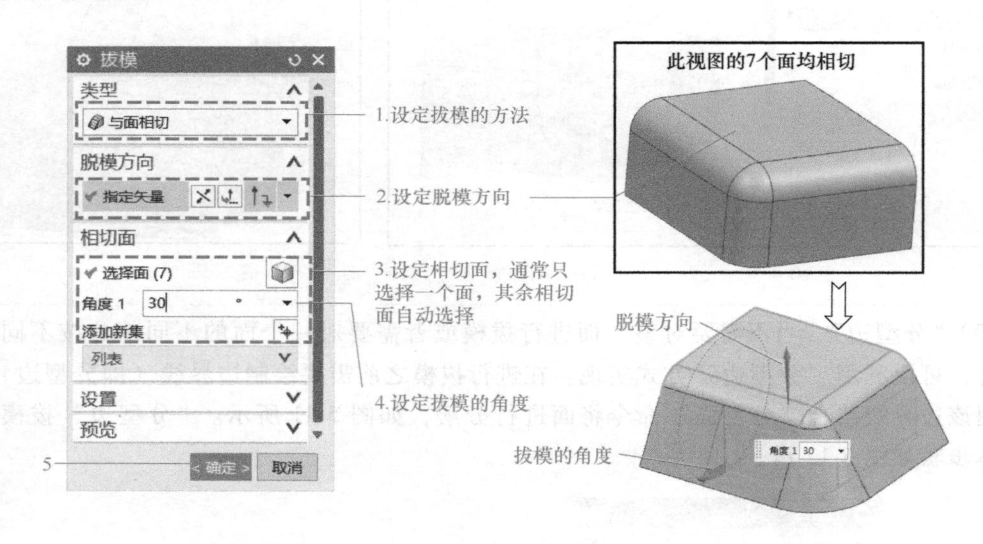

图 5-13 “与面相切”拔模的操作过程

5.7 筋 特 征

5.7.1 三角形加强筋

5.7.1 三角形加强筋

“三角形加强筋”是零件建模过程中经常会用到的一种特征，常依附于零件中强度较低的特征上，以增加零件的强度、刚度。“三角形加强筋”特征是设计中连接实体曲面的薄翼或腹板伸出物。通常，这些筋用来加固设计中的零件，也常用来防止出现不需要的变形。“三角形加强筋”的连接面为两个相交的面（不一定相互垂直），如平面-平面、平面-圆柱面等。“三角形加强筋”依附的特征若为平直造型，可生成平直造型的筋；依附的特征若为旋转造型，则生成旋转造型的筋特征。

该命令的调用方式如下：

1）单击“菜单”→“插入”→“设计特征”→“三角形加强筋”按钮。

2）在“特征”工具栏中单击 三角形加强筋(D) 按钮。

“三角形加强筋”的操作如图 5-14 所示。

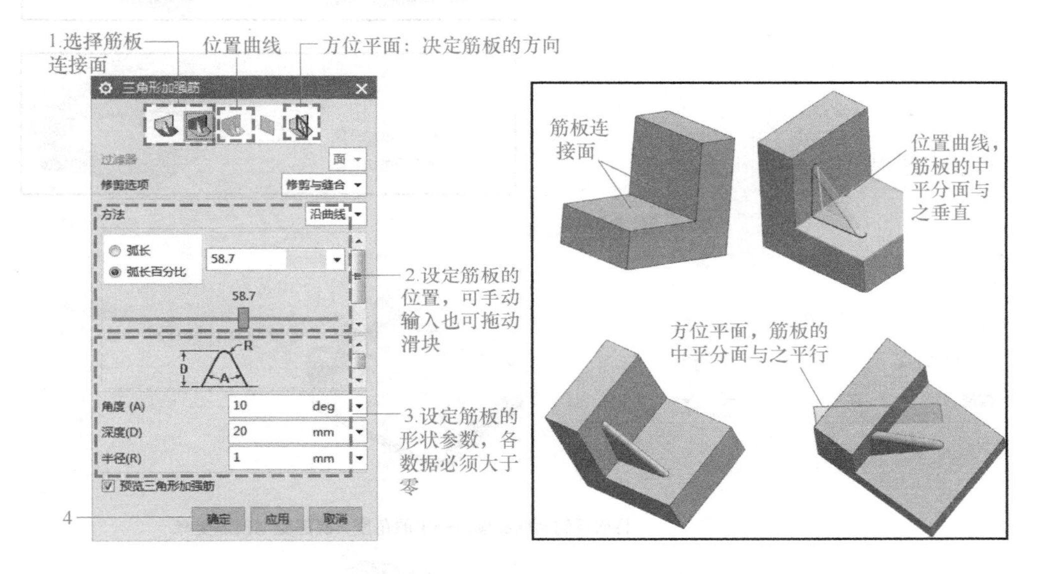

图 5-14　“三角形加强筋”的操作

5.7.2　筋板

5.7.2　筋板

“筋板”特征用于加固壳体类零件或零件薄弱处，通过在腔槽曲面之间草绘筋板的轨迹，或通过选取现有草图来作为轨迹，就可以创建一个“筋板”特征。“筋板”特征具有顶部和底部，底部是与零件曲面相交的一端，而所选的草图平面则用来定义筋的顶部曲面。“筋板”特征的草绘可包含开放环、封闭环、自交环或多环，即筋板特征是一条轨迹，可包含任意数和任意形状的段。

该命令的调用方式如下：

1）单击“菜单”→“插入”→“设计特征”→“筋板”按钮。

2）在“特征”工具栏中单击 筋板(I) 按钮。

“筋板”的操作如图 5-15 所示。

“筋板”特征的顶面和侧面是可以编辑的，即可以设定筋板顶面的形状及侧面倾斜度，如图 5-16 所示。

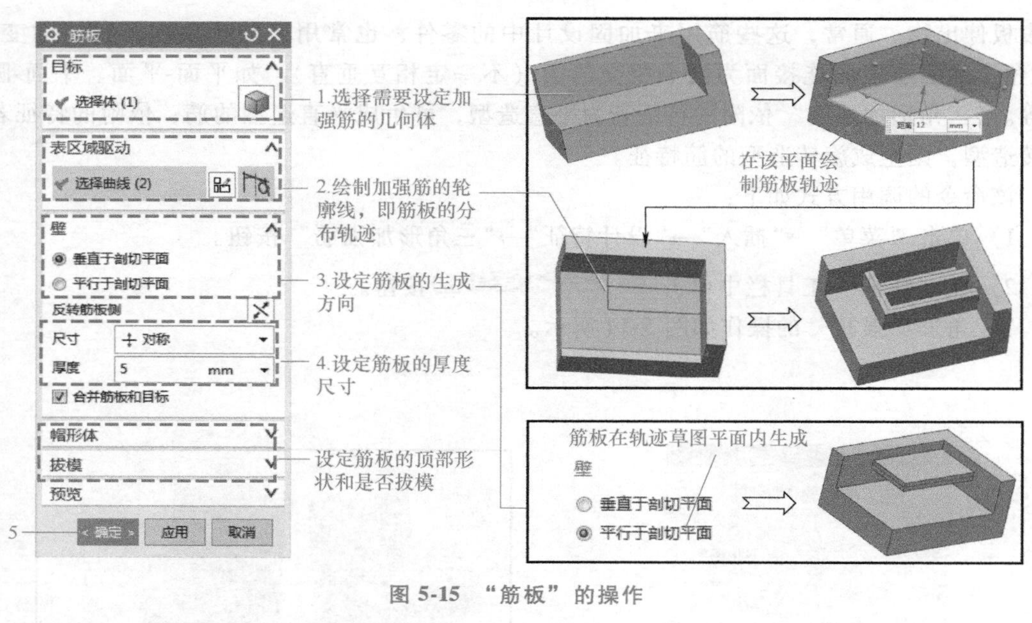

图 5-15 “筋板”的操作

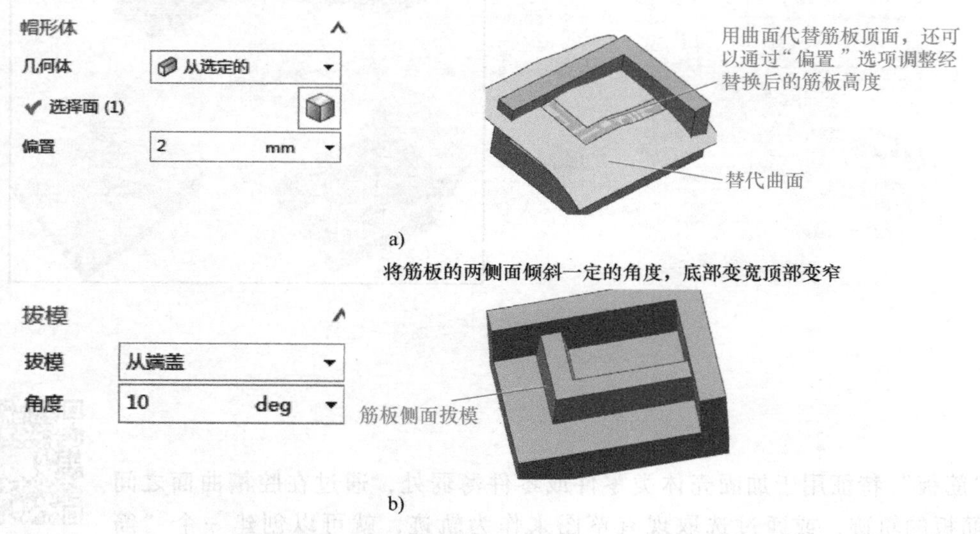

图 5-16 “帽形体”和“拔模”的操作

5.8 槽

5.8 槽

“槽”特征是在圆柱或圆锥的回转面上创建的，分为矩形槽、球形端槽和 U 形槽。由于 3 种“槽”特征的创建方法相同，此处只介绍常用的矩形槽的创建方法，同时展现另外两种槽的构造，如图 5-17 所示。

“槽”命令的调用方式如下：

1）单击“菜单”→“插入”→“设计特征”→“槽”按钮。

2）在“特征”工具栏中单击 槽(G) 按钮。

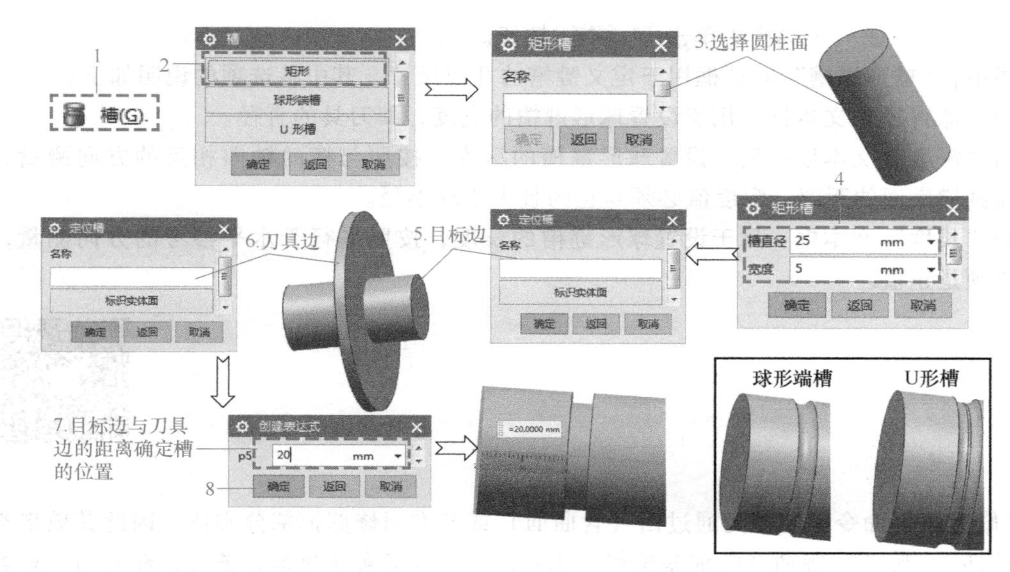

图 5-17　“槽”特征的操作过程

5.9　键　　槽

5.9　键槽

用户可以使用“键槽”命令创建一个直槽穿过实体或通到实体内部，而且在当前目标实体上自动执行布尔运算。可以创建 5 种类型的键槽：矩形槽、球形端槽、U 形槽、T 型键槽和燕尾槽。由于上述 5 种键槽的创建方法基本相同，此处以球形端槽的创建方法为例进行介绍，具体操作过程如图 5-18 所示。

“键槽”命令的调用方式如下：

1）单击“菜单”→“插入”→“设计特征”→“键槽”按钮。

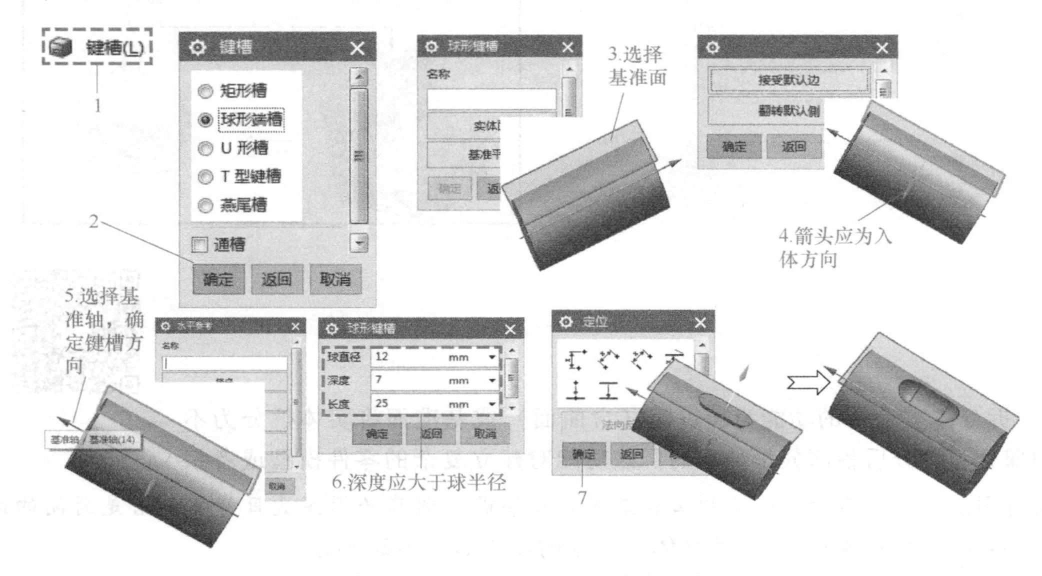

图 5-18　“键槽”特征的操作过程

2）在“特征”工具栏中单击 键槽(L)按钮。

图中，“球形键槽”对话框用于定义键槽的几何尺寸，其中各选项的说明如下：

1）“球直径”文本框：用于设置球形键槽的宽度，即刀具的直径。

2）“深度”文本框：用于设置球形键槽的深度，按照与槽的轴向相反的方向测量，为放置面到槽底面的距离。深度值必须是正的且大于球半径。

3）“长度”文本框：用于设置球形键槽的长度，按照平行于水平参考的方向测量，长度值必须是正值。

5.10 修　　剪

5.10.1　修剪体

5.10.1　修剪体

“修剪体”命令的功能为通过面（含曲面）或基准面修剪掉部分实体，因此其效果类似于“拉伸”“旋转”等命令的求差操作。注意：用于修剪实体的工具若是开放的面，则其必须穿透目标体；若是封闭的面，则只要求其与目标体相交。“修剪体”命令的操作如图 5-19 所示。

“修剪体”命令的调用方式如下：

1）单击“菜单”→“插入”→“修剪”→“修剪体”按钮。

2）在“特征”工具栏中单击 修剪体(T)按钮。

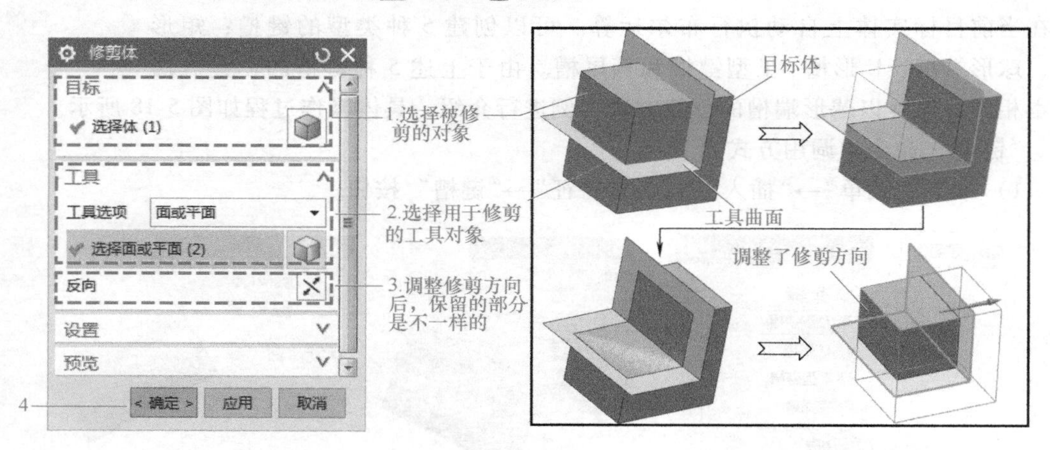

图 5-19　“修剪体”命令操作

5.10.2　拆分体

5.10.2　拆分体

“拆分体”命令的功能为通过面（含曲面）或基准面将实体拆分为不同的部分，拆分后各部分是独立的，该功能对建立复杂的零件模型或者编程均有用。注意：用于拆分体的工具若是开放的面，则其必须穿透目标体；若是封闭的面，则只要求其与目标体相交。“拆分体”命令的操作如图 5-20 所示。

“拆分体”命令的调用方式如下：

1）单击“菜单”→“插入”→“修剪”→“拆分体”按钮。

2）在“特征”工具栏中单击 拆分体(P) 按钮。

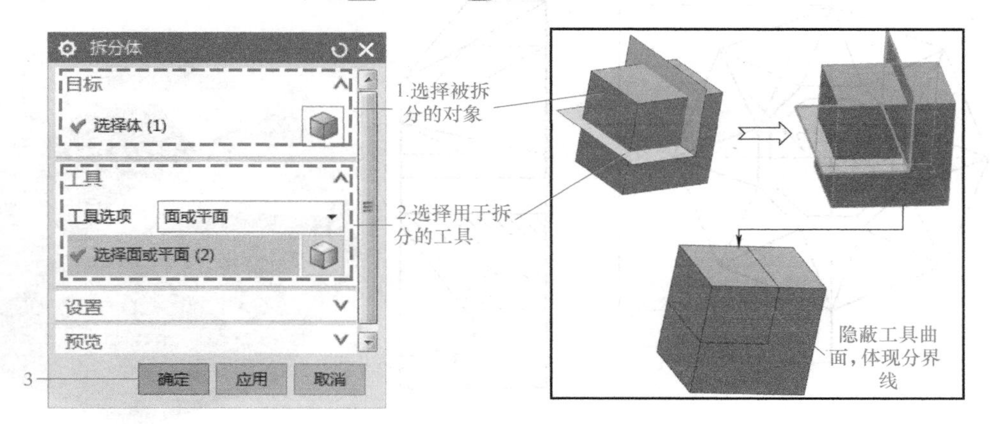

图 5-20　“拆分体”命令操作

习　　题

1. 请按图 5-21 所示完成草图并创建三维模型。

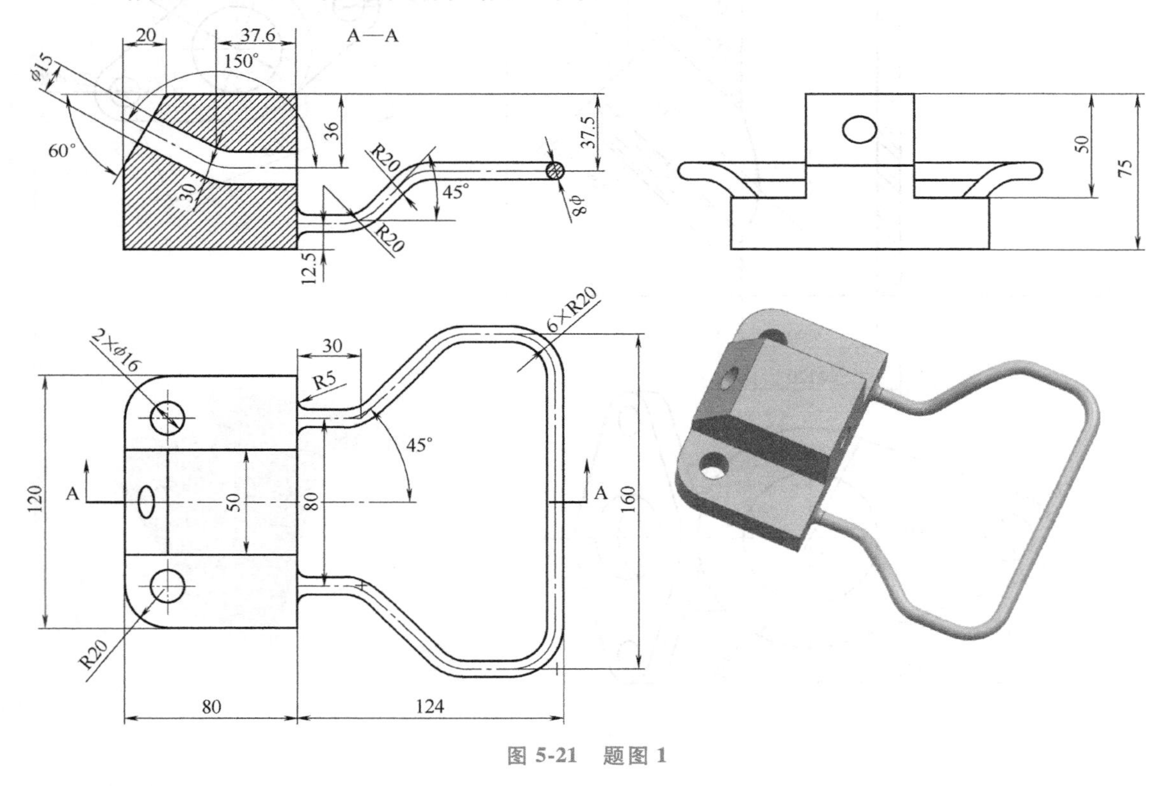

图 5-21　题图 1

2. 请利用面填补及其相关的命令按图 5-22 所示完成三维模型的创建。

3. 请按图 5-23 所示创建零件的三维模型。

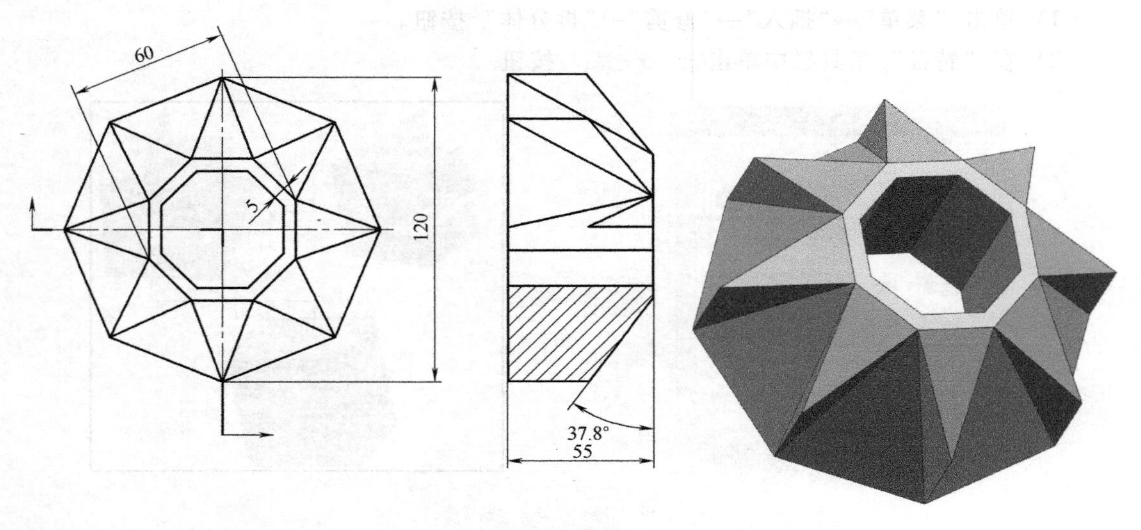

图 5-22　题图 2

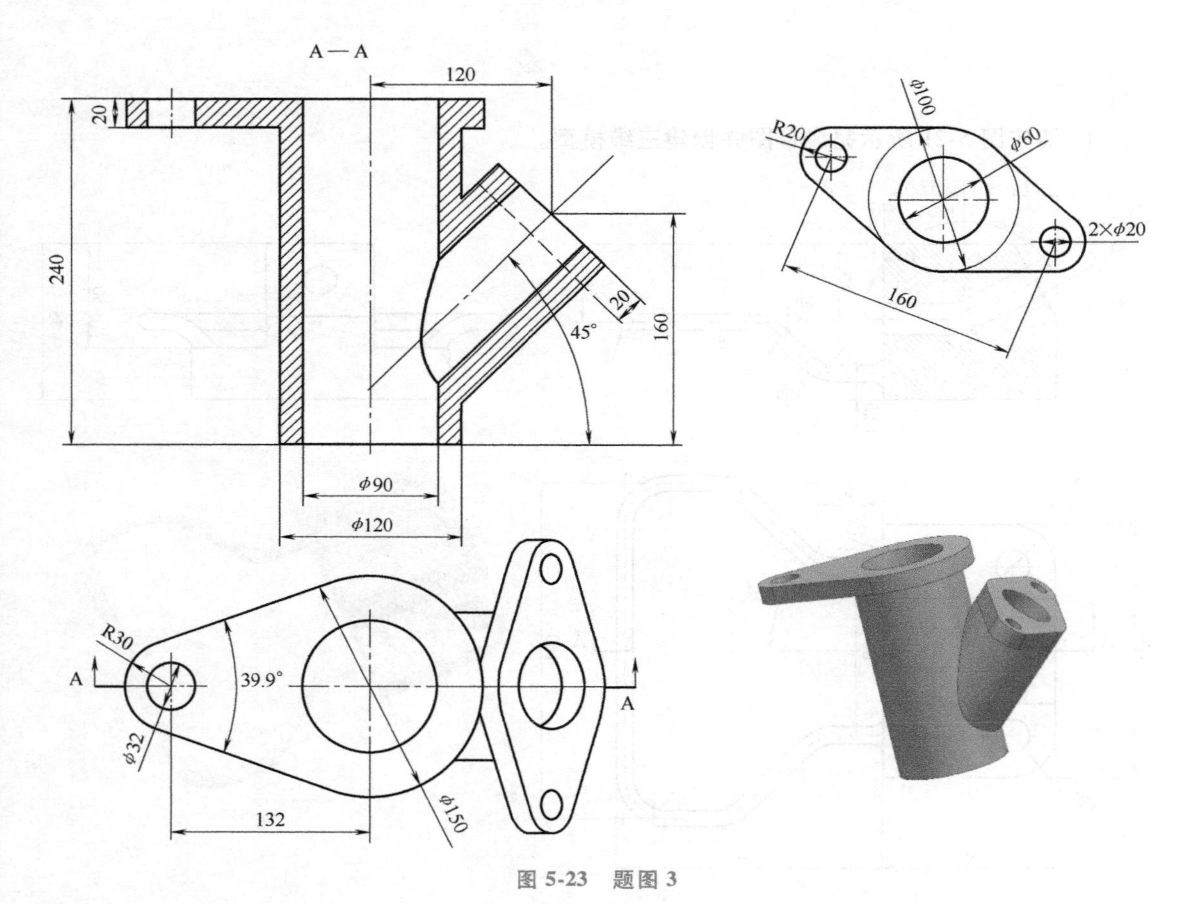

图 5-23　题图 3

第6章　几何特征的基础操作

本章主要内容是特征的编辑、变换、对象的显示及同步建模。通过本章的学习，将掌握如何编辑已有的几何特征、几何特征的移动与复制、模型的修复等技能。

6.1　特征的编辑

特征的编辑是在完成特征的创建以后，对其中的一些参数进行修改的操作。特征的编辑可以对特征的尺寸、位置和特征模型树中的先后次序等参数进行重新编辑。一般情况下，编辑特征后会保留其与别的特征建立起来的关联性质。特征的编辑包括编辑参数、编辑定位、特征移动、特征重排序、替换特征、抑制特征、取消抑制特征以及特征参数移除等。

6.1.1　编辑参数

6.1.1　编辑参数

“编辑参数”命令的对象是已经完成创建的几何特征，调用该命令后系统会弹出“编辑参数”对话框，选择需要编辑的特征或在绘图区中选择需要编辑的特征，系统会根据选择的对象弹出创建该特征时使用的命令窗口以供编辑。下面以一个实例来介绍该命令的操作，如图 6-1 所示。

该命令的调用方式如下：单击“菜单”→“编辑”→“特征”→“编辑参数”按钮。

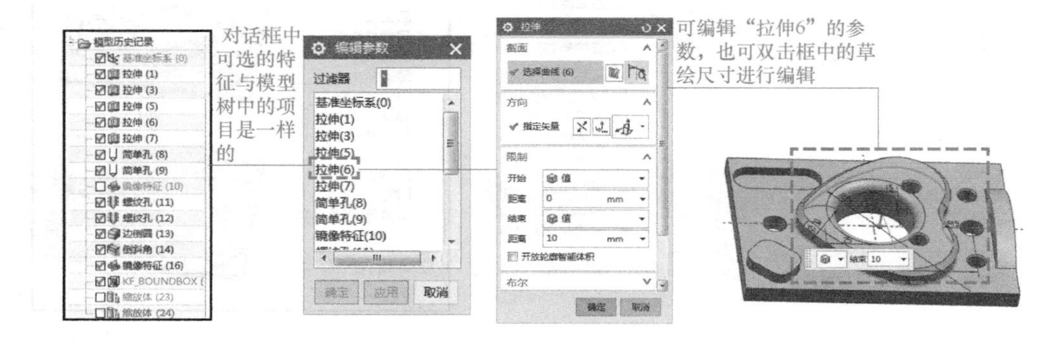

图 6-1　“编辑参数”命令的操作

6.1.2　特征“重排序”

6.1.2　重排序

“重排序”命令可以改变特征模型树中的次序（建模顺序），即将重定位特征移至选定的参考特征之前或之后。对具有父子关系的特征在重排序以后，子特征也会被重排序。下面以一个实例来说明“重排序”命令操作，如图6-2所示。

该命令的调用方式如下：单击“菜单”→“编辑”→“特征”→“重排序”按钮。

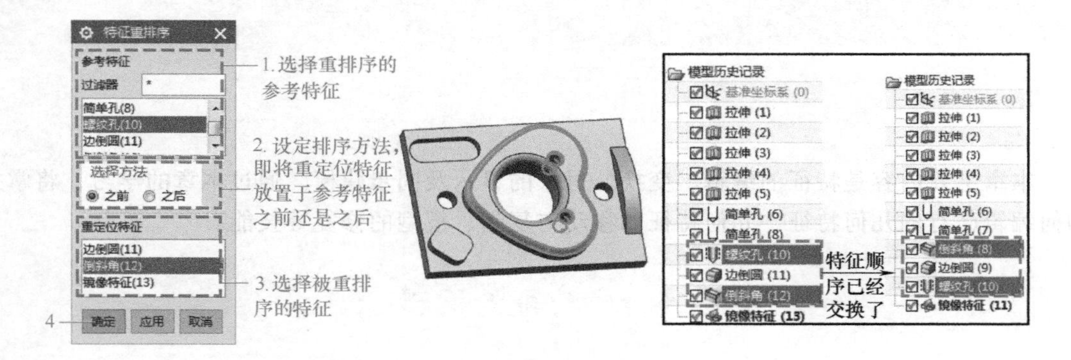

图6-2　“重排序”命令的操作

6.1.3　特征的抑制与取消抑制

6.1.3　特征的抑制与取消抑制

特征的抑制是指隐藏一个或多个几何特征，当抑制具有父子关系的特征时，父特征被抑制后其子特征也将被抑制。同时，某些因此缺乏参考的特征也可能会创建失败。当取消抑制（模型树中的复选框被勾选）后，特征及与之关联的子特征将显示在绘图区。下面以一个实例来说明“抑制特征”命令的操作过程，如图6-3所示。

该命令的调用方式如下：单击“菜单”→“编辑”→“特征”→“抑制”按钮。

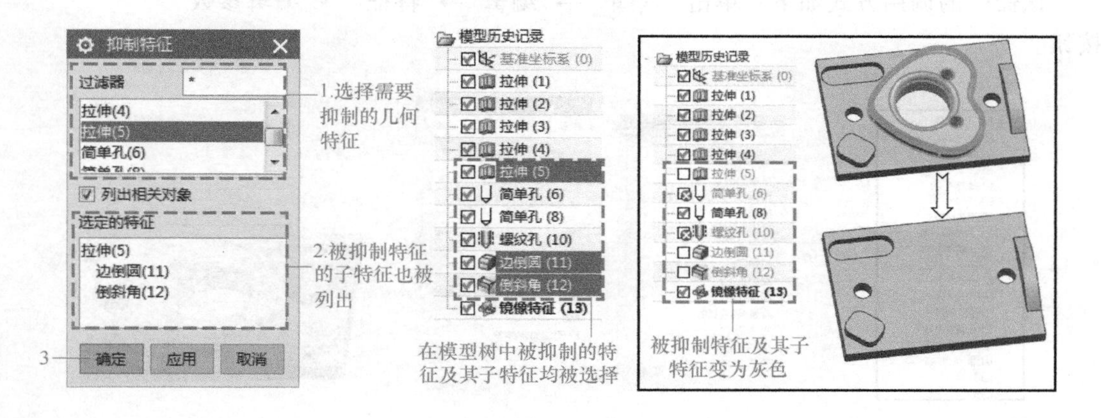

图6-3　“抑制特征”命令的操作过程

信息补充站

抑制特征与取消抑制的快捷操作

几何特征的抑制特征与取消抑制特征操作可以在模型树中快捷地操作，不必调用该相关命令，方法如图 6-4 所示。

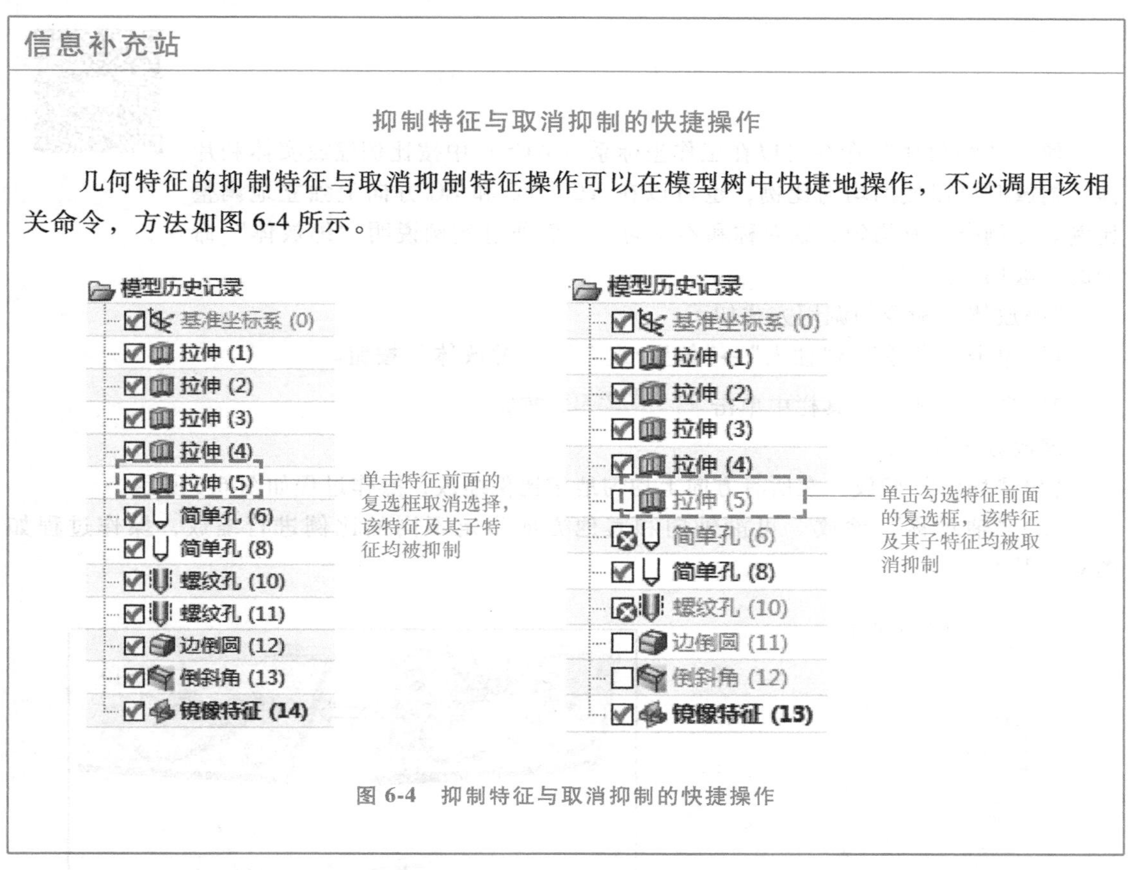

图 6-4　抑制特征与取消抑制的快捷操作

6.1.4　移除参数

6.1.4　移除参数

当需要隐藏产品的设计细节或者为了提高软件的运行速度时，需要移除模型的参数，模型被移除参数后其绘图步骤就消失了，对后期的编辑修改会带来不必要的麻烦，因此，该命令的使用一定要慎重。下面以一个实例来说明应用“移除参数”命令的操作过程，如图 6-5 所示。

该命令的调用方式如下：单击“菜单”→“编辑”→“特征”→“移除参数”按钮。

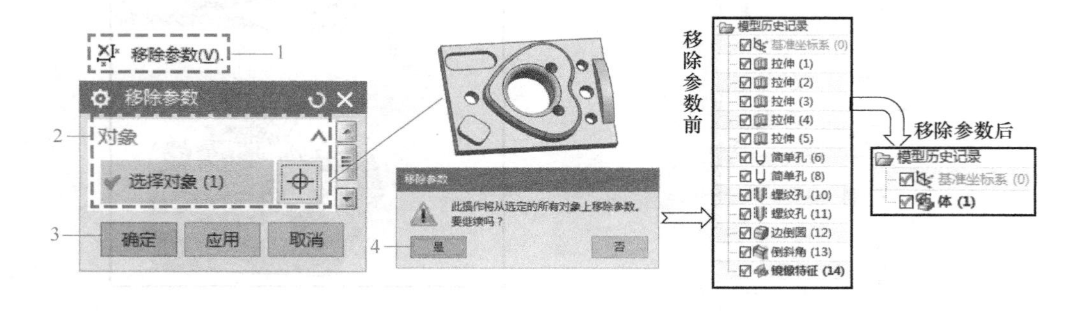

图 6-5　“移除参数”命令的操作过程

6.2 缩 放 体

使用“缩放体”命令可以在工作坐标系（WCS）中按比例缩放实体和片体。缩放时可以使用均匀比例，也可以在 XC、YC 和 ZC 方向上独立地调整比例。比例类型有均匀、轴对称和不均匀。下面通过实例说明“缩放体”命令的一般操作过程。

“缩放体”命令的调用方式如下：

1）单击“菜单”→“插入”→“偏置/组合”→“缩放体”按钮。

2）在“特征”工具栏中单击 缩放体(S) 按钮。

缩放方式如下：

（1）“均匀”缩放　在所有方向上均匀地按比例缩放，操作过程如图 6-6 所示。

（2）“轴对称”缩放　可沿轴向和其他方向指定不同的比例进行缩放，操作过程如图 6-7 所示。

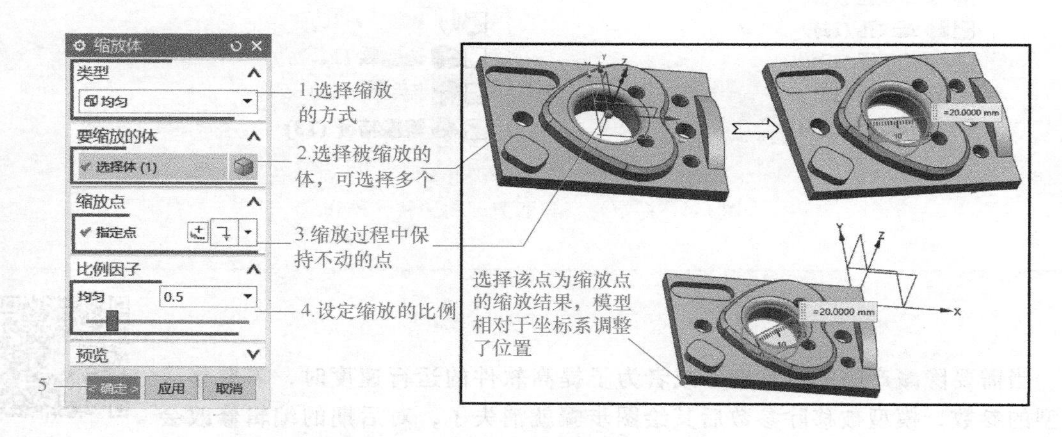

图 6-6 “均匀”缩放的操作过程

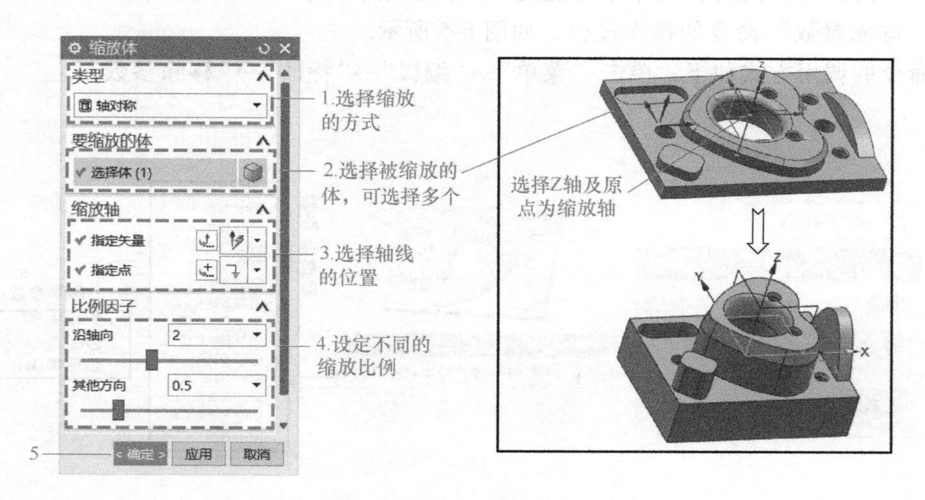

图 6-7 “轴对称”缩放的操作过程

（3）“不均匀”缩放　在X\Y\Z 3个方向上以不同的比例缩放，操作过程如图6-8所示。

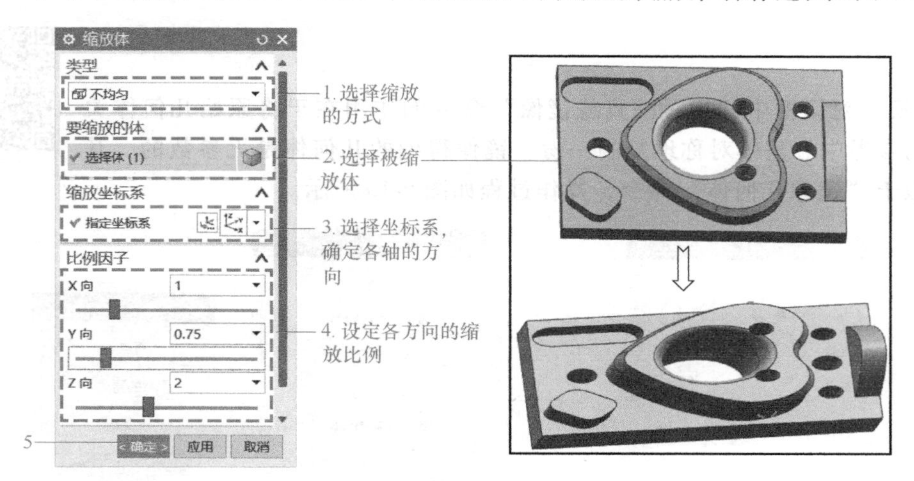

图6-8　“不均匀”缩放的操作过程

6.3　特征的变换

6.3.1　比例变换

6.3.1　比例变换

“变换”对话框中的“比例”命令用于对模型进行缩放操作，效果类似于“缩放体”命令，但是操作步骤上有区别。需要注意的是，比例变换之后获得的几何体是没有参数的，因某些操作需要移除原始体的参数。其操作过程如图6-9所示。

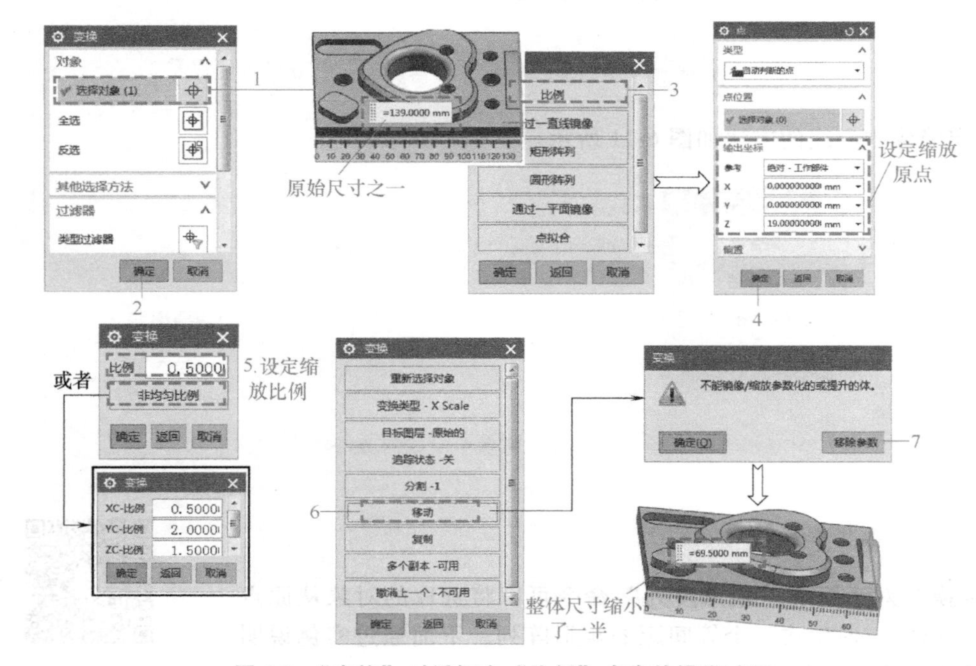

图6-9　“变换”对话框中“比例”命令的操作过程

“比例”命令的调用方式如下：单击“菜单”→“编辑”→“变换”按钮。

6.3.2　通过一直线镜像

6.3.2　通过一直线镜像

“变换”对话框中“通过一直线镜像”命令的作用在于将原始几何体关于指定的参考中心整体对称地复制一份，镜像得到的几何体是无参数的，其效果类似于“镜像几何体”命令，操作过程如图6-10所示。

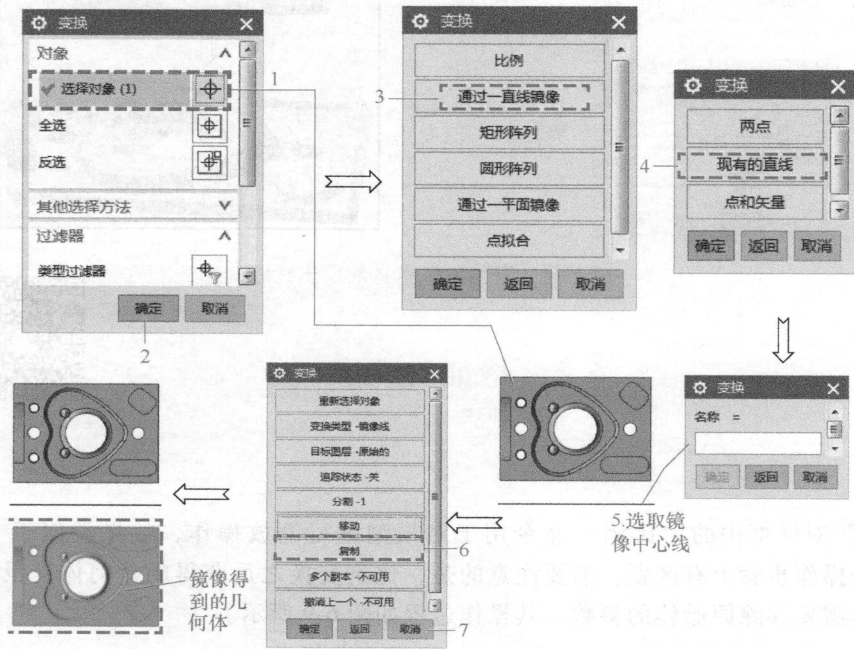

图6-10　“变换”对话框中“通过一直线镜像”命令的操作过程

确定镜像中心线的方法如图6-11所示。

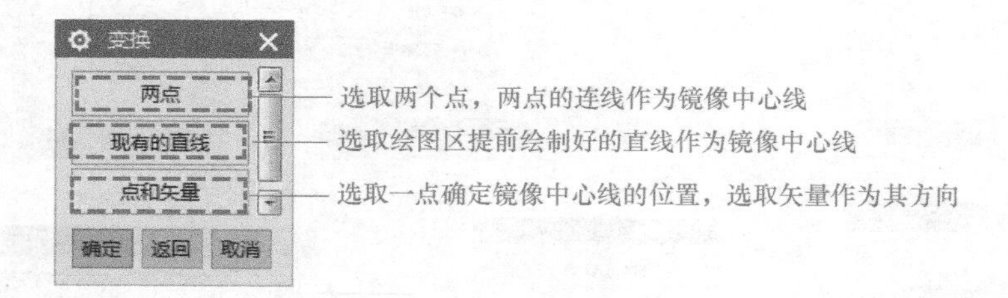

图6-11　确定镜像中心线的方法

6.3.3　矩形阵列

6.3.3　矩形阵列

“变换”对话框中“矩形阵列”命令可以将选取的对象从原点开始沿所给的方向生成一个等间距的矩形阵列。下面通过实例说明“矩形阵列”命令的操作过程，如图6-12所示。

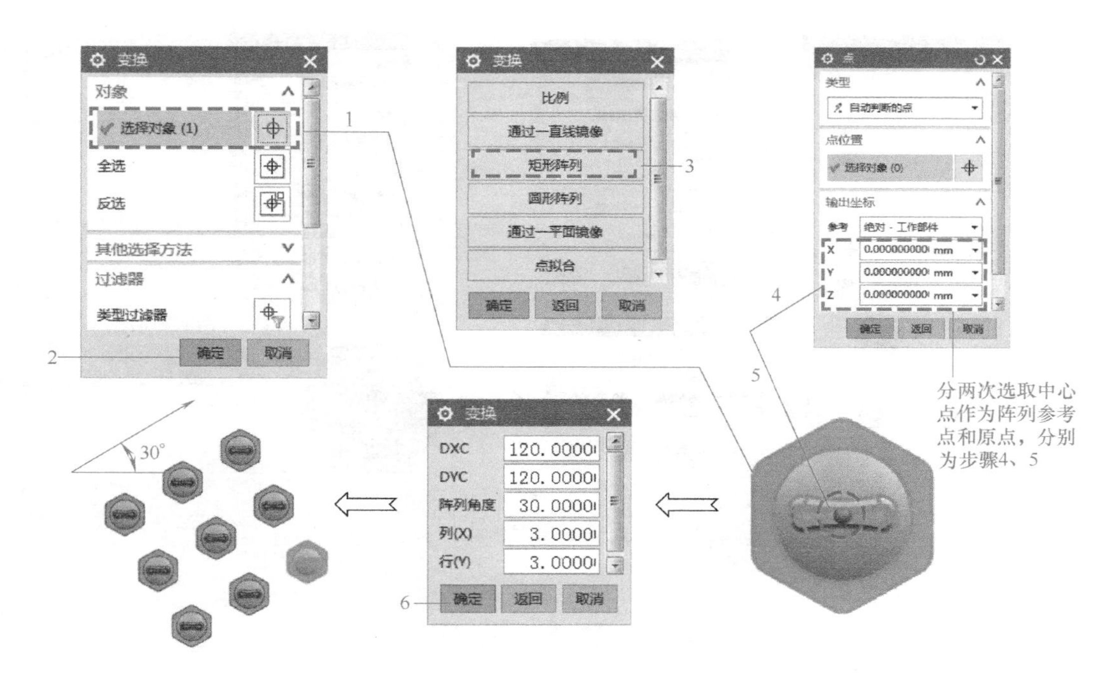

图 6-12　“变换”对话框中“矩形阵列”命令的操作过程

图 6-12 中步骤 6 对应的“变换”对话框中各文本框的功能说明如下：

1）DXC 文本框：表示沿 XC 方向上的间距。

2）DYC 文本框：表示沿 YC 方向上的间距列角度。

3）阵列角度文本框：表示生成矩形阵列所指定的角度列。

4）列(X)文本框：表示在 XC 方向上特征的个数。

5）行(Y)文本框：表示在 YC 方向上特征的个数。

图 6-12 中步骤 4 和步骤 5 对应的“变换”对话框中“参考点”和“原点”的说明如下：

1）“参考点”：阵列过程中系统通过拖动参考点和模型移动至目标点位，即最终的阵列结果是参考点与目标点重合。

2）“原点”：矩形阵列的起点。

6.3.4　圆形阵列

6.3.4　圆形阵列

“变换”对话框中“圆形阵列”命令可以将选取的对象绕原点按指定的半径、角度、数量等形成一个环形分布的阵列。下面通过实例说明“圆形阵列”命令的操作过程，如图 6-13 所示。

图 6-13 中步骤 4 和步骤 5 对应的“变换”对话框中“参考点”和“原点”的说明如下：

1）“参考点”：阵列过程中系统通过拖动参考点和模型移动至目标点位，即最终的阵列结果是参考点与目标点重合。

2）“原点”：圆形阵列所需要的虚拟圆的圆心。

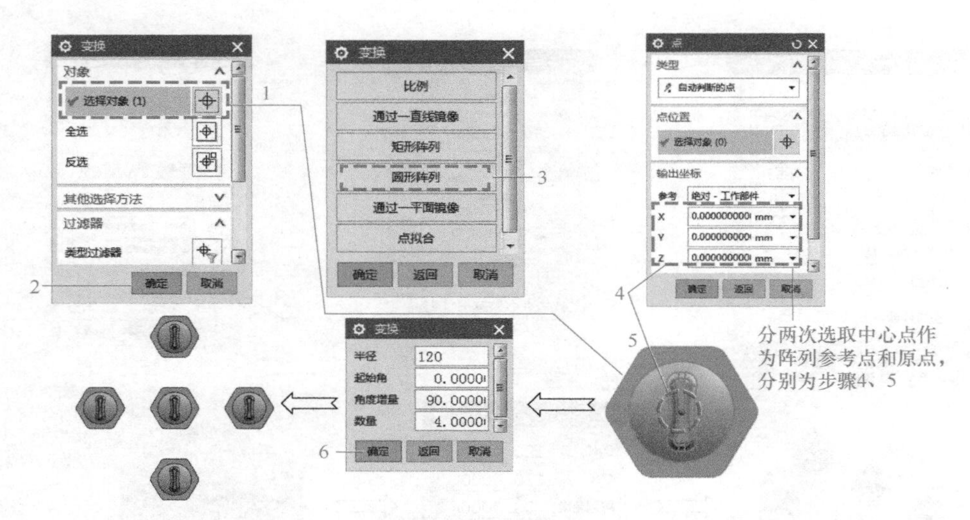

图 6-13 “变换”对话框中“圆形阵列”命令的操作过程

6.4 对象操作

6.4.1 控制对象模型的显示

模型的显示控制主要是通过“视图”选项卡来实现的，也可以通过“视图”菜单来完成，对此处对部分工具的介绍见表 6-1。

表 6-1 对象显示控制功能介绍

功能区块	命令名称	图标	功 能 介 绍
渲染样式	带边着色		以带线框的着色图显示
	着色		以纯着色图显示
	局部着色		在“局部着色”渲染样式中，选定曲面对象由小平面几何体表示，这些几何体通过着色和渲染显示，剩余的曲面对象由边缘几何体显示
	带有隐藏边的线框		隐藏不可见边的线框图
	带有淡化边的线框		不可见边用虚线表示的线框图
	静态线框		可见边和不可见边都用实线表示的线框图
	艺术外观		艺术外观。在此显示模式下，选择“视图”→“可视化”→“材料/纹理”，可以给它们指定的材料和纹理性来进行实际渲染。没有指定材料或纹理特性的对象，看起来与“着色”渲染样式下所进行的着色相同
定向视图	正三轴测		定向工作视图以与正三轴测图对齐
	左视图		定向工作视图以与左视图对齐
	后视图		定向工作视图以与后视图对齐
	仰视图		定向工作视图以与仰视图对齐
	前视图		定向工作视图以与前视图对齐

（续）

功能区块	命令名称	图标	功 能 介 绍
定向视图	右视图		定向工作视图以与右视图对齐
	正等测图		定向工作视图以与正等测图对齐
	俯视图		定向工作视图以与俯视图对齐
背景色	浅色		浅色背景
	渐变深灰色		渐变深灰色背景
	编辑背景		编辑目前的背景
	渐变浅灰色		渐变浅灰色背景
	深色		深色背景
通透显示	通透显示壳		使用指定的颜色将已取消着重的着色几何体显示为透明壳
	通透显示图层		使用指定的颜色将已取消着重的着色几何体显示为透明图层
	通透显示原始颜色壳		将已取消着重的着色几何体显示为透明壳，并保留原始的着色几何体颜色

6.4.2　删除对象

6.4.2　删除对象

用户可以根据需求删除绘图过程中的一个或者多个对象。删除的操作方法是比较简单的，可以按以下两种方法进行。

方法一：在绘图区选择模型上的若干几何特征，单击“菜单”→“编辑”→“删除”，如图 6-14 所示；或者按快捷键<Ctrl+D>调用“删除”命令；或者直接按<Delete>键进行删除。

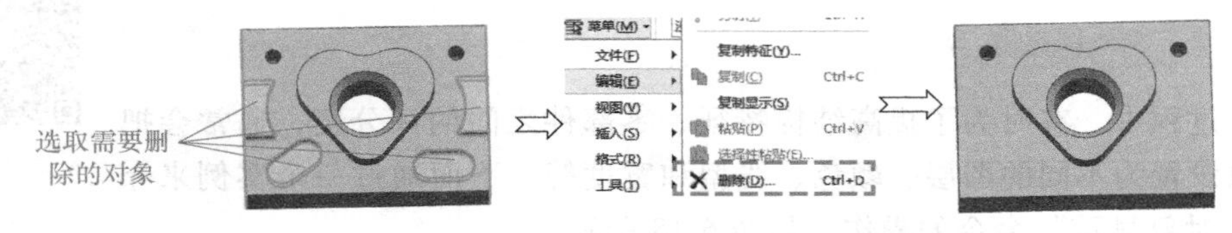

图 6-14 “删除”方法一的操作

方法二：在模型树上选择需要删除的几何特征，右击，在弹出的快捷菜单中选择“✕ 删除(D)”命令，如图 6-15 所示。

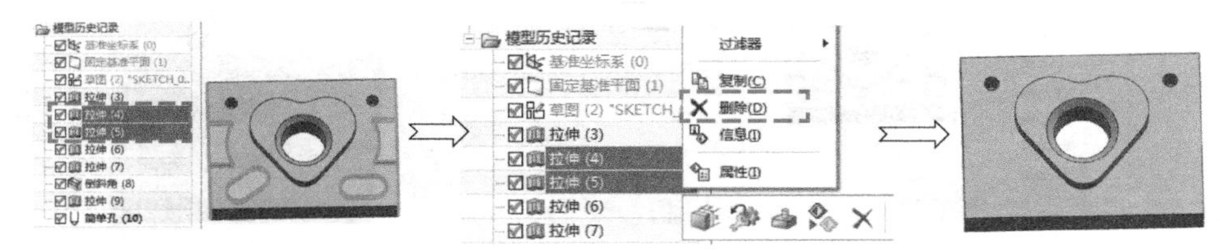

图 6-15 “删除”方法二的操作

6.4.3 隐藏与显示对象

6.4.3 隐藏与显示对象

对于较复杂的模型或者装配体，几何特征之间存在相互遮挡，因此为了便于建模过程中的选择操作，经常需要显示或者隐藏模型中的几何特征，可以按以下几种方法操作。

方法一：在绘图区选择模型上的若干几何特征，单击“菜单”→“编辑”→“显示和隐藏”→“隐藏”按钮，如图 6-16 所示。

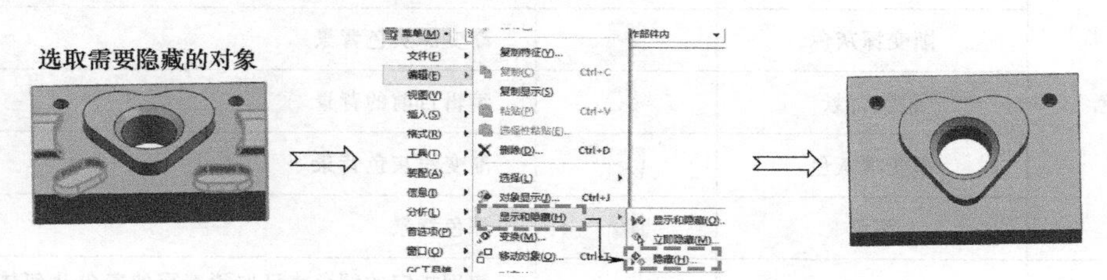

图 6-16 “隐藏”方法一的操作

方法二：在模型树上选择需要隐藏的几何特征，右击，在弹出的快捷菜单中选择“隐藏”命令，如图 6-17 所示。

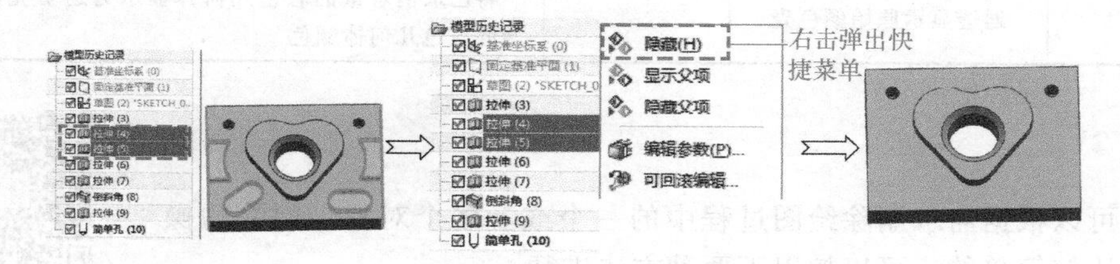

图 6-17 “隐藏”方法二的操作

还可以按快捷键<Ctrl+B>，在弹出的“类选择”对话框中选择对象完成隐藏。按快捷键<Ctrl+Shift+B>可以在已隐藏的对象和显示对象之间切换。

6.4.4 编辑对象显示

6.4.4 编辑对象显示

设计过程中，有时为了提高结构特征、零部件之间的区分度，通常会把目标对象设置为不同的图层、颜色、线型和宽度等。下面通过一个实例来介绍“编辑对象显示”命令的操作，如图 6-18 所示。

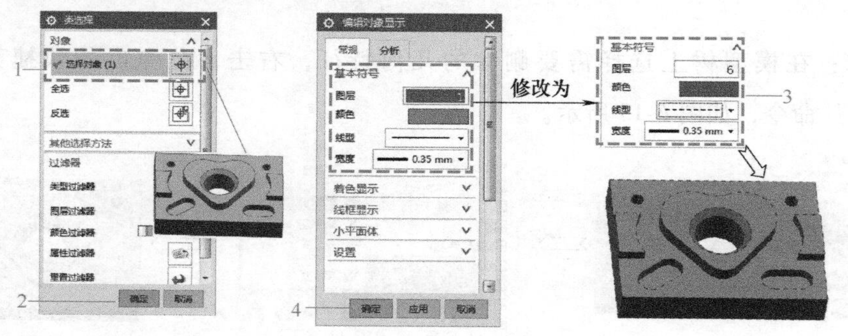

图 6-18 “编辑对象显示”命令的操作

该命令的调用方式如下：

1）单击“菜单”→“编辑”→“编辑对象显示”按钮。

2）在“可视化”工具栏中单击编辑对象显示按钮。

6.4.5　全屏显示

6.4.5　全屏显示

为实现屏幕实际使用面积最大化，使用户能够充分利用图形窗口，可使用全屏显示模式，将用户界面和导航器最小化，使用户能够专注于当前的工作。用户可以通过单击“菜单”→“视图”→“全屏”按钮，或者单击绘图区窗口右下角的按钮启动全屏显示。再次单击按钮，恢复窗口显示，如图 6-19 所示。

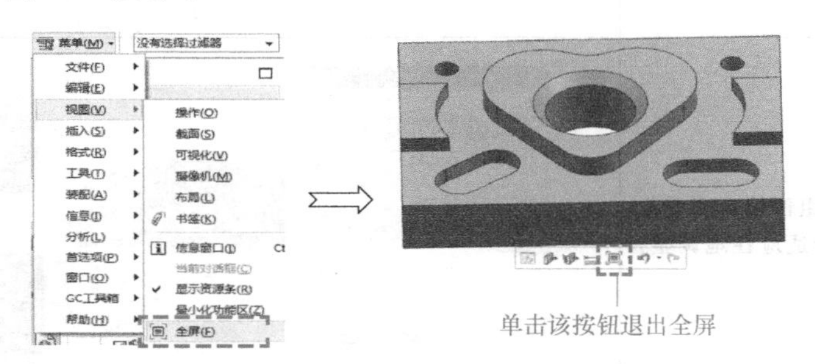

图 6-19　“全屏”命令的操作

6.5　同步建模

6.5　同步建模

“同步建模”工具栏中的命令可在原有几何体的基础上进行各种快捷操作，以快速完成模型修改，不用像常规的建模那样需要绘制草图，常用于从上游设计公司获得通用格式文件（.igs \ .stp \ .x_t 等）或者去参数模型的修改调整，能给建模带来极大的便利。“同步建模”工具栏中命令的功能描述及操作步骤见表 6-2。

表 6-2　“同步建模”工具栏中命令的功能描述及操作步骤

命令及功能描述	操作步骤
移动面：以被移动面的外部界限为依据使边界被拉长或缩小，其截面大小是变化的	1　2　3　拖动手柄调整距离　拖动手柄调整角度　4.设置新的参数　5

（续）

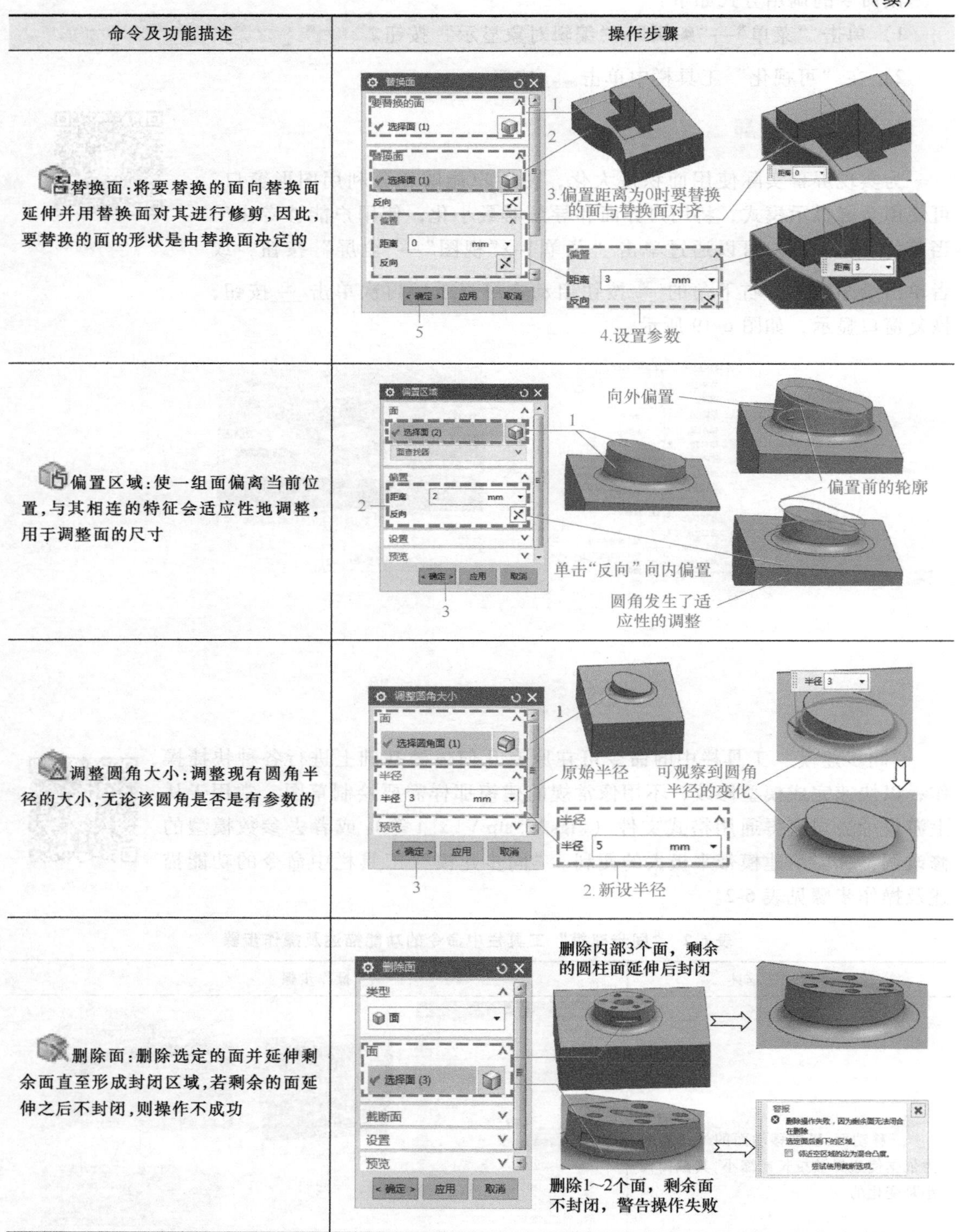

命令及功能描述	操作步骤
替换面：将要替换的面向替换面延伸并用替换面对其进行修剪，因此，要替换的面的形状是由替换面决定的	1 2 3.偏置距离为0时要替换的面与替换面对齐 4.设置参数 5
偏置区域：使一组面偏离当前位置，与其相连的特征会适应性地调整，用于调整面的尺寸	向外偏置 1 偏置前的轮廓 2 单击“反向”向内偏置 圆角发生了适应性的调整 3
调整圆角大小：调整现有圆角半径的大小，无论该圆角是否是有参数的	1 原始半径 可观察到圆角半径的变化 2. 新设半径 3
删除面：删除选定的面并延伸剩余面直至形成封闭区域，若剩余的面延伸之后不封闭，则操作不成功	删除内部3个面，剩余的圆柱面延伸后封闭 删除1~2个面，剩余面不封闭，警告操作失败

该命令的调用方式如下：

1）单击“菜单”→“插入”→“同步建模”按钮。

2）在“同步建模”工具栏中单击相应命令的按钮。

习　　题

1. 请按“均匀”“等比例”“常规”3种方式缩放调整图6-20所示的模型。

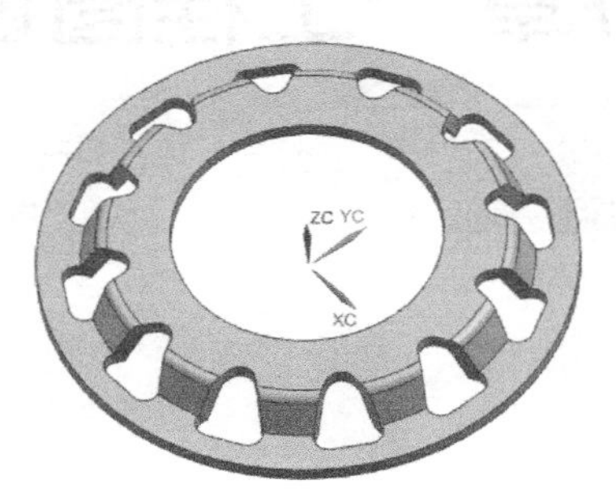

图6-20　题图1

2. 请打开给定的三维模型，依据图6-21所示的要求进行操作。

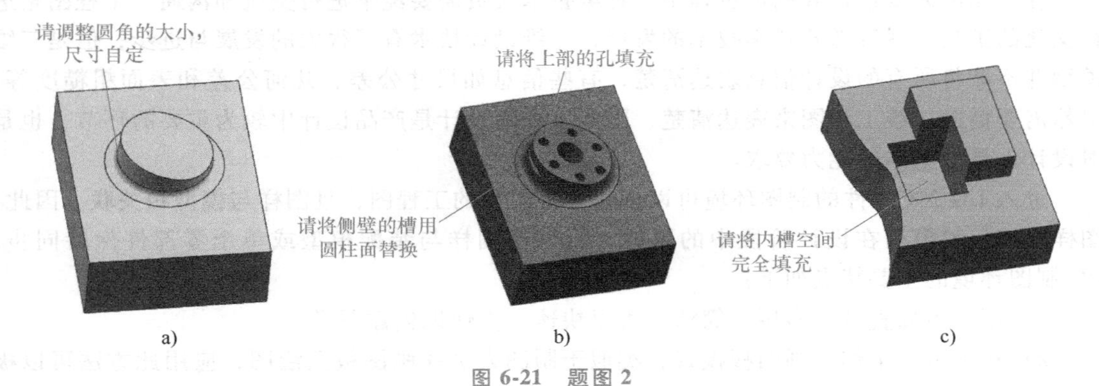

图6-21　题图2

3. 请打开给定的三维模型，依据图6-22所示的要求进行操作。

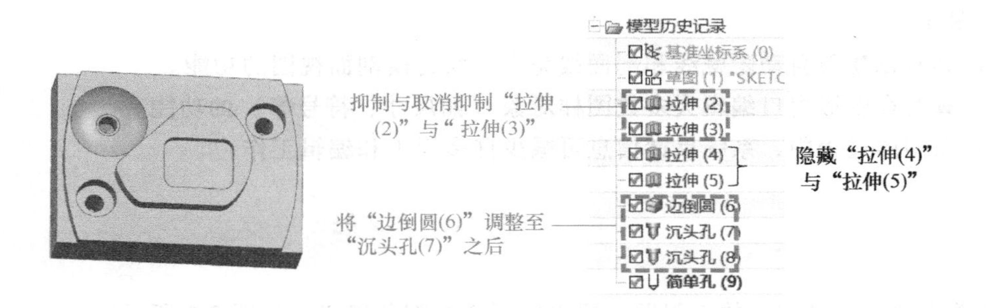

图6-22　题图3

第7章　工程图设计

7.1　工程图概述

在产品的研发设计和制造过程中，各类技术人员需要经常进行交流和沟通，工程图是进行交流的工具。尽管随着科学技术的发展，三维设计技术有了很大的发展与进步，但是三维模型并不能将所有的设计信息表达清楚，有些信息如尺寸公差、几何公差和表面粗糙度等，仍然需要借助二维工程图来表达清楚，因此工程图设计是产品设计中较为重要的环节，也是对设计人员最基本的能力要求。

进入 UG NX 软件的制图环境可以创建三维模型的工程图，且图样与模型相关联。因此，图样能够反映模型在设计阶段中的更改，可以使图样与装配模型或单个零部件保持同步。UG 制图环境的主要特点如下：

1）用户界面直观、易用、简洁，可以快速、方便地创建图样。

2）在图纸上工作的画图板模式，类似于制图人员在画图板上绘图，应用此方法可以极大地提高工作效率。

3）支持新的装配体系结构和并行工程。制图人员可以在设计人员对模型进行处理的同时制作图样。

4）具有创建与自动隐藏线和剖面线完全关联的横剖面视图的功能。

5）具有在图形窗口编辑大多数图样对象（如尺寸、符号等）的功能。

6）在制图过程中，系统反馈信息可减少许多返工和编辑工作。

7.2　工程图的组成

通常来说，机械零件的工程图主要由以下 3 个部分组成，如图 7-1 所示。

（1）视图　视图包括六个基本视图（主视图、俯视图、左视图、右视图、仰视图和后视图）、放大图、各种剖视图、断面图、辅助视图等。在制作工程图时，可根据实际零件的特点选择不同的视图组合，以便简单、清楚地表达各个设计参数。

（2）尺寸、公差、注释说明及表面粗糙度　尺寸包括几何尺寸、位置尺寸等；公差包括尺寸公差、几何公差；还有注释说明、技术要求以及零件的表面粗糙度要求。

（3）图框和标题栏

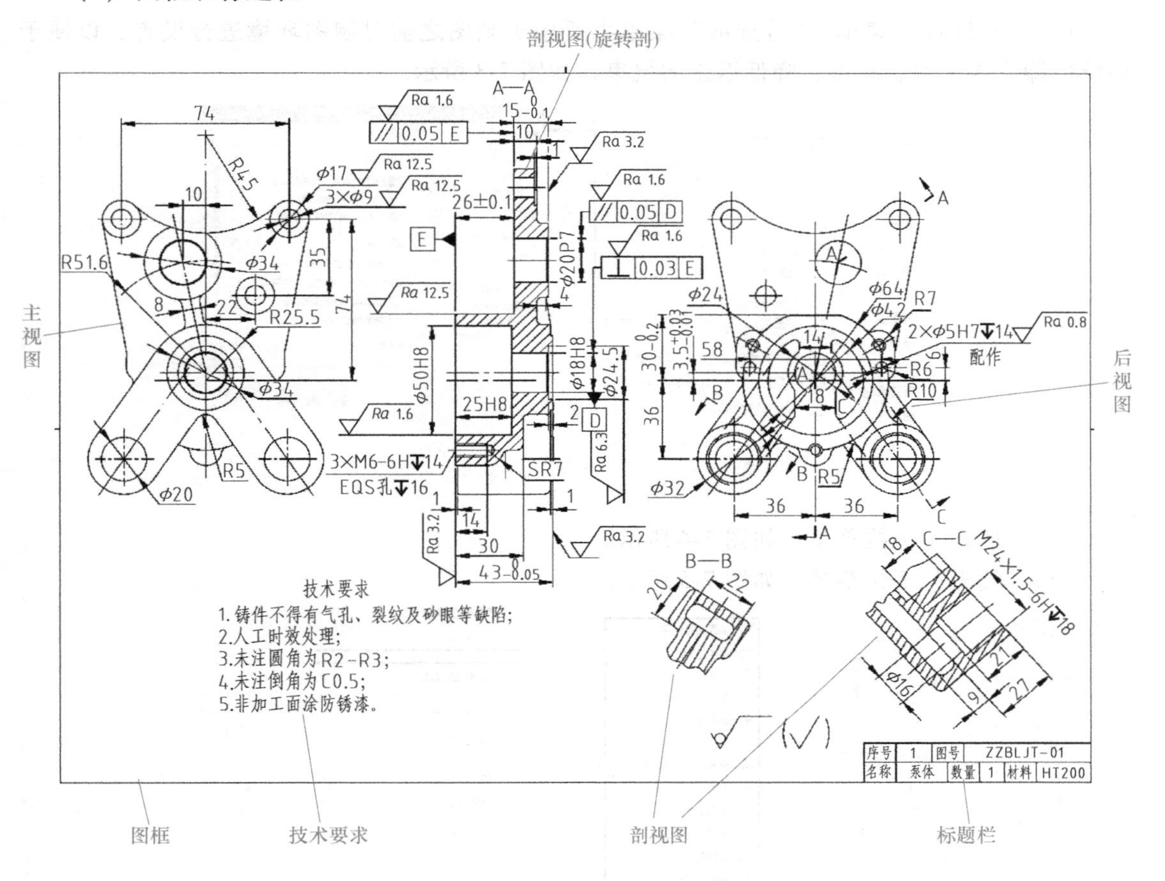

图 7-1 机械零件工程图的组成

7.3 制图环境中的菜单与工具栏

可以通过以下两种方法进入制图环境：

方法一：利用组合键<Ctrl+Shift+D>进入。

方法二：利用“设计”工具栏中的“制图”按钮进入，如图 7-2 所示。

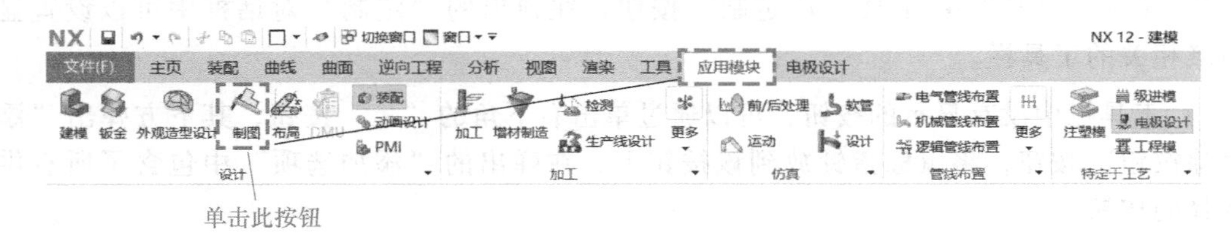

图 7-2 进入制图环境的方法

制图环境中的菜单与建模环境中的菜单是不一样的，系统为用户提供了一个方便、快捷的操作界面。下面对制图环境中较为常用的菜单和工具栏进行介绍。

1. 菜单

(1)“首选项”菜单 “首选项”菜单主要用于制图之前对制图环境进行设置，以便于后续的操作成果符合标准，降低返工的概率，如图 7-3 所示。

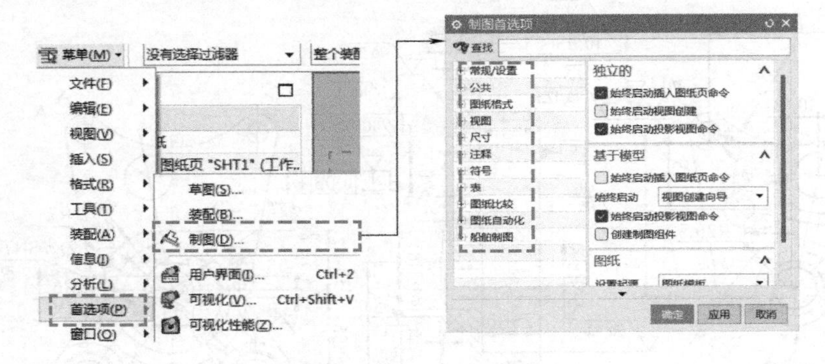

图 7-3 “首选项”菜单

(2)“插入”下拉菜单 如图 7-4 所示。

(3)“编辑”下拉菜单 如图 7-5 所示。

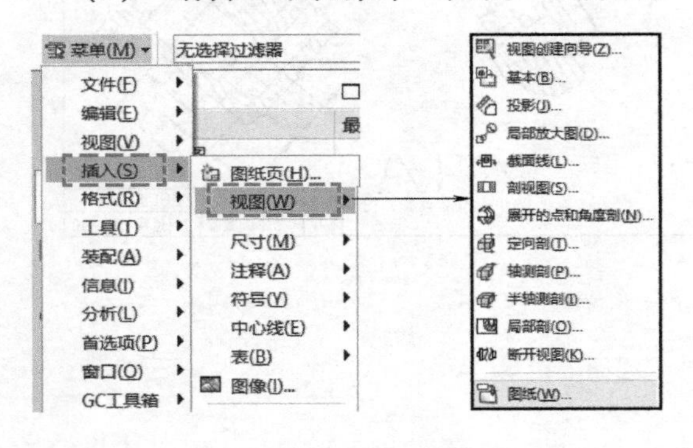

图 7-4 “插入”下拉菜单

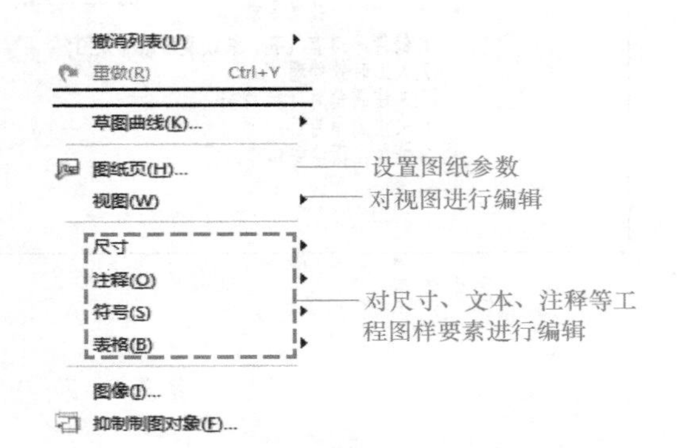

图 7-5 “编辑”下拉菜单

2. 工具栏

进入制图环境后，系统会自动增加许多与制图有关的工具栏。下面对制图环境中较为常用的工具栏分别进行介绍。

操作说明：

1) 单击“菜单”→“工具”→“定制”按钮，在弹出的“定制”对话框中可以设置显示或隐藏相关的工具栏。

2) 工具栏中没有显示的按钮，可以通过单击右下角的“▾”按钮，其下方弹出“添加或移除按钮”按钮，将鼠标指针放到该按钮上，在弹出的“添加选项”中包含了所有供用户选择的按钮。

(1)“视图”工具栏 “视图”工具栏如图 7-6 所示。

(2)“尺寸”工具栏 “尺寸”工具栏如图 7-7 所示。

(3)“注释”工具栏 “注释”工具栏如图 7-8 所示。

(4)“表”工具栏 “表”工具栏如图 7-9 所示。

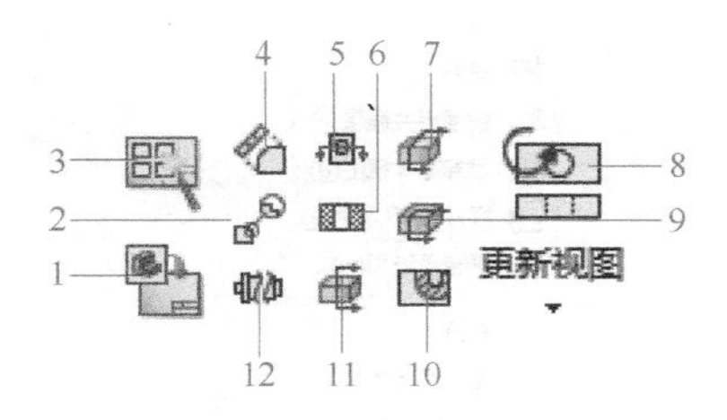

图 7-6 “视图”工具栏

1—创建基本视图　2—创建局部放大图　3—视图创建向导　4—创建投影视图　5—为剖视图创建剖切线　6—创建剖视图　7—创建轴测剖视图　8—更新视图内容　9—创建半轴测剖视图　10—创建局部剖视图　11—创建定向剖视图　12—创建断开视图

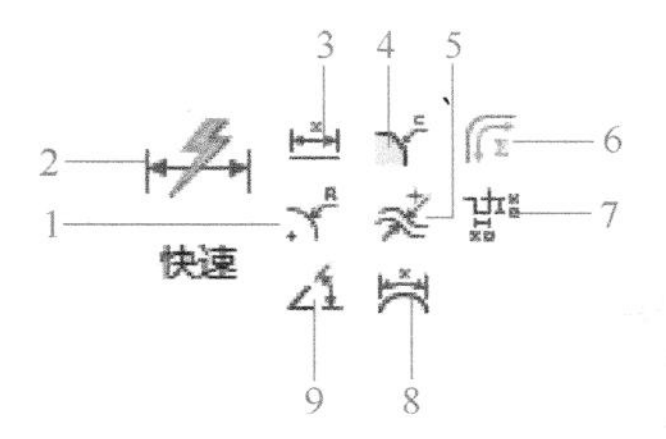

图 7-7 “尺寸”工具栏

1—创建半径尺寸　2—自动判断标注尺寸　3—创建线性尺寸　4—创建倒斜角的尺寸　5—创建两曲线之间的距离尺寸　6—创建周长约束　7—创建坐标尺寸　8—测量圆弧的周长　9—标注角度尺寸

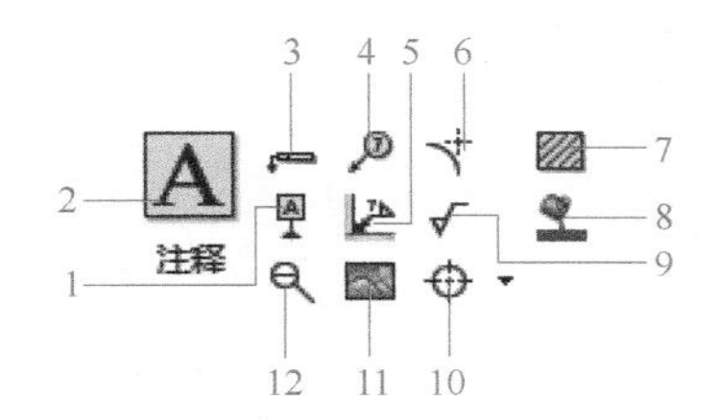

图 7-8 “注释”工具栏

1—标注基准特征符号　2—创建注释　3—创建特征控制框　4—创建符号标注　5—创建焊接符号指示焊接参数　6—标识可拐角相交　7—创建剖面线　8—指定边界进行填充　9—创建机械零件表面粗糙度符号　10—创建中心标记　11—从外部导入图片　12—创建基准目标

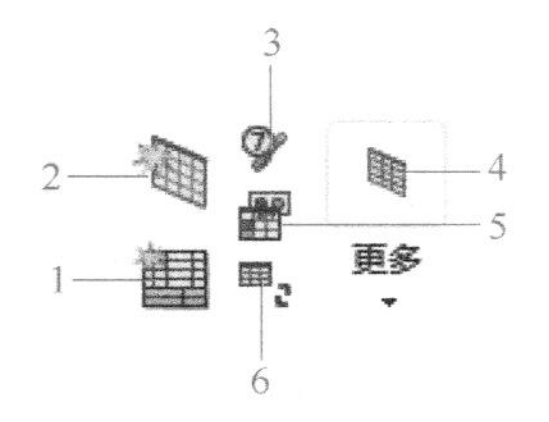

图 7-9 “表”工具栏

1—创建装配体的物料清单　2—创建表格注释　3—创建与零件清单对应的顺次符号标注　4—选择更多“表”功能　5—创建表示孔大小和位置的表　6—创建折弯表，一般用于钣金件

7.4　部件导航器

部件导航器（也称图样导航器）可用于编辑、查询和删除图样（包括在当前部件中的成员视图），模型树包括零件的图纸页、成员视图、剖面线和表格。

在制图环境中，有以下几种方式可以编辑图样或者图样上的视图。

1）修改视图的显示样式。在模型树中双击某个视图，在系统弹出的“视图样式”对话框中进行编辑。

2）修改视图所在的图纸页。在模型树中选择视图，并拖至另一张图纸页。

3）打开某一图纸页，在模型树中双击需要修改的视图即可。

在部件导航器的模型树结构中，提供了图纸、视图和图纸页节点，如图 7-10 和图 7-11 所示。

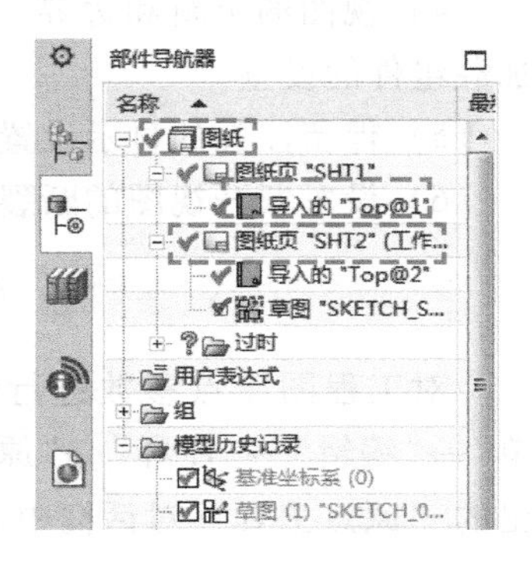

图 7-10　部件导航器

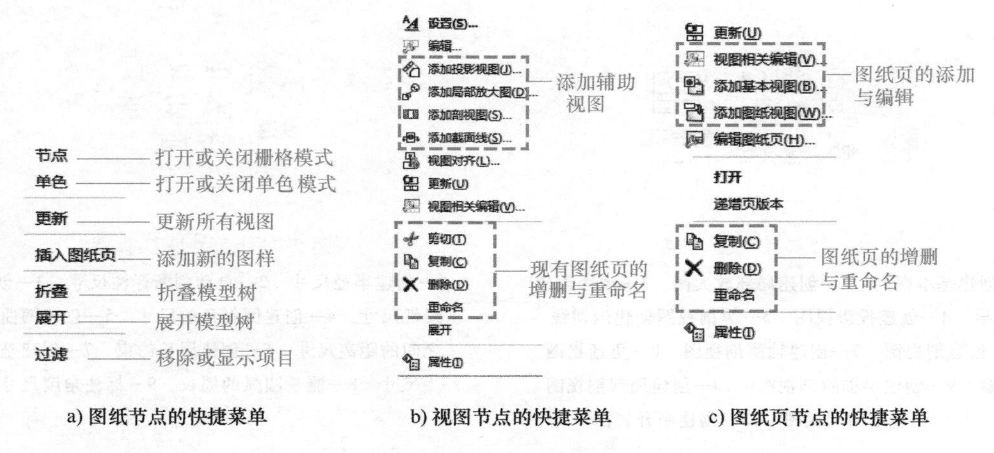

图 7-11　图纸、视图和图纸页节点的快捷菜单

7.5　参数设置

7.5.1　工程图参数设置

UG NX 软件默认提供了多个国际通用的制图标准，其系统默认的制图标准“GB（出厂设置）”中的很多选项不能满足企业所有的制图要求，所以在创建工程图之前，一般先要对工程图参数进行预设置。通过工程图参数的预设置可以控制箭头的大小、线条的粗细、隐藏线的显示与否、标注的字体和大小等。用户可以通过预设置工程图的参数来改变制图环境，使所创建的工程图符合我国国家标准。

对工程图参数进行预设置可通过单击“菜单”→“首选项”→“制图”按钮，在系统弹出的“制图首选项”对话框中进行，如图 7-12 所示。该对话框可实现的功能如下：

图 7-12　“制图首选项”对话框

1）设置视图和注释的版本。

2）设置成员视图的预览样式。

3）设置图纸页的页号及编号。

4）视图的更新和边界、显示抽取边缘的面及加载组件的设置。

5）保留注释的显示设置。

6）设置断开视图的断裂线。

7.5.2　原点参数设置

对工程图原点参数进行设置可通过单击“菜单”→“编辑”→“注释”→“原点”按钮，在系统弹出的“原点工具”对话框中进行，如图 7-13 所示。该对话框中的各选项介绍如下：

1）拖动：通过鼠标指针来指示绘图区中的位置，从而定义制图对象的原点。如果选择“关联”选项，可以激活“点构造器”选项，以便用户可以将注释与某个参考点相关联。

图 7-13 “原点工具”对话框

2）相对于视图：定义制图对象相对于图样中视图的原点移动、复制或旋转时，注释也随着成员视图移动、复制或旋转。只有独立的制图对象（如注释、符号等）可以与视图相关联。

3）水平文本对齐：该选项用于设置文本在水平方向与现有的某个基本制图对象对齐，此选项允许用户将原注释与目标注释上的某个文本定位位置相关联。打开该选项时，让尺寸与选择的文本水平对齐。

4）竖直文本对齐：该选项用于设置文本在竖直方向与现有的某个基本制图对象对齐。此选项允许用户将原注释与目标注释上的某个文本定位位置相关联。打开该选项时，会让尺寸与选择的文本竖直对齐。

5）对齐箭头：该选项用来创建制图对象的箭头与现有制图对象的箭头对齐。打开该选项时，会让尺寸与选择的箭头对齐。

6）点构造器：通过“原点位置”下拉菜单来启用所有的点位置选项，以使注释与某个参考点相关联。打开该选项时，可以选择控制点、端点、交点和中心点作为尺寸和符号的放置位置。

7）偏置字符：该选项可设置当前字符大小（高度）的倍数，使尺寸与对象偏移指定的字符数后对齐。

7.5.3　视图公共参数的设置

视图公共参数的设置可通过单击“菜单”→“首选项”→“制图首选项”按钮，在弹出的“制图首选项”对话框中选择“视图”下方的“公共”选项卡后进行，如图 7-14 所示。视图公共参数的设置可以控制图样上的隐藏线、剖视图背景线、轮廓线和光顺边等，这些设置只对当前文件和设置后添加的视图有效。

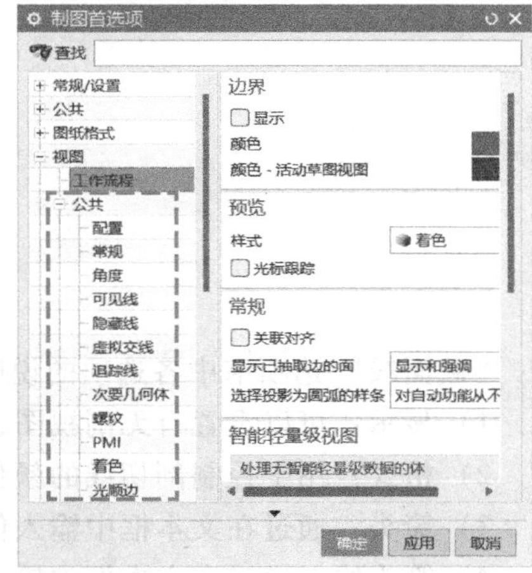

图 7-14 “制图首选项”对话框中“公共”选项卡

“制图首选项”对话框中“公共”选项卡中部分选项的说明如下：

1）常规：用于设置视图的比例、角度、UV 网格、视图标记和比例标记等选项。

2）角度：用于设置角度的尺寸样式、分隔符、小数位数。

3）可见线：用于设置视图中可见线的颜色、线型和粗细。

4）隐藏线：用于设置视图中隐藏线的显示方法。其中的相关选项可以控制隐藏线的显示类别、显示线型和粗细等。

5）虚拟交线：用于显示假想的相交曲线。

6）追踪线：用于修改和隐藏追踪线的颜色、线型和深度，或修改可见追踪线的缝隙大小。

7）螺纹：用于设置螺纹的显示样式及螺距。

8）PMI：用于设置图样平面中几何公差的继承。

9）着色：用于设置渲染操作下的样式、线条的颜色等。

10）光顺边：用于控制光顺边的显示，可以设置光顺边缘是否显示以及设置其颜色、线型和粗细。

7.5.4 剖切线参数设置

剖切线参数设置可通过单击“菜单”→“首选项”→“制图首选项”按钮，在弹出的“制图首选项”对话框中选择“视图”下方的“截面线”选项卡后进行，如图7-15所示。在该选项卡中可控制添加到图样中的剖切线显示，也可以修改现有的剖切线。

图7-15 “制图首选项”对话框中“截面线”选项卡

“截面线”选项卡中各选项的说明如下：

1）显示：可以设置有无剖视图，选择剖切线箭头的样式。

2）格式：用于控制剖切线的颜色和宽度等。

3）箭头：通过在文本框中输入值以控制箭头的样式、长度和角度。

4）箭头线：通过在文本框中输入值以控制剖切线箭头长度、边界到箭头的距离等。

5）标签：用于设置是否显示剖视图的字母。

7.6 图样管理

工程图样的良好管理是提高工作效率和保证工作质量的前提条件之一，管理的方式和内容是多样化的，包括图样的创建、打开、删除、编辑等，此处主要介绍工程图的创建和编辑方式。

7.6.1 新建工程图

7.6.1 新建工程图

步骤 1：打开一个模型文件。单击“文件”→“打开”按钮，弹出“打开”对话框，在该对话框中找到目标模型文件。

步骤 2：进入制图环境。可按图 7-16 所示方法，也可使用快捷键<Ctrl+Shift+D>进入制图环境。

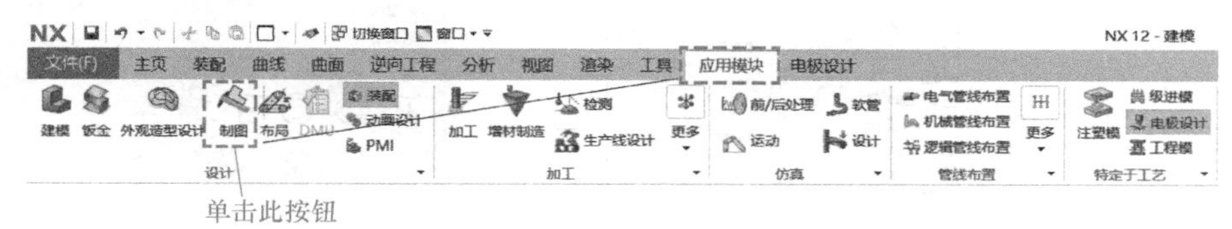

图 7-16 进入制图环境的方法

步骤 3：新建工程图。单击“菜单”→“插入”→“图纸页”按钮，或者选择部件导航器中的“图纸”节点并右击，在弹出的快捷菜单中选择“插入图纸页”，如图 7-17 所示。

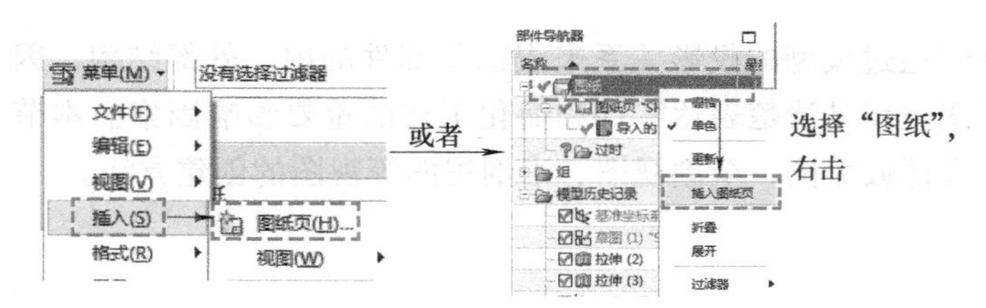

图 7-17 新建工程图

步骤 4：在“图纸页”对话框中设置合适的参数，然后单击对话框中的“应用”按钮，完成一个图纸页的创建，且可以利用该对话框继续创建。单击“确定”按钮，退出对话框，如图 7-18 所示。

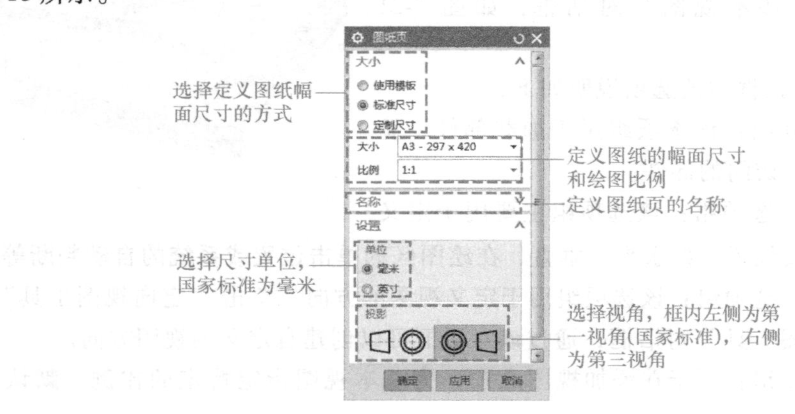

图 7-18 设置合适的图纸页参数

7.6.2 编辑已有图纸页

7.6.2 编辑已有图纸页

若想对已经建好的图纸页进行编辑，可以在部件导航器中选择某一个图纸页并右击，在弹出的快捷菜单中选择“编辑图纸页”，会弹出“图纸页”对话框供编辑，如图7-19所示。

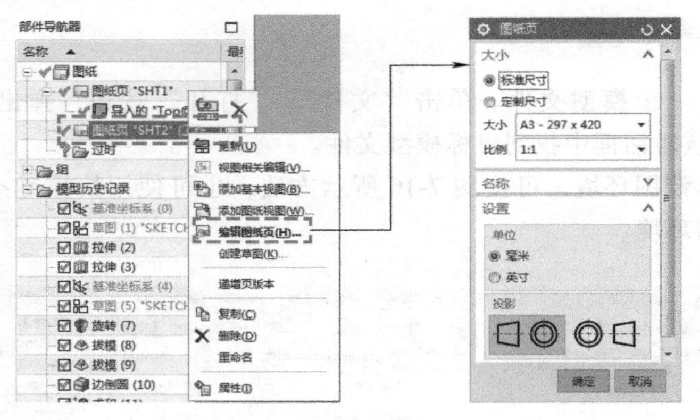

图 7-19 编辑已有图纸页

7.7 视图的创建与编辑

视图的作用在于通过模型的投影关系来表达零部件的内、外部结构，因此，选择合适的视图类型是清楚表达零件和简化工作的重要影响因素。本节将介绍基本视图、局部放大图、全剖视图、半剖视图等视图的创建方法。

7.7.1 基本视图

7.7.1 基本视图

步骤1：打开零件模型1，如图7-20所示。
步骤2：进入制图环境。

步骤3：新建工程图。单击“菜单”→“插入”→“图纸页”按钮，打开“图纸页”对话框，单击“应用”按钮，弹出“基本视图”对话框，如图7-21所示。

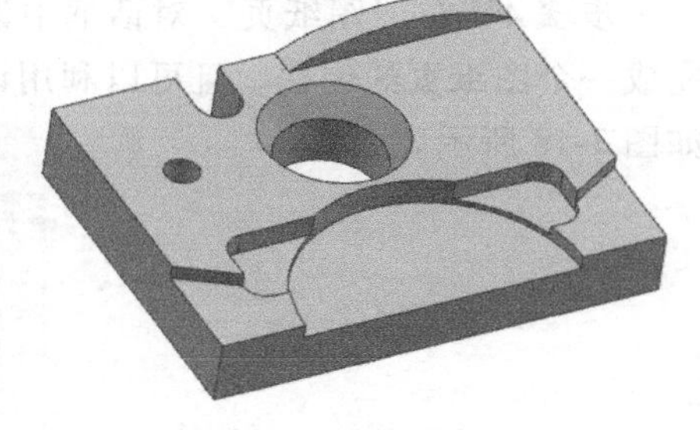

图 7-20 零件模型1

“基本视图”对话框中的选项说明如下：

1）“部件”选项组：该选项组用于加载部件、显示已加载部件和最近访问的部件。

2）“视图原点”选项组：该选项组主要用于定义视图在图形区的摆放位置，如水平、垂直、在绘图区的单击位置或系统的自动判断等。

3）“模型视图”选项组：该选项组用于定义视图的方向，单击“定向视图工具”按钮，系统弹出“定向视图工具”对话框，通过该对话框可以创建自定义的视图方向。

4）“比例”选项组：用于在添加视图之前，为基本视图指定特定的比例。默认的视图比例为1∶1。

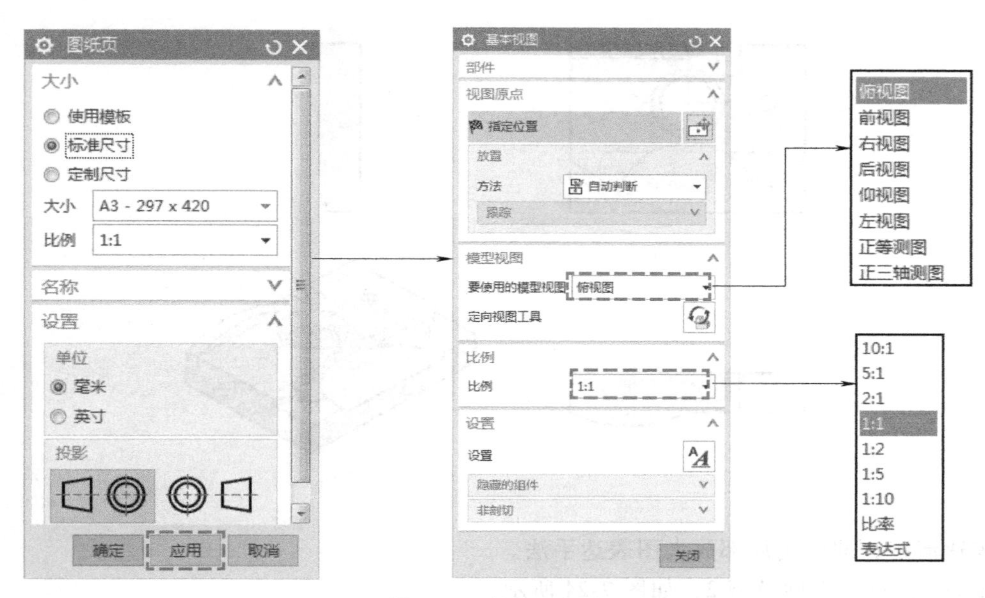

图 7-21　新建工程图

5）“设置”选项组：该选项组主要用于完成视图样式的设置，单击该选项组中的按钮，系统弹出“视图样式”对话框。

步骤 4：放置视图（主要示范过程，而不关注模型的完整表达）。首先在图纸页边界内的合适区域插入主视图，然后通过该视图的投影添加左视图和俯视图，单击鼠标中键完成视图的创建。视图的创建过程如图 7-22 所示，结果如图 7-23 所示。

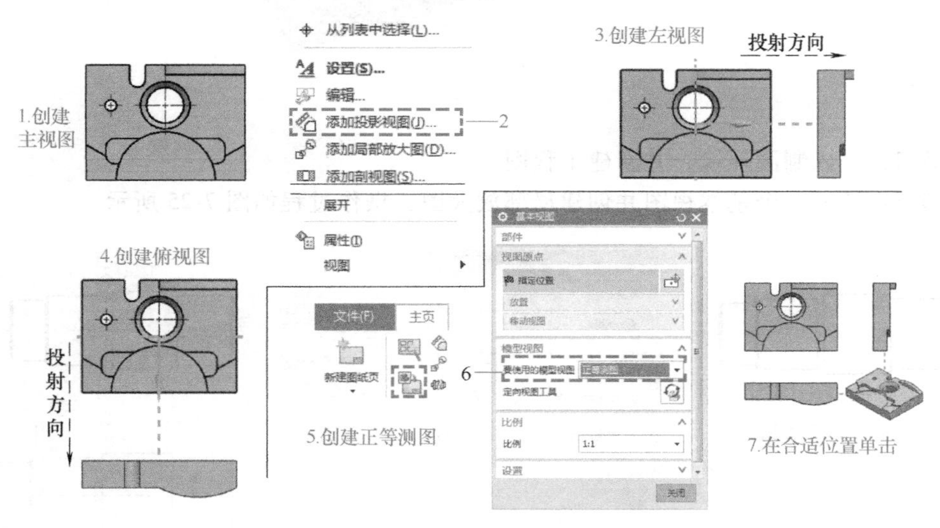

图 7-22　视图的创建过程

7.7.2　局部放大图

7.7.2　局部放大图

某些零部件设计了尺寸较小的几何结构特征，若按主要视图的绘图比例投影则可能无法清晰表达该细部结构，此时需要把该部分单独拿出来并放大

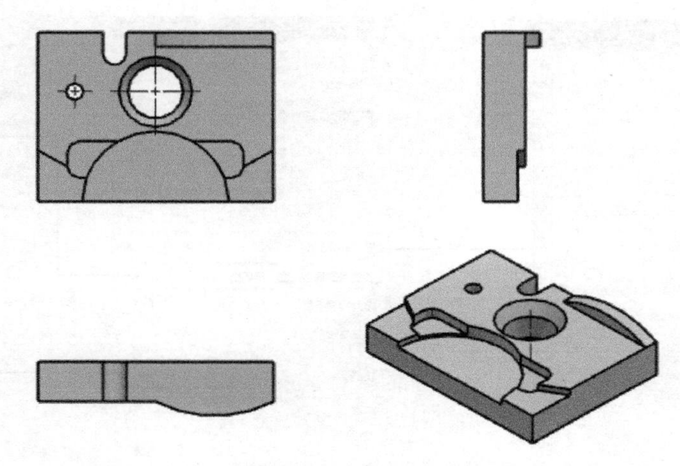

图 7-23　视图的创建结果

才能表达清楚，即使用局部放大图表达手法。

步骤 1：打开零件模型 2，如图 7-24 所示。

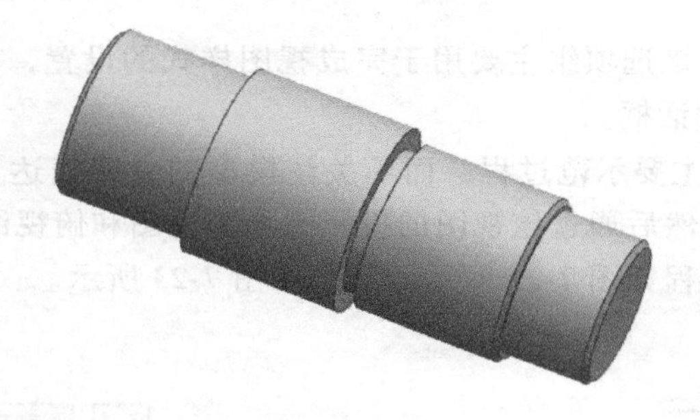

图 7-24　零件模型 2

步骤 2：进入制图环境，并新建工程图。

步骤 3：插入一个基本视图并创建局部放大图，操作过程如图 7-25 所示。

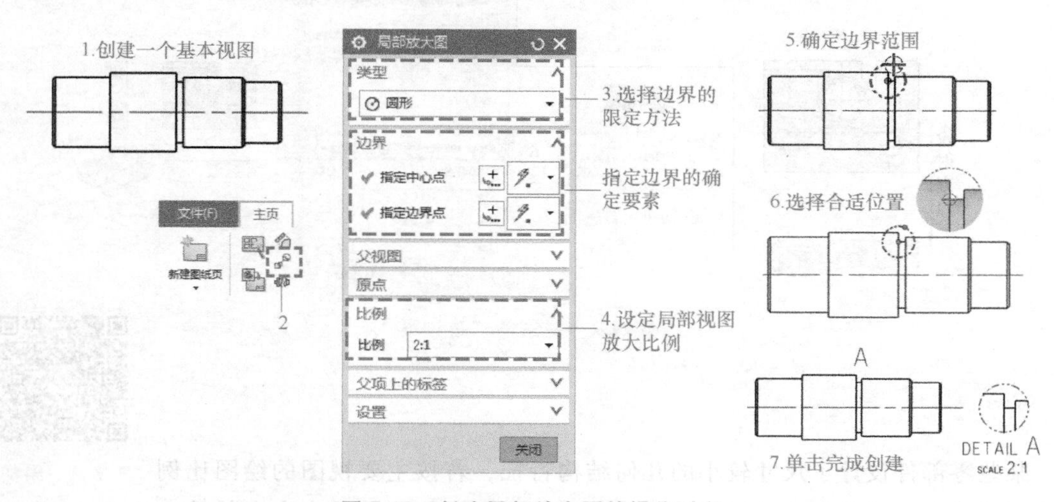

图 7-25　创建局部放大图的操作过程

步骤 4：图 7-25 的创建结果明显不符合国家标准，因此还需要对其继续进行设置，设置过程如图 7-26 所示。

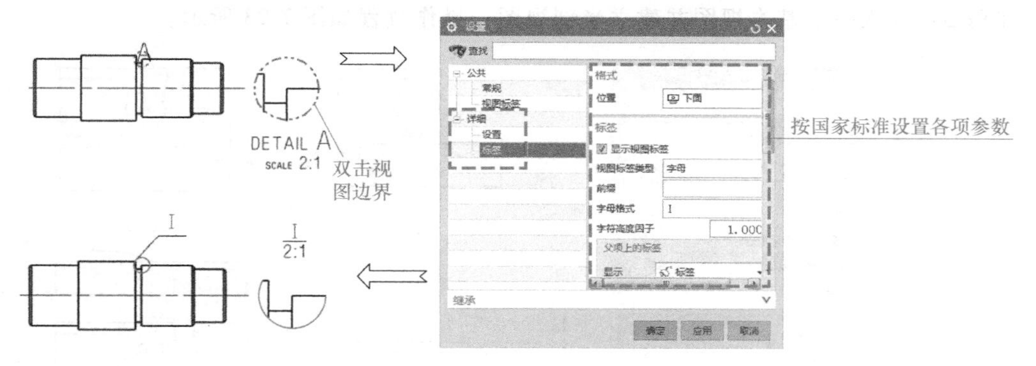

图 7-26　局部放大图设置过程

7.7.3　全剖视图

7.7.3　全剖视图

为了将零部件的内部表达清楚，有时需要将其剖开进行观察，可设想用一个平面在某个位置切开机械零部件，然后再沿垂直于该平面的方向去观察，即得到全剖视图。

步骤 1：打开图 7-20 所示的零件模型 1。

步骤 2：进入制图环境，并新建工程图。

步骤 3：插入一个基本视图并建立全剖视图，操作过程如图 7-27 所示。

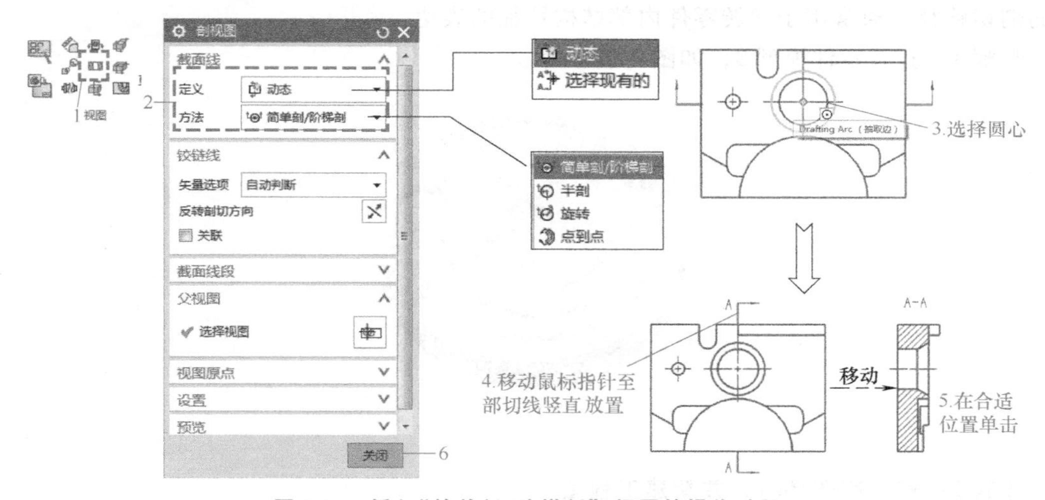

图 7-27　插入“简单剖/阶梯剖”视图的操作过程

7.7.4　半剖视图

7.7.4　半剖视图

用两个互成 90°的平面在某个位置切开机械零部件，然后再沿某方向投射，可以得到半剖视图。在半剖视图中，一半是按选择的剖切方向进行剖开的，另一半则保持原始的外部轮廓，因此有利于进行对比理解。

步骤 1：打开图 7-20 所示的零件模型 1。

步骤 2：进入制图环境，并新建工程图。

步骤 3：插入一个基本视图并建立半剖视图，操作过程如图 7-28 所示。

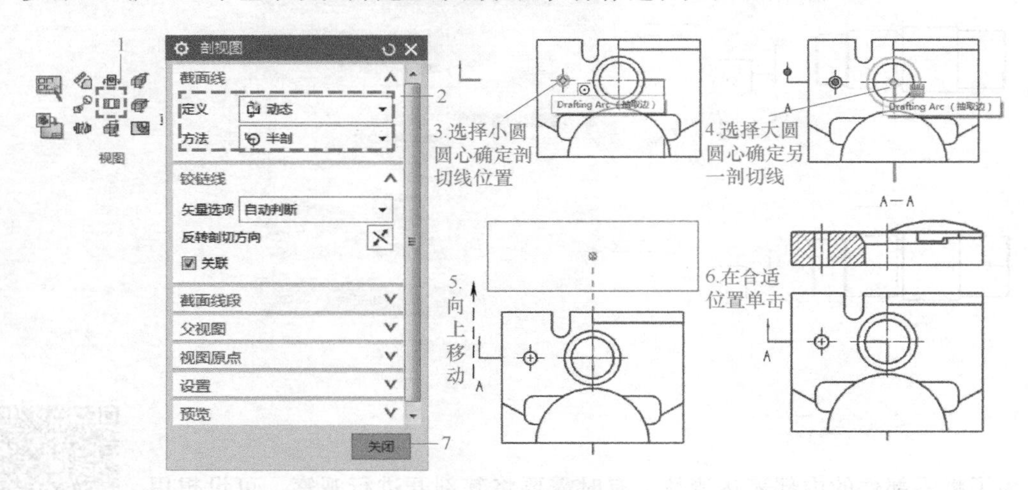

图 7-28　插入“半剖”视图的操作过程

7.7.5　旋转剖视图

7.7.5　旋转剖视图

用两个互成一定角度的平面剖切零部件，然后沿一个方向投射，若某个剖切面与投射方向不垂直，则将其旋转至垂直再投射。此方法提供了更为灵活的剖切路径，通常用于回转零件内部结构特征的表达。

步骤 1：打开零件模型 3，如图 7-29 所示。

图 7-29　零件模型 3

步骤 2：进入制图环境，并新建工程图。

步骤 3：插入一个基本视图并建立旋转剖视图，操作过程如图 7-30 所示。

7.7.6　阶梯剖视图

7.7.6　阶梯剖视图

用若干个相互平行/垂直的平面剖切零部件时，可以获得阶梯剖视图，有利于更灵活地选择剖切位置，通常用于方块类零件内部结构特征的表达。

步骤 1：打开零件模型 4，如图 7-31 所示。

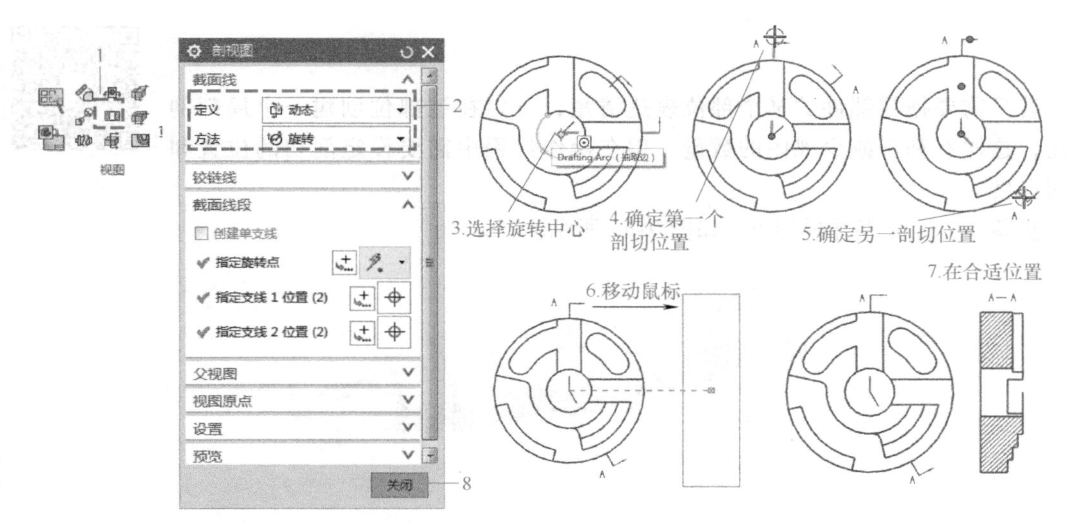

图 7-30　插入"旋转"剖视图的操作过程

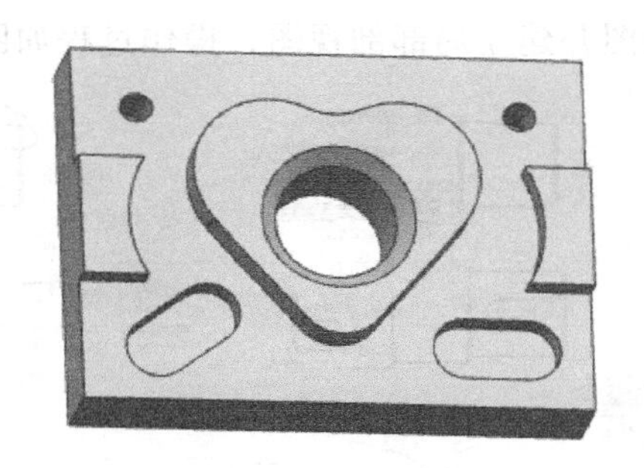

图 7-31　零件模型 4

步骤 2：进入制图环境，并新建工程图。

步骤 3：插入一个基本视图并建立阶梯剖视图，操作过程如图 7-32 所示。

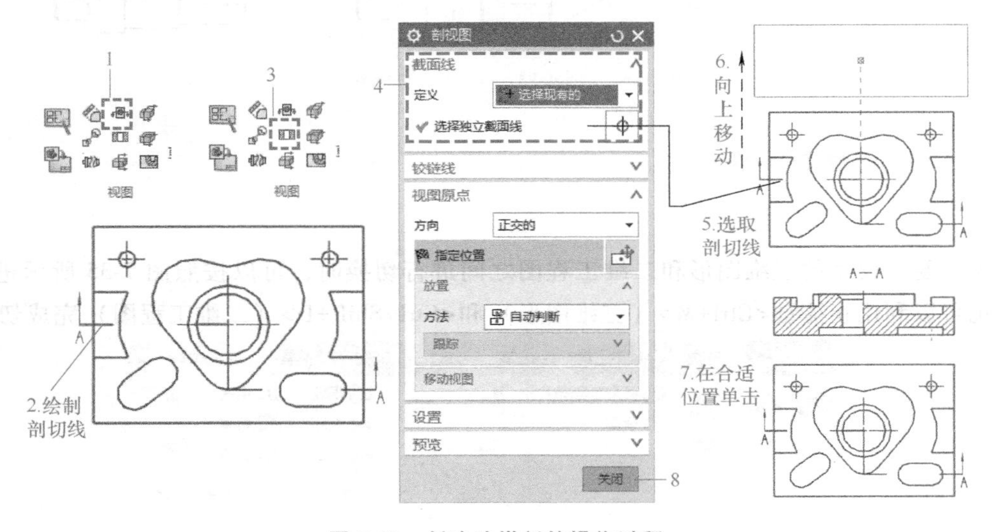

图 7-32　创建阶梯剖的操作过程

7.7.7 局部剖视图

7.7.7 局部剖视图

若只需要把零部件的某个部位表达清楚，可以在该部位创建一个局部剖视图，这样有利于减少视图的数量，但在操作过程中需要设定剖切的位置和剖切深度。

步骤 1：打开零件模型 5，如图 7-33 所示。

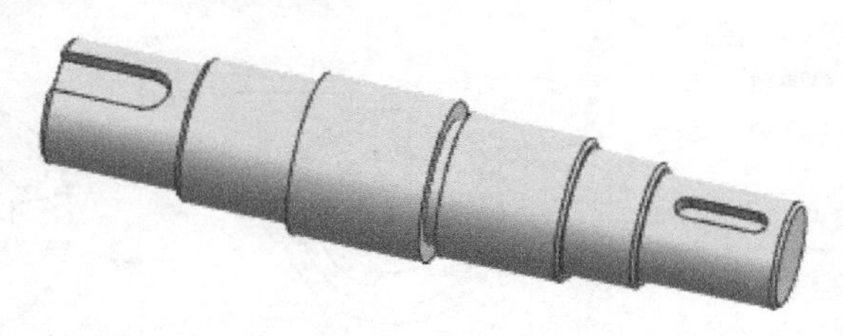

图 7-33 零件模型 5

步骤 2：进入制图环境，并新建工程图。

步骤 3：插入一个基本视图并建立局部剖视图，操作过程如图 7-34 所示。

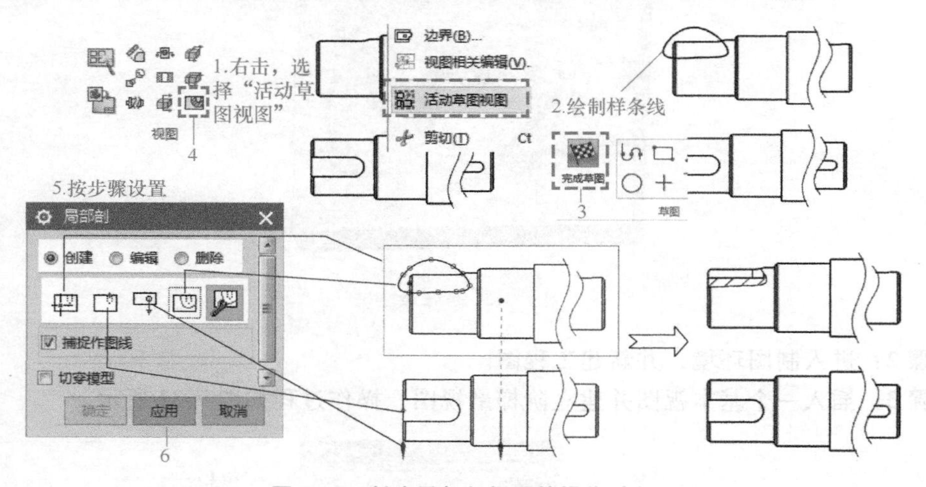

图 7-34 创建局部剖视图的操作过程

7.7.8 切换与更新视图

1. 视图的切换

当需要在模型的三维图形和二维工程图之间进行切换时，可以按照图 7-35 所示进行操作，也可以利用快捷键<Ctrl+M>（三维图形）和<Ctrl+Shift+D>（二维工程图）完成切换。

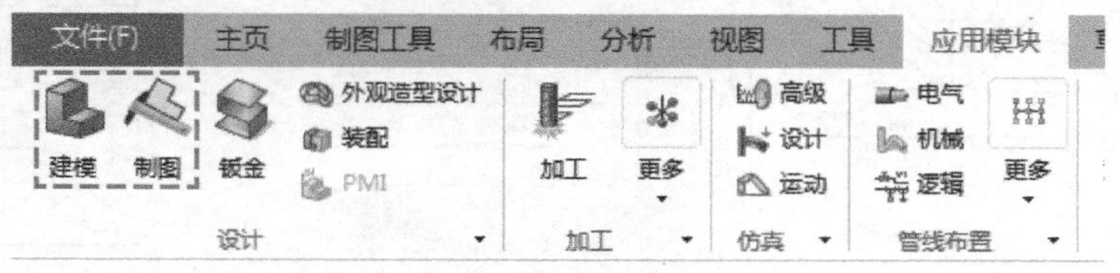

图 7-35 三维图形和二维工程图之间的切换方法

2. 视图的更新

单击“菜单”→“编辑”→“视图”→“更新”按钮，打开“更新视图”对话框，如图 7-36 所示。

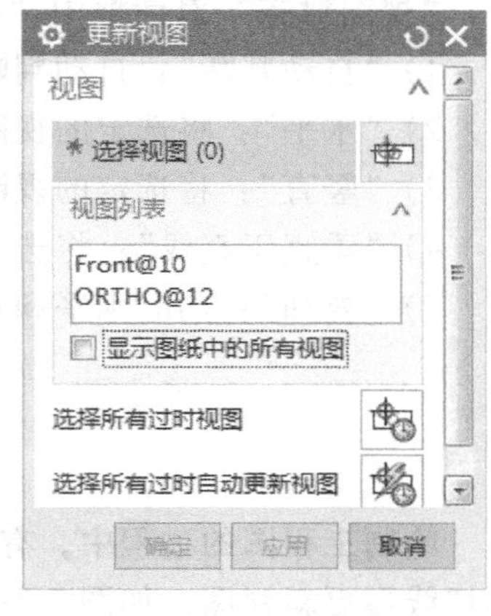

图 7-36　“更新视图”对话框

“更新视图”对话框中各按钮和选项的说明如下：

1）“显示图纸中的所有视图”：用于列出图纸页上的所有视图。当选择该复选框时，所有视图都在该对话框中可见并可供选择。否则，只能选择当前显示的图样上的视图。

2）“选择所有过时视图”：用于选择工程图中的过期视图。单击该应用按钮，这些视图将被更新。

3）“选择所有过时自动更新视图”：用于选择工程图中的所有过期视图并自动更新。

7.7.9　对齐视图

7.7.9　对齐视图

工程图面整洁与规整是创建工程图基本的要求，因此当视图错开时需要进行对齐。下面介绍两种对齐的方法。

方法一：将鼠标指针移动至待移动视图上，按住鼠标左键不动，移动视图至对齐位置再松开鼠标左键，如图 7-37 所示。

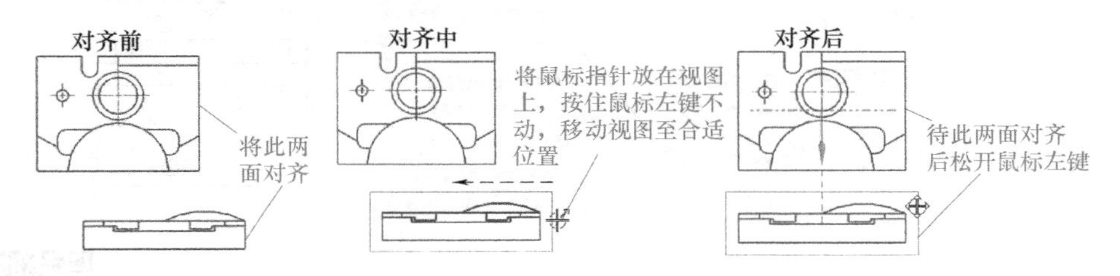

图 7-37　“对齐视图”方法一

方法二：单击“菜单”→“编辑”→“视图”→“对齐”按钮，可以打开“视图对齐”对话框，具体操作如图 7-38 所示。

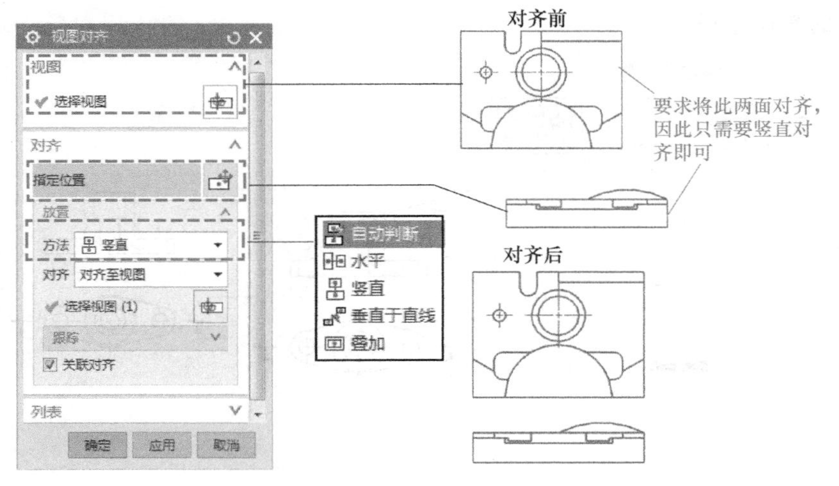

图 7-38　“对齐视图”方法二

“视图对齐”对话框中“放置”选项组中“方法”下拉列表的说明如下：

1）“自动判断”：自动判断两个视图可能的对齐方式。

2）“水平”：将选定的视图水平对齐。

3）“竖直”：将选定的视图垂直对齐。

4）“垂直于直线”：将选定视图与指定的参考线垂直对齐。

5）“叠加”：同时水平和垂直对齐视图，以便使它们重叠在一起。

7.7.10 编辑视图——编辑剖切线

7.7.10 编辑视图

1. 编辑剖切线

绘制工程图的过程中，有时需要对剖切的位置进行调整，此时可以双击剖切线再更新视图，如图 7-39 所示。

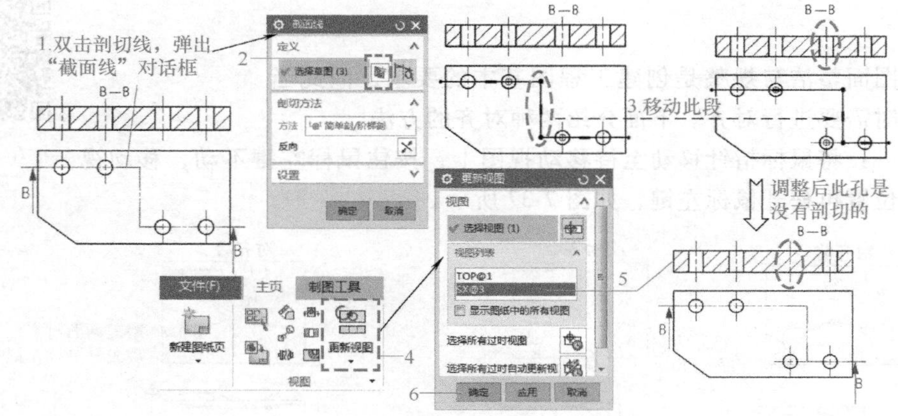

图 7-39 编辑剖切线的操作过程

7.7.10 编辑视图——定义剖面线

2. 定义剖面线

在工程图环境中，用户可以选择现有剖面线或自定义的剖面线填充剖面。与创建剖视图的结果不同，填充剖面不会产生新的视图。图 7-40 所示为定义剖面线的操作过程。

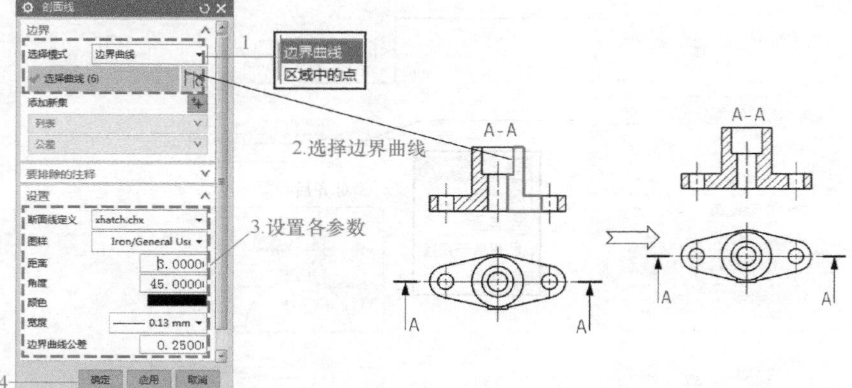

图 7-40 定义剖面线的操作过程

7.8　标注与符号

7.8.1　“注释”对话框

工程图样中的标注是非常重要的，它们是相关人员之间交流时传递信息的方式。标注工作可以通过“注释”命令来实现。调用该命令的路径为：单击“菜单”→“插入”→“注释”→“注释”按钮，或者单击“注释”工具栏中的A按钮。

“注释”对话框的功能十分强大，其中有关机械制图、公差配合、机械制造工艺等学科的知识点较多，因此若想较好地使用它，还需要读者具有较扎实的理论知识功底。“注释”对话框的操作如图 7-41 所示。

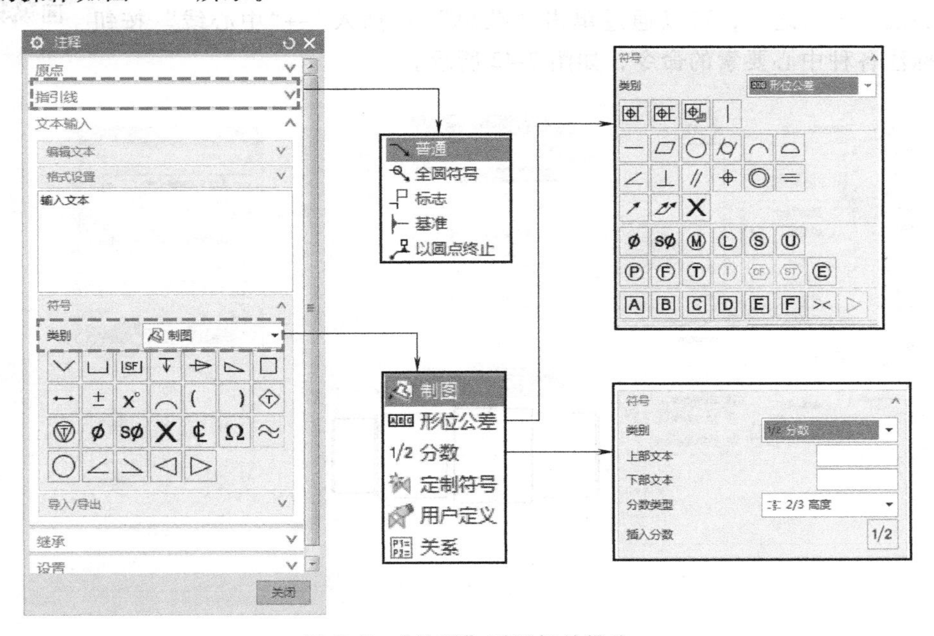

图 7-41　“注释”对话框的操作

“注释”对话框中各部分按钮及选项说明如下：

1）“编辑文本”选项组：该选项组用于编辑注释，其主要功能和 Word 等软件的功能相似。

2）“格式设置”选项组：该选项组可以编辑文本的字体和大小，并可以输入文本。

3）“符号”选项组：该选项组中的“类别”下拉列表中主要包括“制图”“形位公差”“分数”“定制符号”“用户定义”和“关系”几个选项。

①“制图”选项：可以将制图符号的控制字符输入到编辑窗口。

②“形位公差㊀”选项：可以将形位公差符号的控制字符输入到编辑窗口并检查形位公差符号的语法。

㊀ 标准中为几何公差，为与软件统一，本书使用形位公差。

③“分数”选项：可以分别在上部文本和下部文本中插入不同的分数类型。

④“定制符号”选项：选择此选项后，可以在符号库中选取用户自定义的符号。

⑤“用户定义”选项：该选项的符号库下拉列表中提供了“显示部件”“当前目录”和“实用工具目录”选项，单击“插入符号”按钮后，在文本窗口中显示相应的符号代码，符号文本将显示在预览区域中。

⑥“关系”选项：包括插入表达式，以在文本中显示表达式的值；插入对象属性，以显示对象的字符串属性值；插入部件属性，以在文本中显示部件属性值；插入图纸页区域，以显示图纸页的属性值。

7.8.2 中心线

7.8.2 中心线

对于一些对称零部件，通常需要中心要素来表达其对称的几何特性，标示其中心线是方法之一，可以通过单击“菜单”→“插入”→“中心线”按钮来调用标注各种中心要素的命令，如图 7-42 所示。

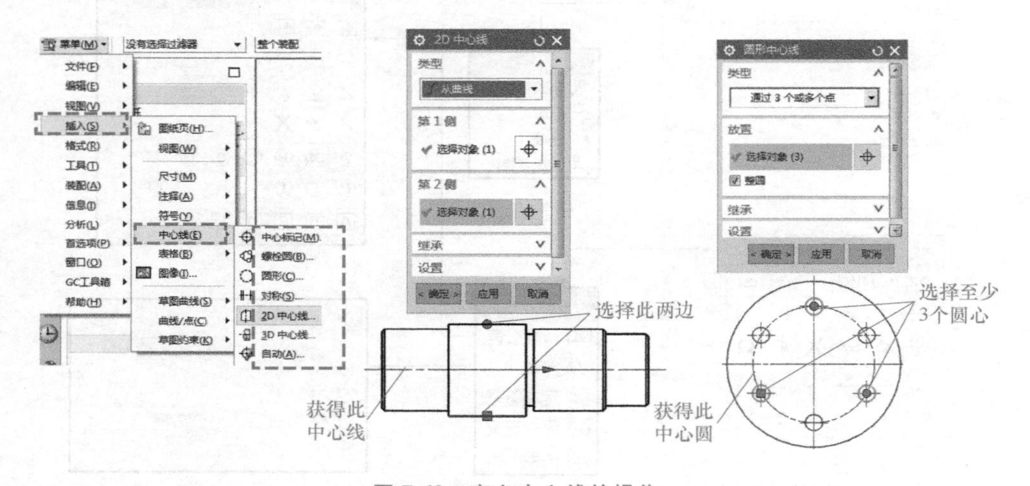

图 7-42 定义中心线的操作

7.8.3 表面粗糙度符号

表面粗糙度是工程图样上的重要标注，因为它代表了可选择的加工方式、加工成本等内容，因此表面粗糙度要求的高低与工艺制订是密切相关的。表面粗糙度符号的标注方法如图 7-43 所示。

“表面粗糙度”对话框中的按钮及选项说明如下：

1）“原点”选项组：用于设置表面粗糙度符号的位置和对齐方式。

2）“指引线”选项组：用于创建带指引线的表面粗糙度符号，单击该选项组中的“选择终止对象”按钮，可以选择指示位置。

3）“属性”选项组：用于设置表面粗糙度符号的类型和值属性，系统提供了 9 种类型的表面粗糙度符号。“图例”区域告知了各项符号的位置，具体含义还需要读者参考相关的专业基础课程。

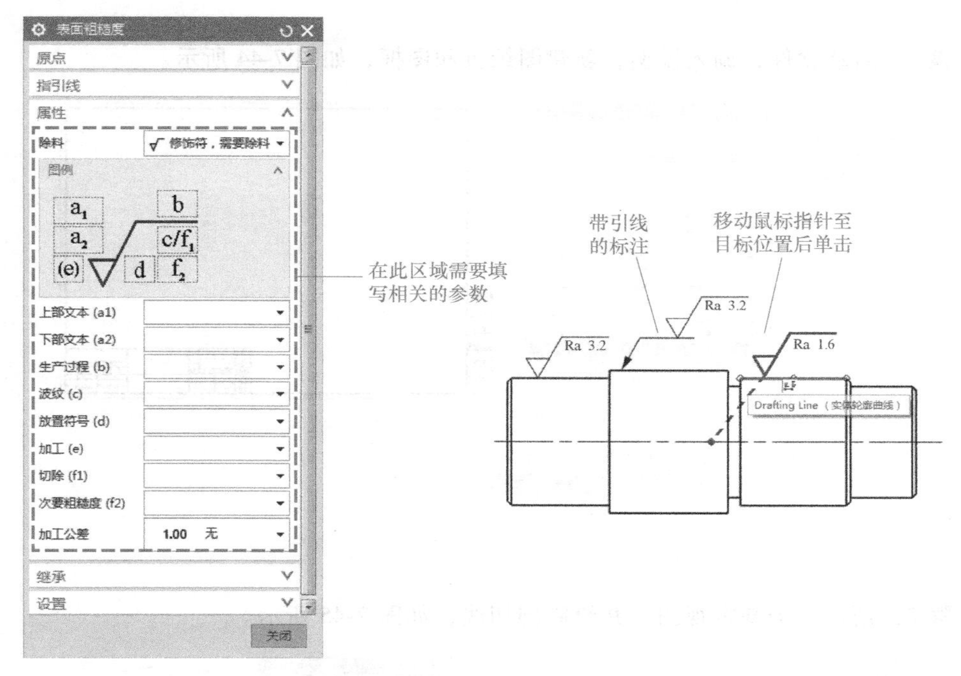

图 7-43　表面粗糙度符号的标注方法

4）“设置”选项组：可设置表面粗糙度符号的文本样式、旋转角度、圆括号及文本反转等特殊样式。

7.9　工程图设计实例

7.9　工程设计实例

在完整介绍工程图制作的各项基本操作之后，下面通过实例展示具体的操作过程。本实例中，需要完成箱体零件各向视图的创建、技术说明填写及尺寸标注等，最后实现清晰地表达零件制造信息的目标。通过本实例的学习，读者将掌握从进入制图模块到输出完整工程图样的全部过程，为后续的设计工作打好基础。

1. 知识目标

1）掌握新建工程图的基本操作步骤。

2）掌握视图编辑的方法，使其符合国家制图标准。

3）掌握创建基本视图、局部视图、剖视图等视图的方法。

2. 技能目标

具备创建中等复杂零件工程图的能力，具备创建基本视图、局部视图、剖视图、尺寸标注等工程图要素的能力。

3. 素质目标

1）培养学生严谨细致、精益求精的工匠精神。

2）养成学生工作、学习的主动性和效率观念以及积极向上的思想素质。

3）养成学生质量意识、安全意识与绿色环保意识。

4. 实施过程

步骤 1：启动软件，调入模型，新建图纸页和图框，如图 7-44 所示。

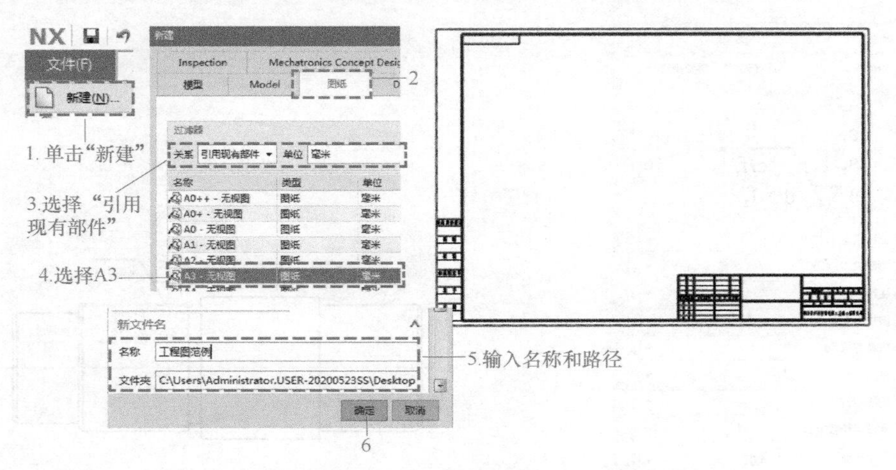

图 7-44　新建图纸页和图框

步骤 2：创建一个基本视图，并绘制剖切线，如图 7-45 所示。

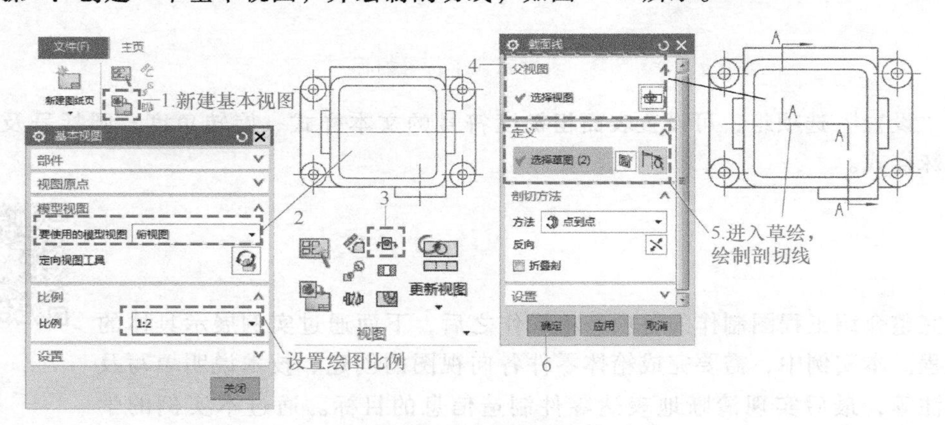

图 7-45　创建基本视图及剖切线

步骤 3：创建剖视图 *A—A*，如图 7-46 所示。

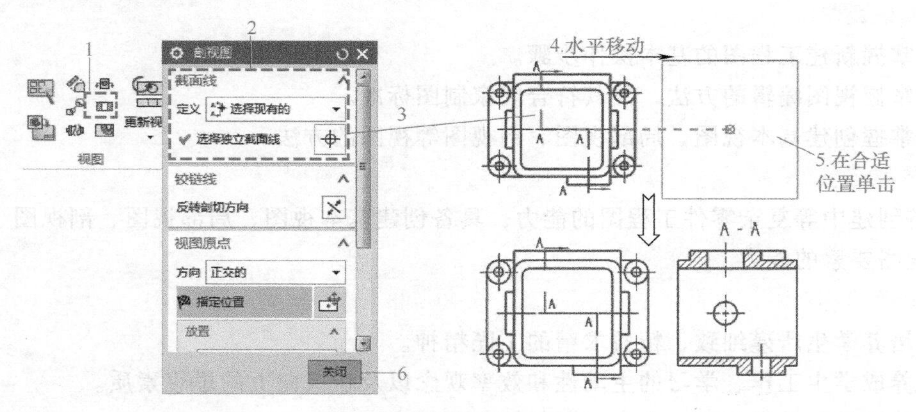

图 7-46　创建剖视图 *A—A*

步骤 4：绘制剖切线并创建剖视图 *B*—*B*，如图 7-47 所示。

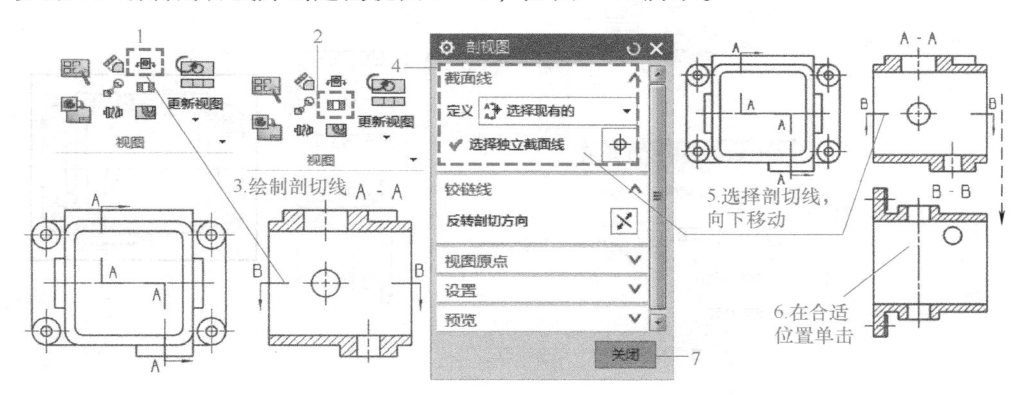

图 7-47　创建剖视图 *B*—*B*

步骤 5：创建 *C* 向视图，如图 7-48 所示。

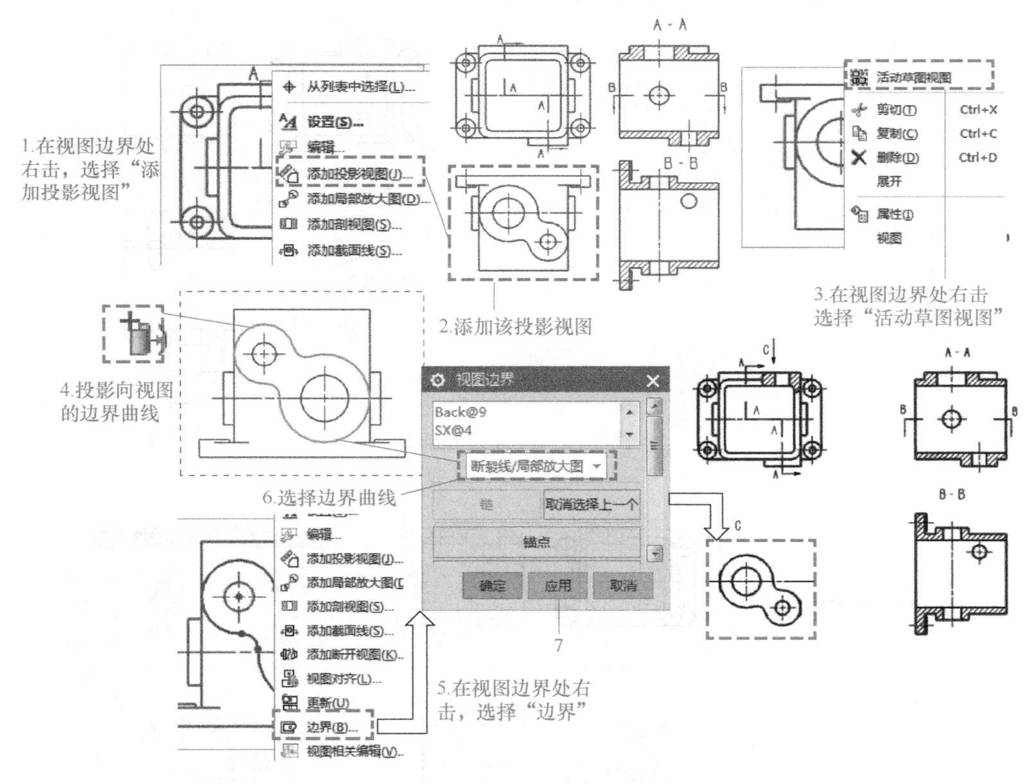

图 7-48　创建 *C* 向视图

步骤 6：在基本视图上添加局部剖视图，如图 7-49 所示。

步骤 7：添加尺寸标注。由于该部件尺寸的标注比较简单，此处只做简单示范，如图 7-50 所示。

步骤 8：添加正等测视图和技术要求，完成基本标注，如图 7-51 所示。

至此，完成该零件工程图的创建，如图 7-52 所示。

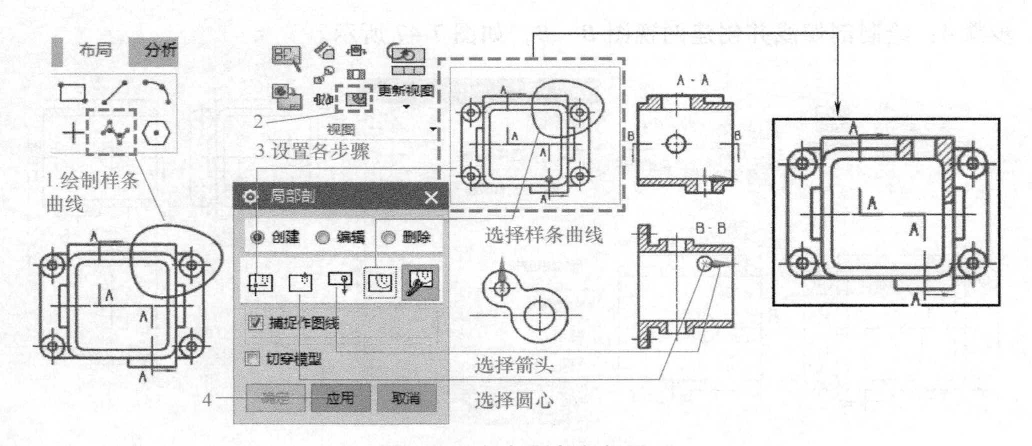

图 7-49 添加局部剖视图

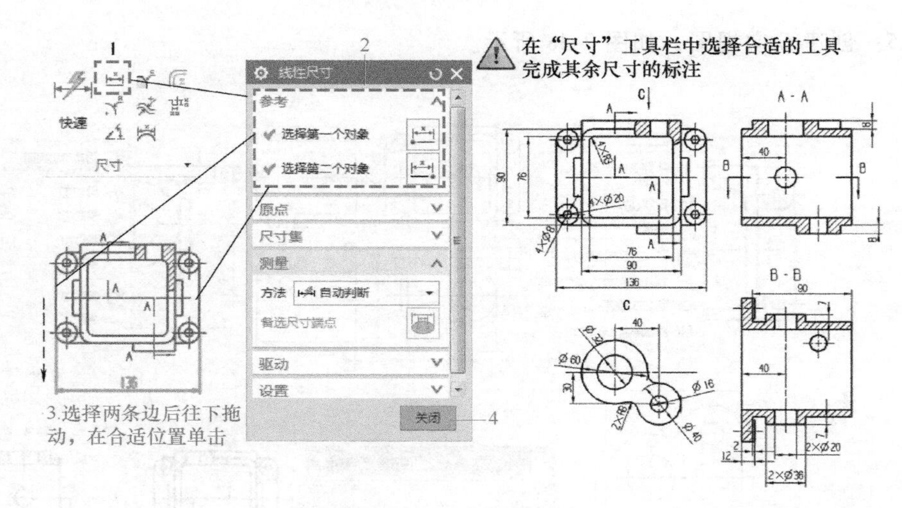

图 7-50 添加尺寸标注

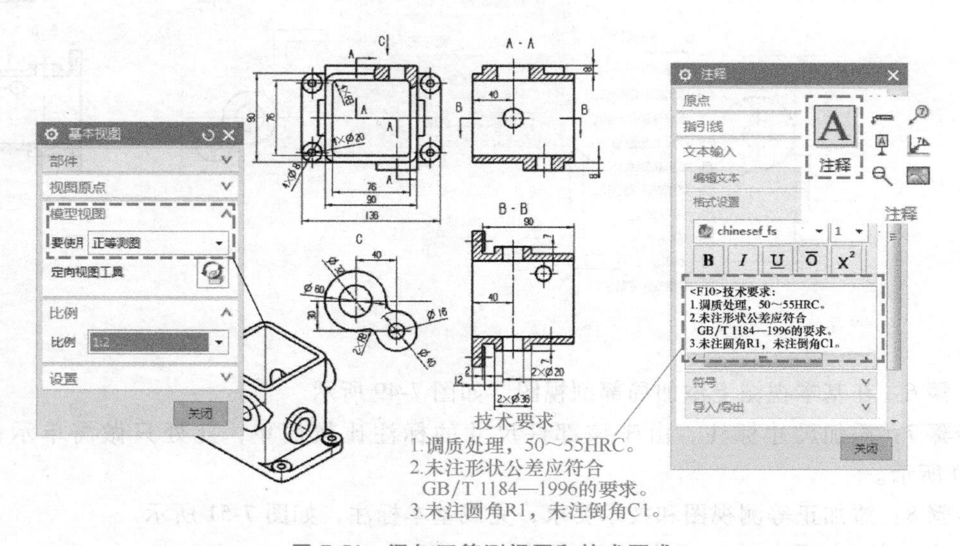

图 7-51 添加正等测视图和技术要求

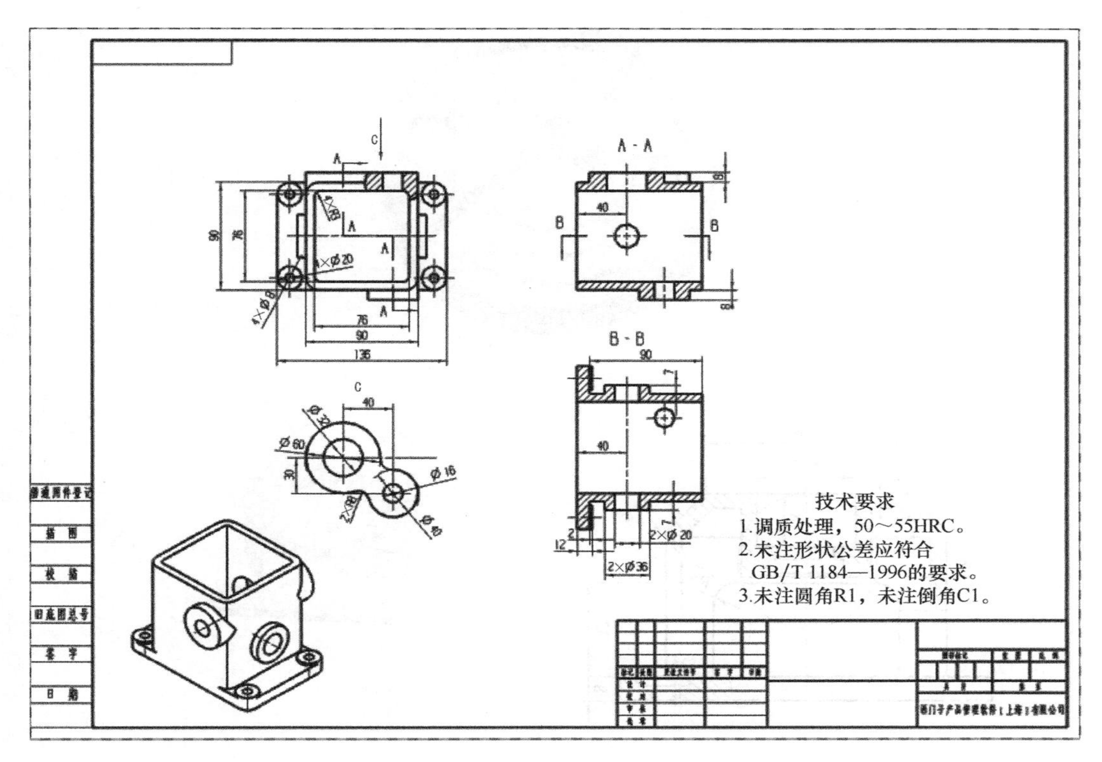

图 7-52 实例零件的完成图

习 题

1. 请利用给定的零件三维模型（图 7-53），在制图环境中完成该零件的基本视图及相关辅助视图的创建，要求视图的选择能清晰地表达部件的结构特征。

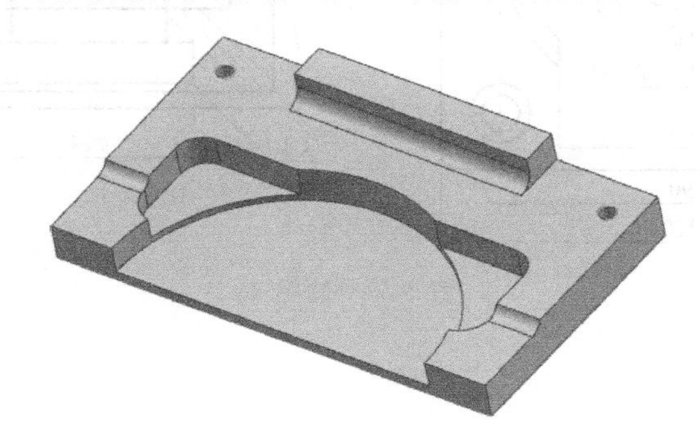

图 7-53 题图 1

2. 请利用给定的零件三维模型（图 7-54），在制图环境中创建合理的视图并标注尺寸，要求视图尽可能少但不影响零件的表达。

3. 请利用给定的零件图（图 7-55）创建三维模型，然后在制图环境中创建该零件的工程图，要求标注尺寸、公差和技术要求，各项标注应遵循国家制图标准。

图 7-54　题图 2

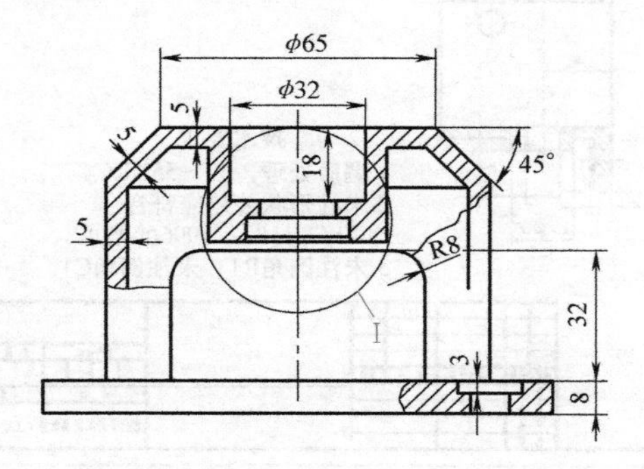

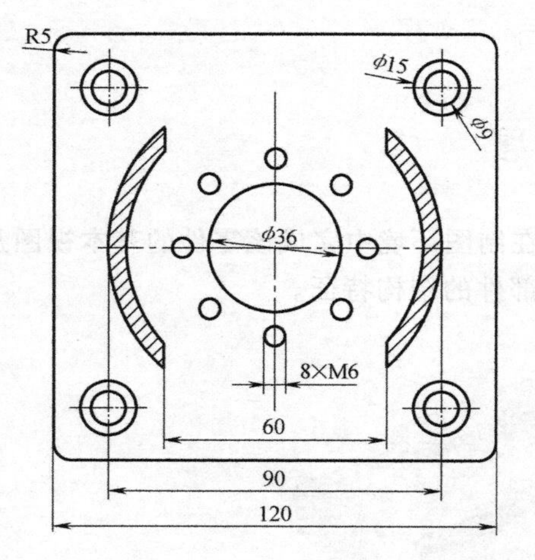

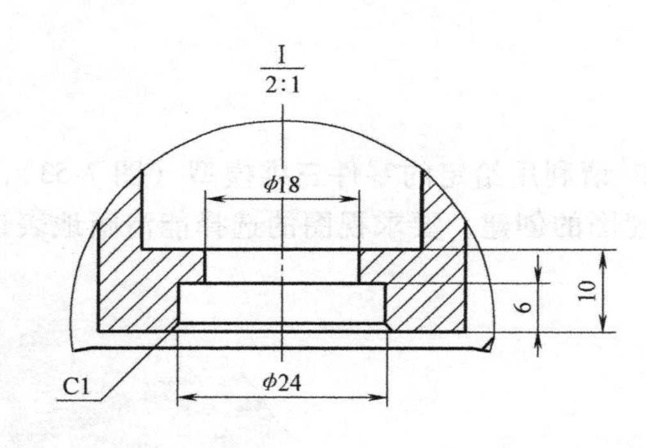

图 7-55　题图 3

第8章　装配设计

8.1　装配概述

一个产品（组件）往往是由多个部件装配而成的，装配模块用来建立部件间的相对位置关系，从而形成复杂的装配体。部件间的位置关系主要通过添加约束实现。

1. 装配模式

一般的 CAD/CAM 软件包括两种装配模式：多组件装配和虚拟装配。多组件装配是一种简单的装配，其原理是将每个组件的信息复制到装配体中，然后将每个组件放到对应的位置。虚拟装配是建立各组件的链接，装配体与组件是一种引用关系。

相对于多组件装配，虚拟装配有以下明显的优点。

1）虚拟装配中的装配体是引用各组件的信息，而不是复制其本身，因此，改动组件时，相应的装配体也自动更新。这样，当对组件进行改动时，不需要对与之相关的装配体进行修改，也就避免了修改过程中可能出现的错误，提高了效率。

2）虚拟装配中，各组件通过链接应用到装配体中，比复制节省了存储空间。

3）控制部件可以通过引用集引用，下层部件不需要在装配体中显示，简化了组件。

2. UG NX12.0 的装配环境

UG NX12.0 的装配环境具有下面一些特点。

1）利用装配导航器可以清晰地查询、修改和删除组件以及约束。

2）提供了强大的爆炸图工具，可以方便地生成装配体的爆炸图。

3）提供了很强的虚拟装配功能，有效地提高了工作效率。系统提供了多种约束方式，通过对组件添加多个约束，可以准确地把组件装配到位。

3. 相关术语和概念

1）装配体：指在装配过程中通过建立部件之间的相对位置关系，由部件和子装配体组成的装配文件。

2）组件：在装配中按特定位置和方向使用的部件。组件可以是独立的部件，也可以是由其他较低级别的组件组成的子装配体。

3）部件：任何 .prt 文件都可以作为部件添加到装配文件中。

4）工作部件：可以在装配模式下编辑的部件。在装配模式下，一般不能对组件直接进行修改，需要将组件设为工作部件才能修改。部件被修改后，所做修改会反映到所有引用该部件的组件中。

5）子装配体：子装配体是相对于引用它的高一级装配体而言的，任何一个装配部件都可在更高级的装配体中作为子装配体。

8.2 装配环境中的工具栏

装配环境中各工具栏（图8-1）按钮的说明如下：

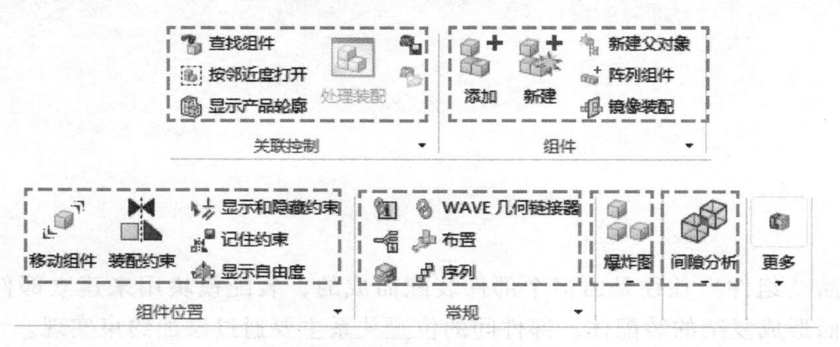

图8-1 装配环境中各工具栏

1.“关联控制”工具栏

1）“查找组件”：该按钮用于查找组件，可根据“属性”“从列表”“按大小”“按名称”和“根据状态”5个选项卡查找组件。

2）“按邻近度打开”：该按钮用于按相邻度打开一个范围内的所有关闭组件。单击此按钮，系统弹出“类选择”对话框。选择某一组件后，单击“确定”按钮，系统弹出“按邻近度打开”对话框，用户可在对话框中拖动滑块设定范围，对话框中会显示该范围内的图形，应用后会打开该范围内的所有关闭组件。

3）“显示产品轮廓”：该按钮用于显示产品轮廓。单击此按钮，显示当前定义的产品轮廓。如果在选择“显示产品轮廓”选项时没有现有的产品轮廓，系统会弹出一条消息，提示用户选择是否创建新的产品轮廓。

2.“组件”工具栏

1）“添加”：该按钮用于加入现有的组件。在装配过程中经常会用到此按钮，其功能是向装配体中添加已存在的组件，添加的组件可以是未载入系统中的部件文件，也可以是已载入系统中的组件。用户可以选择在添加组件的同时定位组件，设定与其他组件的装配约束，也可以不设定装配约束。

2）“新建”：该按钮用于创建新的组件，并将其添加到装配体中。

3）“阵列组件”：该按钮用于创建组件阵列。

4）“镜像装配”：该按钮用于镜像装配。对于含有很多组件的对称装配，此命令是很有用的，只需要装配一侧的组件，然后进行镜像即可。利用镜像功能可以对整个装配体进行镜像，也可以选择个别组件进行镜像，还可指定要从镜像的装配体中排除的组件。

3.“组件位置”工具栏

1）“移动组件”：该按钮用于移动组件。

2）“装配约束”：该按钮用于在装配体中添加装配约束，使各零部件装配到合适的位置。

3）“显示和隐藏约束”：该按钮用于显示和隐藏约束及使用其关系的组件。

4. “常规”工具栏

1）“布置”：该按钮用于编辑排列。单击此按钮，系统弹出“装配布置”对话框，可以定义装配布置，为部件中的一个或多个组件指定备选位置，并将这些备选位置和部件保存在一起。

2）“序列”：该按钮用于查看和更改创建装配的序列。单击此按钮，系统弹出“装配序列”工具条。

3）“产品接口”：该按钮用于定义其他部件可引用的几何体和表达式、设置引用规则并列出引用工作部件的部件。

4）“WAVE 几何链接器”：该按钮用于 WAVE 几何链接器，允许在工作部件中创建关联的或非关联的几何体。

5）“关系浏览器”：该按钮用于提供有关部件间链接的图形信息。

5. “爆炸图”

“爆炸图”按钮用于调出“爆炸视图”工具条，然后可以进行创建爆炸图、编辑爆炸图以及删除爆炸图等操作。

6. “间隙分析”

“间隙分析”按钮用于快速分析组件间的干涉，包括软干涉、硬干涉和接触干涉。如果干涉存在，单击此按钮，系统会弹出干涉检查报告，在干涉检查报告中，用户可以选择某一干涉，隔离与之无关的组件。

8.3 装配导航器

8.3.1 功能概述

1. 装配导航器中的图标

如图 8-2 所示，装配导航器中模型前、后的图标代表了不同的含义，说明如下：

1）☑：勾选此复选框，表示组件至少已部分打开且未隐藏。

2）☑：取消勾选此复选框，表示组件至少已部分打开，但不可见。不可见的原因可能是被隐藏、在不可见的图层上或在排除引用中。单击该复选框，系统将完全显示该部件及其子项，图标变成☑。

3）☐：此复选框表示组件关闭，在装配体中将看不到该组件。单击该复选框，系统将完全或部分加载组件及其子项，组件在装配体中显示，该图标变成☑。

4）⬚：此复选框表示组件被抑制。不能通过单击该复选框编辑组件状态，如果要消除抑制状态，可右击，在弹出的快捷菜单中选择“抑制”命令，在弹出的“抑制”对话框中选择“从不抑制”单选项，然后进行相应操作。

5）[图标]：此图标表示该组件是装配体。

6）[图标]：此图标表示该组件不是装配体。

2. 装配导航器的操作

（1）“装配导航器”对话框的操作

1）显示模式控制：通过双击导航器左侧的[图标]按钮，可以使“装配导航器”对话框由固定切换到浮动。

2）列设置：装配导航器默认的设置只显示几列信息，大多数都被隐藏了，在装配导航器空白区域右击，在快捷菜单中选择“列”，系统会展开所有列选项供用户选择。

（2）组件操作

1）选择组件：单击组件的节点可以选择单个组件，按住<Ctrl>键可以在装配导航器中选择多个组件。如果要选择的组件是相邻的，可以按住<Shift>键单击选择第一个组件和最后一个组件，则这中间的组件全部被选中。

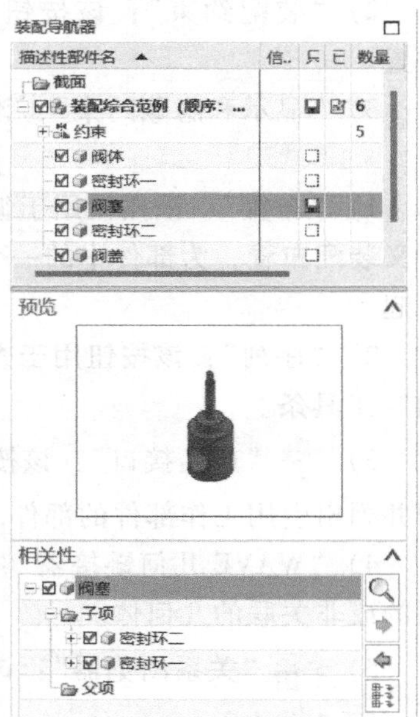

图 8-2　装配导航器

2）拖放组件：可在按住鼠标左键的同时选择装配导航器中的一个或多个组件，将它们拖到新位置。松开鼠标左键，目标组件将成为包含该组件的装配体，其按钮也将变为[图标]。

3）将组件设为工作组件：双击某一组件，可以将该组件设为工作组件，此时可以对工作组件进行编辑。要取消工作组件状态，只需在根节点处双击即可。

8.3.2　预览面板和相关性面板

1. 预览面板

在“装配导航器”对话框中单击“预览”按钮，可展开或折叠面板，如图 8-2 所示。选择装配导航器中的组件，可以在预览面板中查看该组件的预览图。添加新组件时，如果该组件已加载到系统中，预览面板也会显示该组件的预览图。

2. 相关性面板

在“装配导航器”对话框中单击“相关性”按钮，可展开或折叠面板，如图 8-2 所示。选择装配导航器中的组件，可以在“相关性”面板中查看该组件的相关性关系。

在“相关性”面板中，每个装配组件下都有两个文件夹：子级和父级。以选中组件为基础组件，定位其他组件时所建立的约束和接触对象属于子级；以其他组件为基础组件，定位选中的组件所建立的约束和接触对象属于父级。

8.4　组件的装配约束说明

装配约束用于在装配过程中指定一个部件相对于装配体中另一个部件（或特征）的放置方式和位置。UG NX 软件中装配约束的类型包括固定、接触对齐、同心、距离和中心等。每个组件都有唯一的装配约束，这个装配约束由一个或多个约束组成。每个约束都会限制组件在装配体中的一个或几个自由度，从而确定组件的位置。用户可以在添加组件的过程中添加装配约束，也可以在添加完组件后再添加约束。如果组件的自由度被全部限制，称为完全约束；如果组件的自由度没有被全部限制，则称为欠约束。

8.4.1 “装配约束”对话框

各部件（组件）之间的约束关系是通过“装配约束”对话框（图 8-3）实现的，在该对话框中可以根据要素之间的方位关系选择合适的约束方法。由于约束方法较多，要实现高效的操作，要求读者对各项约束的含义了然于心。

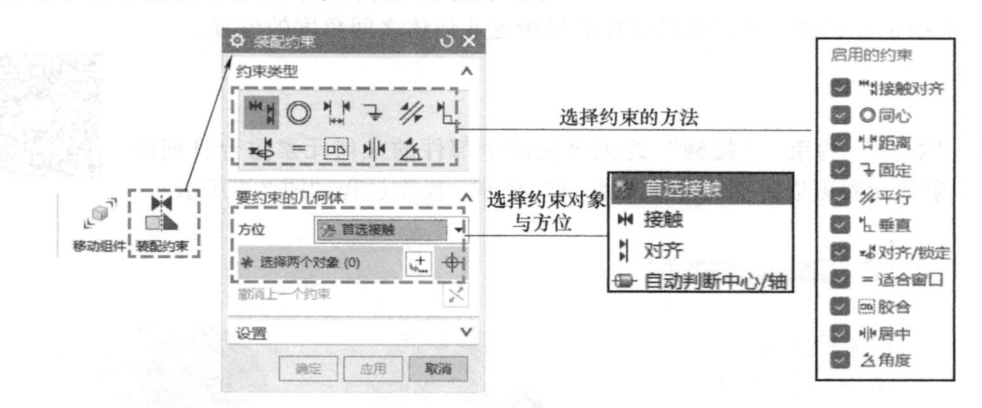

图 8-3 “装配约束”对话框

“装配约束”对话框中各选项的含义如下：

(1) 接触对齐　该约束用于两个组件，使其彼此接触或对齐。当选择该选项后，“要约束的几何体”选项组中的“方位”下拉列表中出现 4 个选项。

1) 首选接触：若选择该选项，则当接触约束和对齐约束都可能时，显示接触约束（在大多数模型中，接触约束比对齐约束更常用）；当接触约束过度约束装配体时，将显示对齐约束。

2) 接触：若选择该选项，则约束对象的曲面法向在相反方向上。

3) 对齐：若选择该选项，则约束对象的曲面法向在相同方向上。

4) 自动判断中心/轴：该选项主要用于定义两圆柱面、两圆锥面或圆柱面与圆锥面的同轴约束。

(2) 同心　该约束用于定义两个组件的圆形边界或椭圆边界的中心重合，并使边界的面与面共面。

(3) 距离　该约束用于设定两个接触对象间的最小 3D 距离，选择该选项并选定接触对象后可直接输入距离数据。

(4) 平行　约束两个目标对象的矢量方向平行。

(5) 垂直　该约束用于使两个目标对象的矢量方向垂直。

(6) 适合窗口　该约束用于定义将半径相等的两个圆柱面拟合在一起。此约束对确定孔中销或螺栓的位置很有用。如果以后两个圆柱面半径变为不等，则该约束无效。

(7) 胶合　该约束用于将组件“焊接”在一起。

(8) 居中　该约束用于使一对对象之间的一个或两个对象居中，或使一对对象沿另一个对象居中。当选取该选项时，“要约束的几何体”选项组中的“子类型”下拉列表中出现

3 个选项。

1）1 对 2：该选项用于定义在后两个所选对象之间使第一个所选对象居中。

2）2 对 1：该选项用于定义将两个所选对象沿第三个所选对象居中。

3）2 对 2：该选项用于定义将两个所选对象与另两个所选对象的中心对齐。

（9）角度　该约束用于约束两对象间的旋转角。选取角度约束后，“要约束的几何体”选项组中的“子类型”下拉列表中出现两个选项。

1）3D 角：该选项用于约束“源”几何体和“目标”几何体。

2）不指定旋转轴；可以任意选择满足指定几何体之间角度的位置。

8.4.2 “接触对齐”约束

8.4.2 “接触对齐”约束

（1）“接触”约束　“接触”约束可使两个部件的几何元素重合且朝向相反，约束的元素可以是面-面、线-线、线-面等，操作过程如图 8-4 所示。

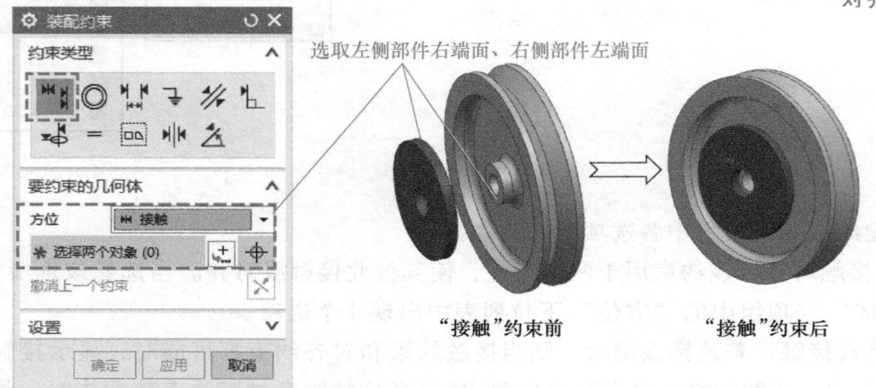

图 8-4 “接触”约束的操作过程

（2）“对齐”约束　“对齐”约束可使两个部件的几何元素重合且朝向相同，约束的元素可以是面-面、线-线、线-面等，操作过程如图 8-5 所示。

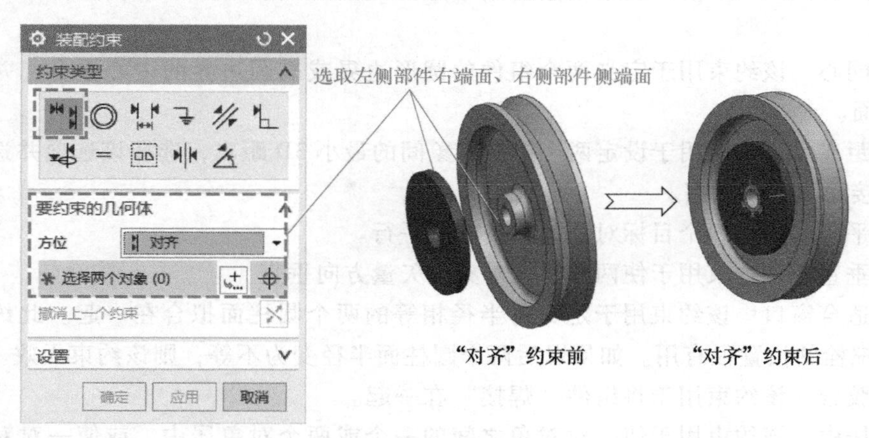

图 8-5 “对齐”约束的操作过程

(3)“自动判断中心/轴”约束 “自动判断中心/轴”约束可使两个装配部件的回转面轴线重合，约束时选择回转面和轴线的效果是一样的，操作过程如图 8-6 所示。

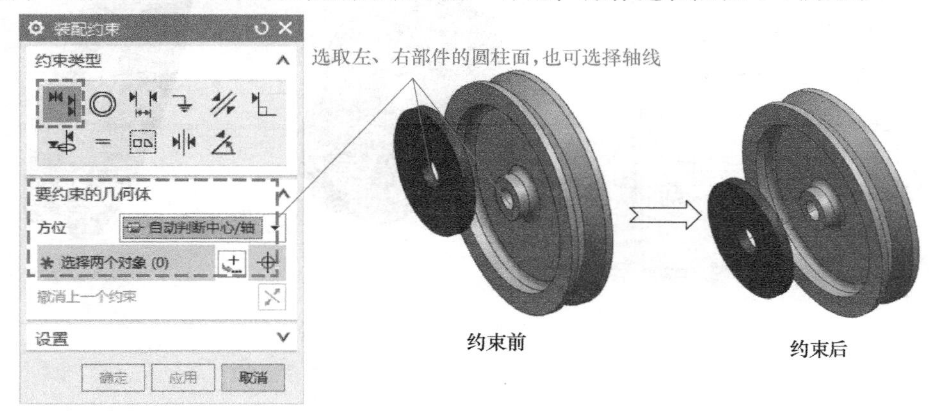

图 8-6 “自动判断中心/轴”约束的操作过程

8.4.3 “距离”约束

8.4.3 “距离”约束

“距离”约束用于设定两个对象间的最小 3D 距离，选择该选项并选定对象的几何特征（如线、面等）后，再输入距离数据即可完成约束操作，操作过程如图 8-7 所示。

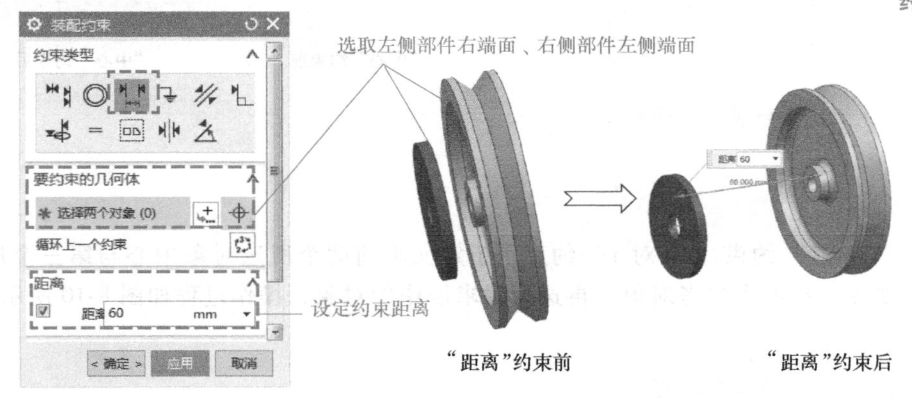

图 8-7 “距离”约束的操作过程

8.4.4 “同心”约束

8.4.4 “同心”约束

“同心”约束用于定义两个组件的圆形边界或椭圆边界的中心重合，并使边界所在的面与面共面，操作过程如图 8-8 所示。

8.4.5 “中心”约束

8.4.5 “中心”约束

(1)“1 对 2”约束 “1 对 2”约束用于定义将第一个所选对象与后两个所选对象中心对齐，也就是说需要先选择要求居中的对象，再选择两个参考对象，操作过程如图 8-9 所示。

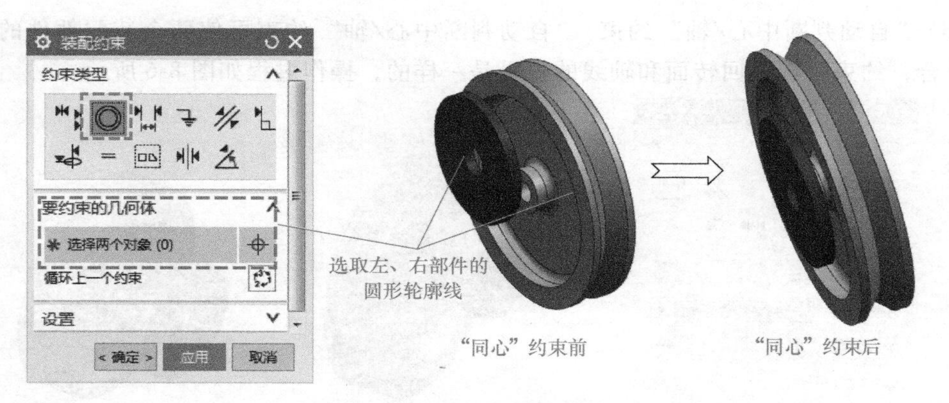

图 8-8 "同心"约束的操作过程

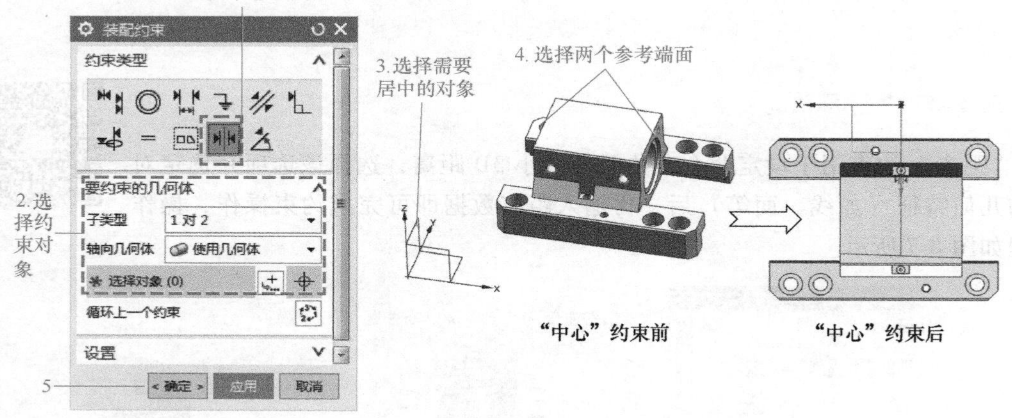

图 8-9 "1 对 2"约束的操作过程

（2）"2 对 1"约束 "2 对 1"约束用于定义将前两个所选对象中心与第三个所选对象对齐，需要先选择两个参考对象，再选择要求居中的对象，操作过程如图 8-10 所示。

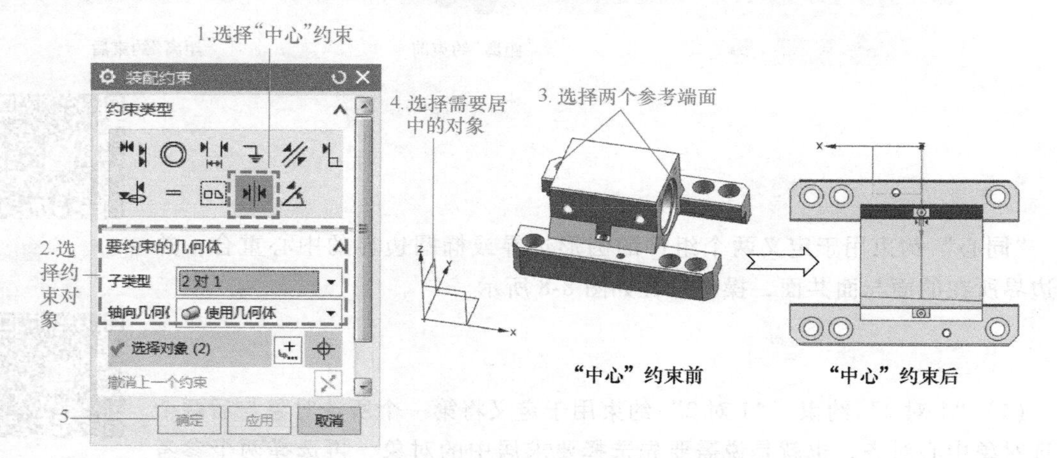

图 8-10 "2 对 1"约束的操作过程

(3)“2 对 2”约束　“2 对 2”约束用于定义将两个所选对象在两个其他所选对象之间居中，因此，需要分别选择两组对象，先后顺序无要求，操作过程如图 8-11 所示。

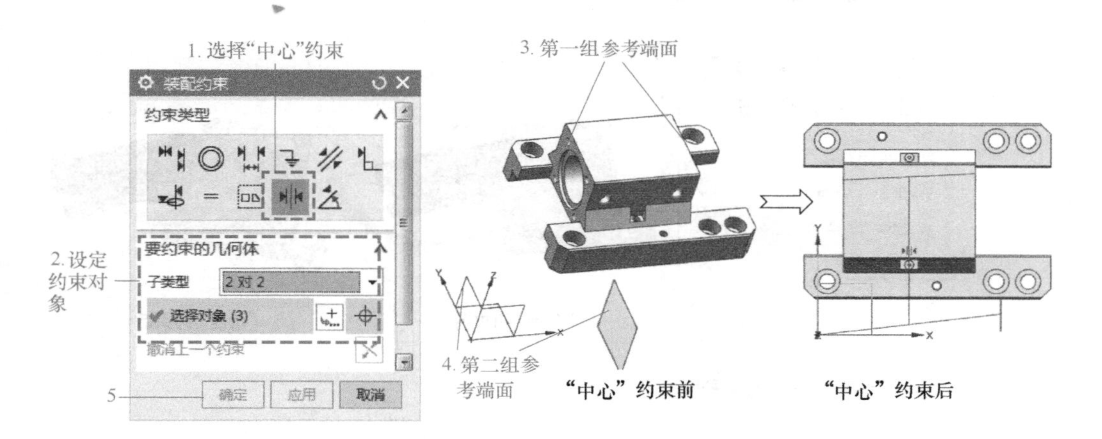

图 8-11　“2 对 2”约束的操作过程

8.4.6　“平行”约束

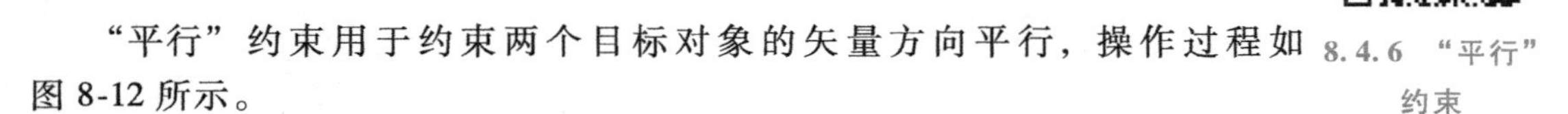

“平行”约束用于约束两个目标对象的矢量方向平行，操作过程如图 8-12 所示。

8.4.6　“平行”约束

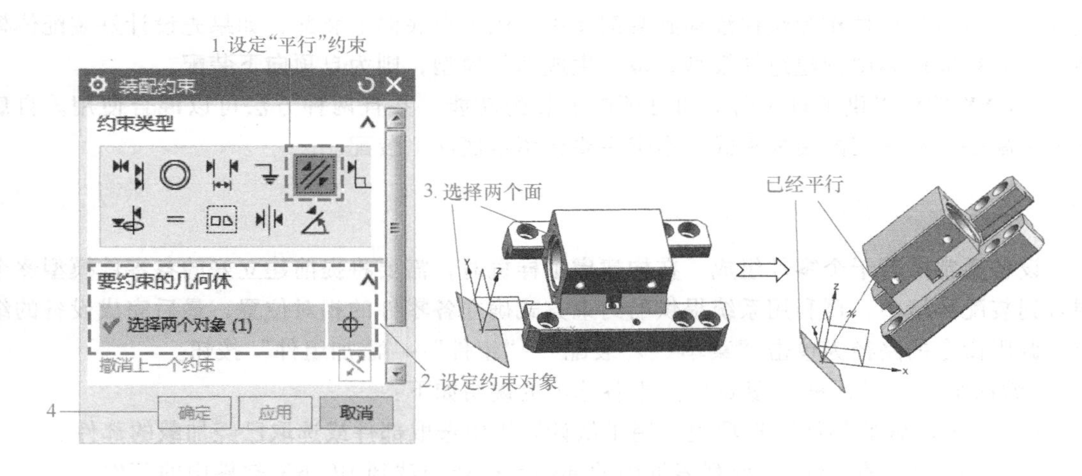

图 8-12　“平行”约束的操作过程

8.4.7　“角度”约束

“角度”约束可使两个部件上的线或者面建立一个角度，从而限制部件的相对位置关系，操作过程如图 8-13 所示。

8.4.7　“角度”约束

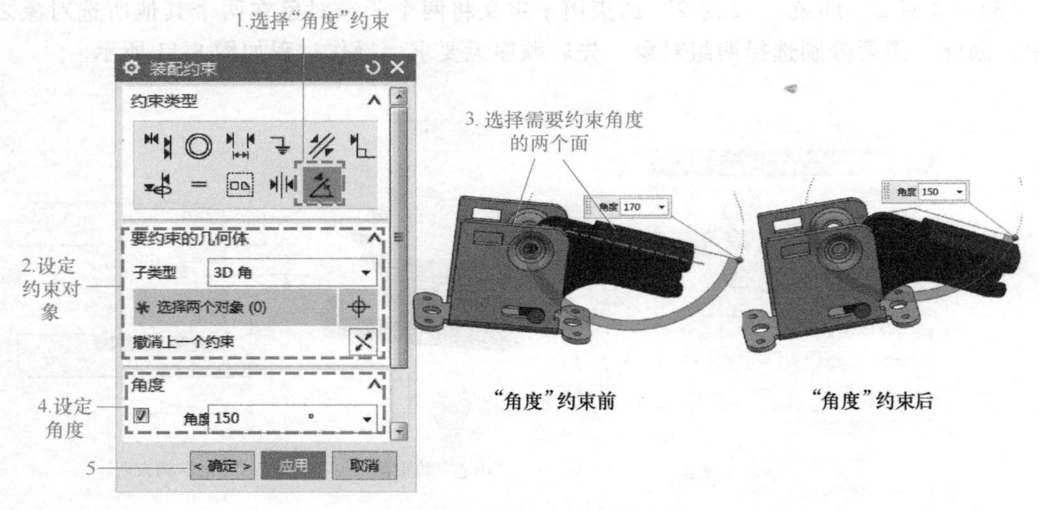

图 8-13 "角度" 约束的操作过程

8.5 装配的一般过程

8.5.1 概述

部件的装配一般有两种基本方式：自底向上装配和自顶向下装配。如果先将全部的部件设计好，然后将部件作为组件添加到装配体中，则为自底向上装配；如果先设计好装配体模型，然后在装配体中创建组件模型，最后生成部件模型，则为自顶向下装配。

UG NX 软件提供了自底向上和自顶向下装配功能，并且两种方法可以混合使用。自底向上装配是一种常用的装配模式，本书主要介绍自底向上装配。

8.5.2 "添加组件" 命令介绍

设备通常由若干个零件组成，在构建虚拟样机时，需要将提前建立好的各零件模型逐个调入到装配环境中，再利用系统提供的约束方式确立各零件的相对位置，最后完成设备的组装。调用命令的路径为单击 "菜单"→"装配"→"组件"→"添加组件" 按钮。

"添加组件" 对话框（图 8-14）中各选项的说明如下：

(1) "要放置的部件" 选项组　用于从计算机中选取部件或选取已经加载的部件。

(2) "已加载的部件"　此列表框中的部件是已经加载到 UG NX 软件中的部件。

(3) "打开"　单击 "打开" 按钮，可以从计算机中选取要装配的部件。

(4) "数量"　在此文本框中输入重复装配部件的个数。

(5) "组件锚点"　确定部件位置的参照点，进行部件位置调整时锚点与目标位置点重合。

(6) "装配位置"　将部件的锚点与工作坐标系对齐或与工作部件/显示部件的绝对坐标系对齐，抑或与选定的对象 "对齐"。

(7) "放置" 选项组　该选项组中包含两个选项，通过选项可以指定部件在装配体中的位置。

1）“约束”：是指把添加组件和添加约束放在一个步骤中进行，选择该选项后其下方会弹出“装配约束”列表框。

2）“移动”：是指可通过操作手柄调整载入部件的位置。

（8）“设置”：此选项组用于设置部件的名称、引用集和图层选项。

1）“组件名”文本框：在文本框中可以更改部件的名称。

2）“引用集”文本框：部件引用的对象集合。

3）“图层选项”下拉列表：该下拉列表中包含“原始的”“工作的”和“按指定的”3个选项。“原始的”是指将新部件放到设计时所在的图层；“工作的”是将新部件放到当前工作图层；“按指定的”是指将载入部件放入指定的图层中。

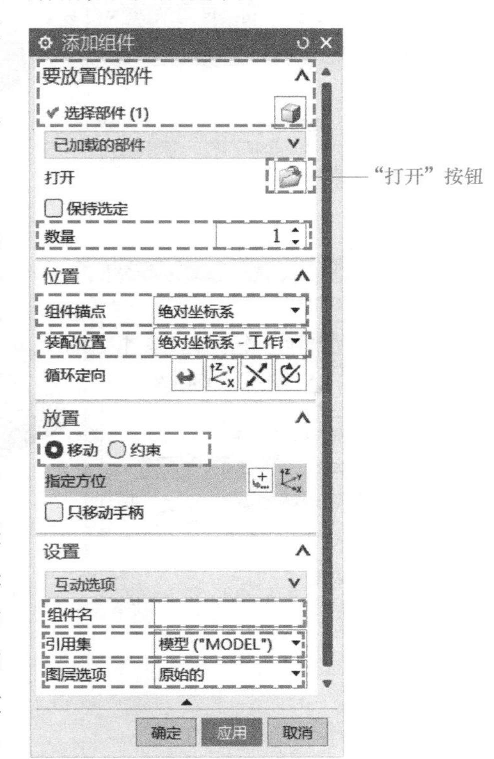

图 8-14　“添加组件”对话框

8.5.3　“添加组件”命令操作实例

第二个部件的添加与第一个部件的添加过程是一样的，区别在于通常来说第一个加载部件是整个装配体的主体件（如机架），需要添加固定约束，而随后添加的部件需要考虑其与现有部件的初始相对位置，以便于后续约束操作。下面通过一个实例介绍具体的操作过程，如图 8-15～图 8-17 所示。

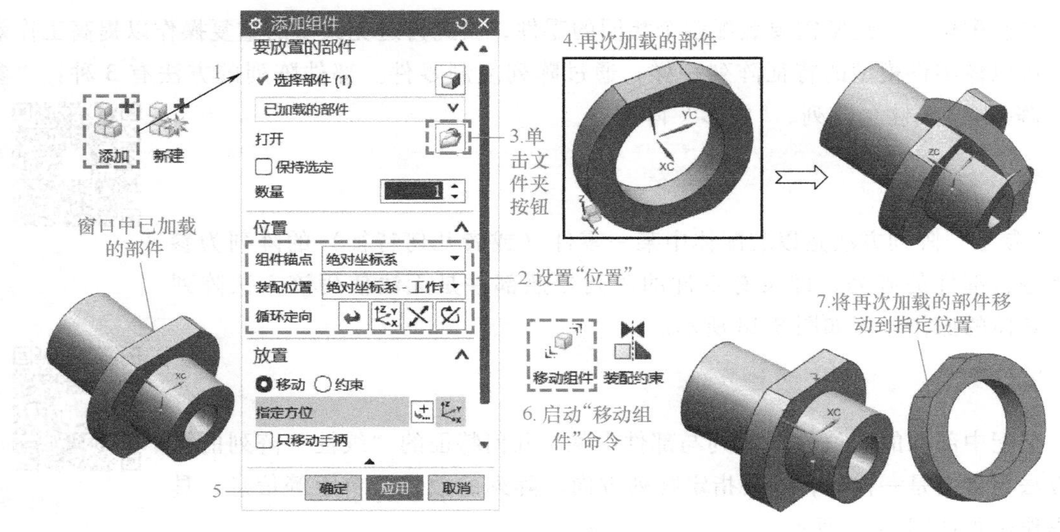

图 8-15　加载部件并调整部件位置

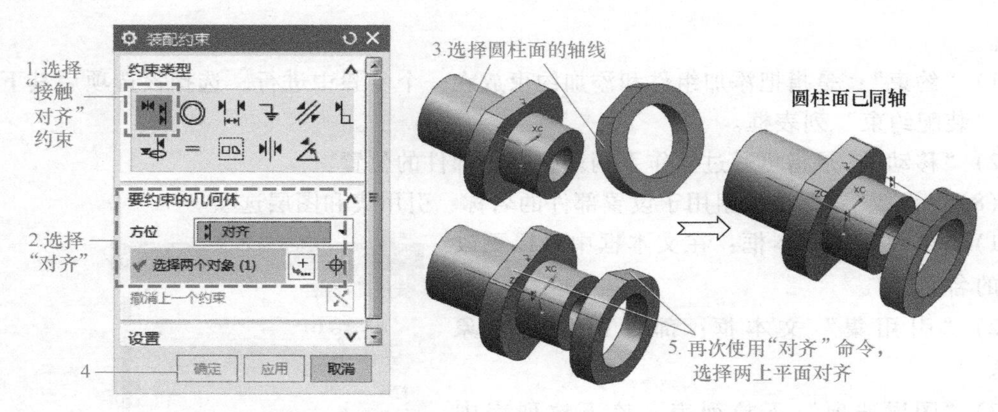

图 8-16 “对齐”约束部件

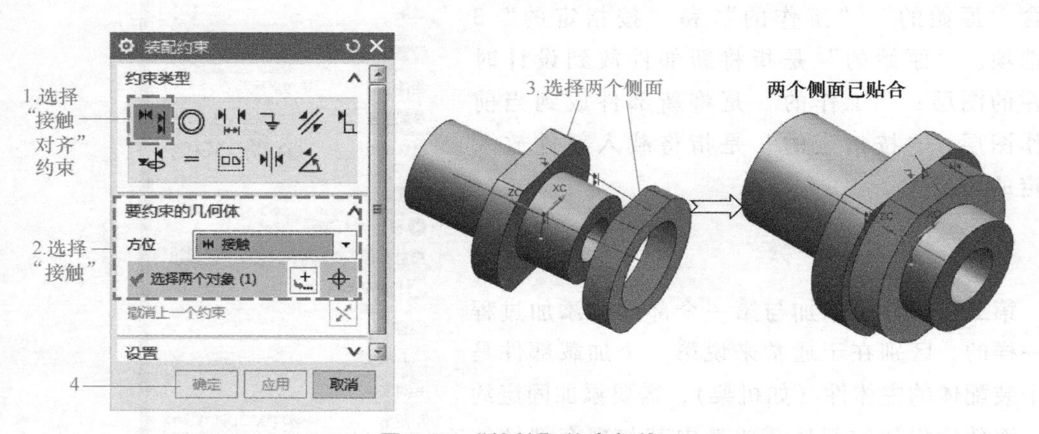

图 8-17 “接触”约束部件

8.6 部件的阵列

在装配体中，经常需要装配多个相同的零件，因此为避免大量的重复操作以提高工作效率，可以像零件模型的特征阵列一样，通过阵列复制零件。部件阵列的方法有 3 种：“参考”阵列、“线性”阵列、“圆形”阵列。

8.6.1 部件的“参考”阵列

“参考”阵列方法是以装配体中某一零件（或者几何特征）的阵列为参考来进行部件的阵列，即没有零件的阵列参照部件是无法使用该方法阵列的，具体的操作过程如图 8-18 所示。

8.6.1 部件的“参考”阵列

8.6.2 部件的“线性”阵列

8.6.2 部件的“线性”阵列

装配中部件的“线性”阵列与部件中某个几何特征的“线性”阵列的操作方法与含义是一样的，需要指定阵列方向、阵列的数量及节距等信息，具体操作过程如图 8-19 所示。

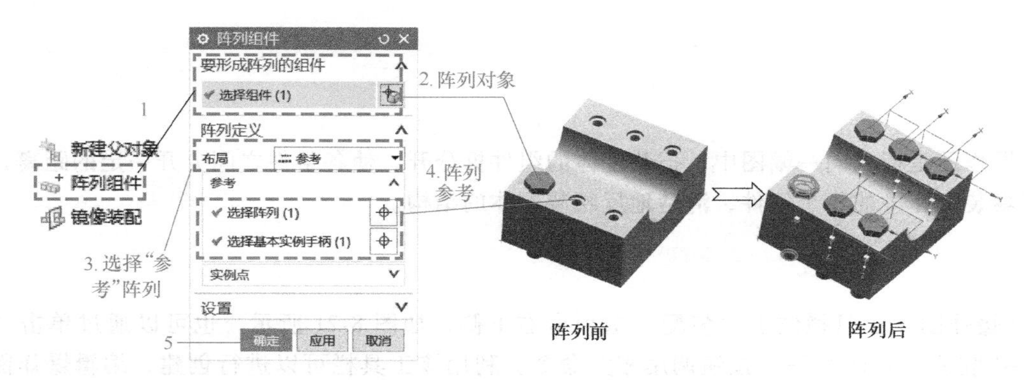

图 8-18　“参考”阵列的操作过程

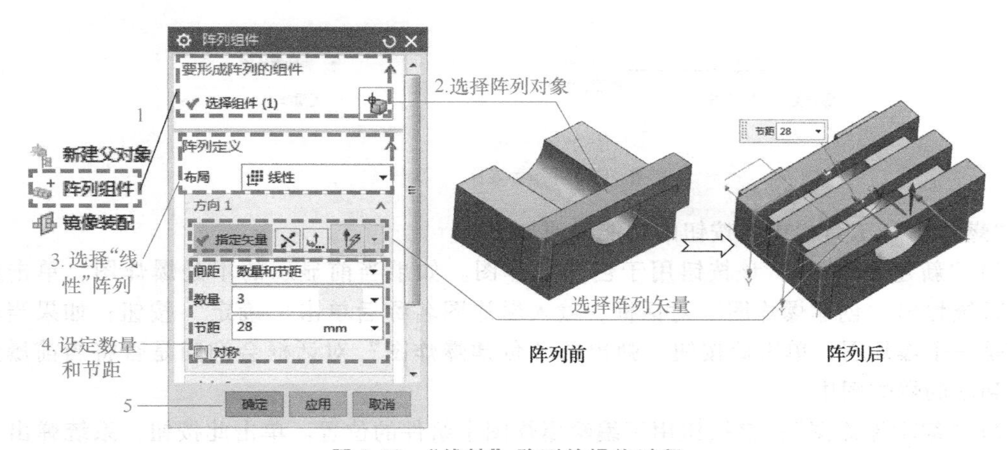

图 8-19　“线性”阵列的操作过程

8.6.3　部件的“圆形”阵列

装配中部件的“圆形”阵列与部件中某个几何特征的“圆形”阵列的操作方法与含义是一样的，需要指定阵列中心线、阵列的数量及节距等信息，具体的操作过程如图 8-20 所示。

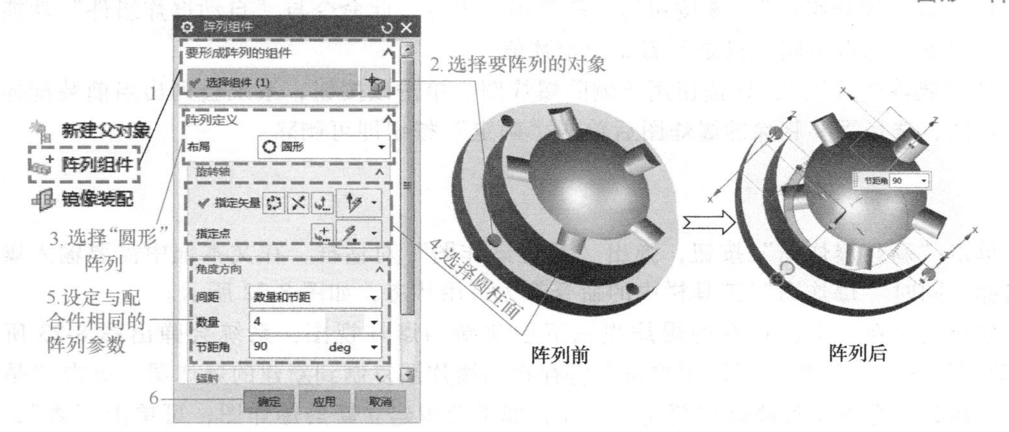

图 8-20　“圆形”阵列的操作过程

8.7 爆 炸 图

爆炸图是指在同一幅图中，把装配体的组件拆分开，使各组件之间分开一定的距离，便于观察装配体中的每个组件，清楚地反映装配体的结构。

8.7.1 “爆炸图”工具栏

“爆炸图”工具栏位于“装配”选项卡右下侧，如图8-21所示，也可以通过单击“菜单”→“装配”→“爆炸图”按钮调用相关命令。利用该工具栏可以进行创建、编辑爆炸图等操作。

图8-21 “爆炸图”工具栏

“爆炸图”工具栏中各按钮的功能说明如下：

1）“新建爆炸图”：该按钮用于创建爆炸图。如果当前显示的不是爆炸图，单击此按钮，系统弹出“创建爆炸图”对话框，输入爆炸图名称后单击“确定”按钮；如果当前显示的是一个爆炸图，单击此按钮，弹出的“创建爆炸图”对话框会询问是否将当前爆炸图复制到新的爆炸图中。

2）“编辑爆炸图”：该按钮用于编辑爆炸图中组件的位置。单击此按钮，系统弹出“编辑爆炸图”对话框，用户可以指定组件，然后自由移动该组件，或者设定移动的方式和距离。

3）“自动爆炸组件”：该按钮用于自动爆炸组件。利用此按钮可以指定一个或多个组件，使其按照设定的距离自动爆炸。单击此按钮，系统弹出“类选择”对话框，选择组件后单击“确定”按钮，提示用户指定组件间距，将按照默认的方向和设定的距离生成爆炸图。

4）“取消爆炸组件”：该按钮用于取消爆炸组件。此命令与“自动爆炸组件”功能刚好相反，但操作基本相同，只是不需要指定数值。

5）“删除爆炸图”：该按钮用于删除爆炸图。单击该按钮，系统会列出当前装配体的所有爆炸图，选择需要删除的爆炸图后单击“确定”按钮即可删除。

8.7.2 新建爆炸图

单击“新建爆炸图”按钮，弹出“新建爆炸图”对话框，在文本框中需要输入爆炸图的名称，同时“爆炸图”工具栏中的命令都为可用状态，如图8-22所示。

如果用户在一个已存在的爆炸视图下创建新的爆炸视图，系统会弹出图8-23所示的“新建爆炸图”对话框，提示用户是否将存在的爆炸图复制到新建的爆炸图，单击“是”按钮后，新建的爆炸图和原爆炸图完全一样；如果希望建立新的爆炸图，可单击“否”，也可切换到无爆炸视图，然后进行创建即可。无论单击“是”还是“否”按钮，都可以创建新

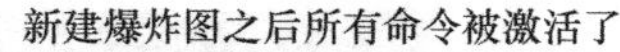

图 8-22 “新建爆炸图”对话框（一）

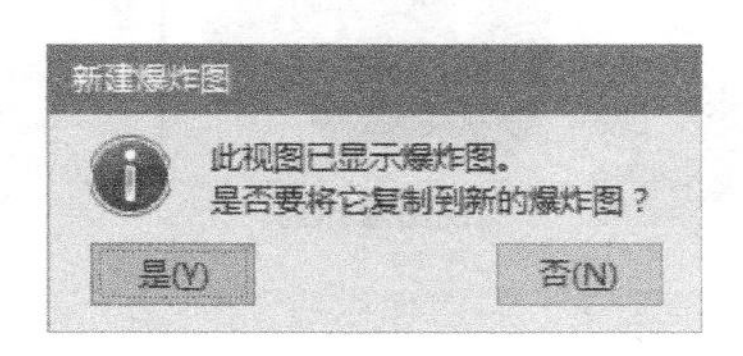

图 8-23 “新建爆炸图”对话框（二）

的爆炸图。

要删除爆炸图，可以单击“菜单”→“装配”→“爆炸图”→“删除爆炸图”按钮，系统会弹出图 8-24a 所示的“爆炸图”对话框。选择要删除的爆炸图，单击“确定”按钮即可。如果所要删除的爆炸图是当前正在使用的，系统会弹出图 8-24b 所示的“删除爆炸图”对话框，提示爆炸图无法删除，此时需要切换到另一个爆炸图后再删除。

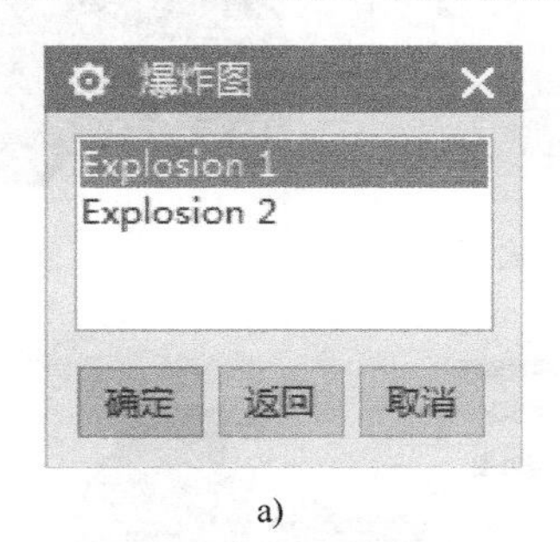

a)

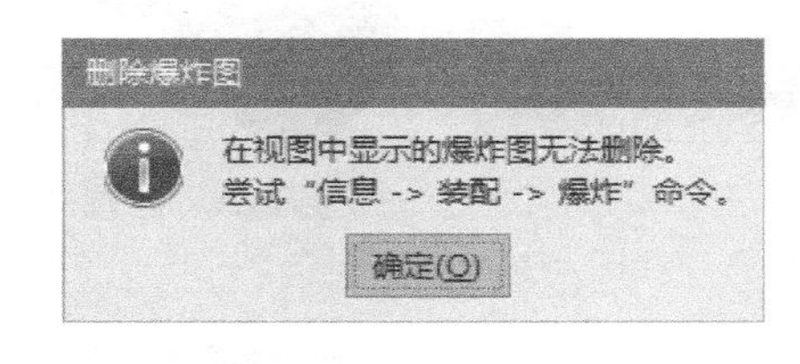

b)

图 8-24 “爆炸图”对话框

8.7.3　编辑爆炸图

8.7.3　编辑爆炸图

新建爆炸图后，视图窗口中并没有出现想要的爆炸图，这是因为此时只是进入了一个创建爆炸图的环境，至于视图的爆炸效果还需要进一步编辑。

（1）自动爆炸图　调用“自动爆炸组件”进行自动爆炸图的方法比较简单，只需要简单的操作便可完成爆炸图，但爆炸的效果不一定符合要求，具体操作过程如图 8-25 所示。

“自动爆炸组件”命令可以同时选择多个几何对象，也可对某一个对象进行爆炸，如果将整个装配体选中，可以直接获得整个装配体的爆炸图。也就是说，它既可以对装配体部分爆炸，也可以爆炸整个装配体。

（2）手动编辑爆炸图　当自动爆炸视图不符合要求时，可以手动编辑各部件的位置，系统会记住每一个部件的位置安排，待生成爆炸图后会按设定的位置摆放组件，从而产生爆

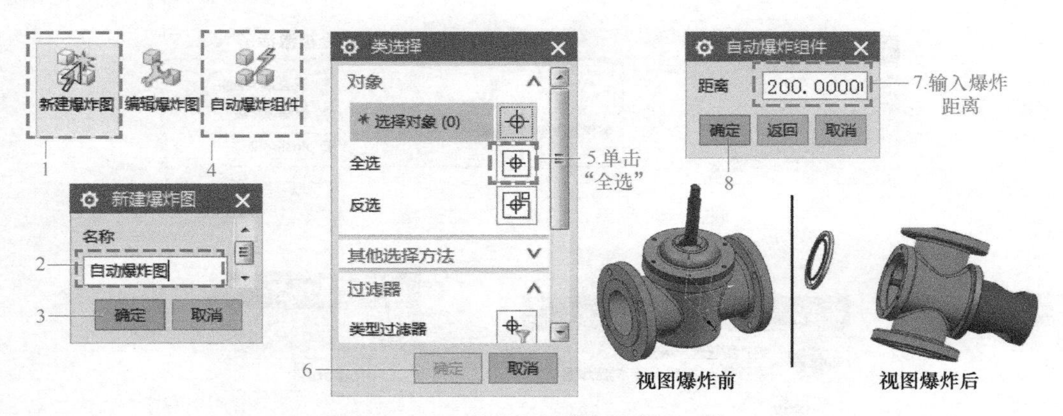

图 8-25 "自动爆炸组件"的操作过程

炸效果。下面通过图 8-26 和图 8-27 所示实例介绍操作步骤。

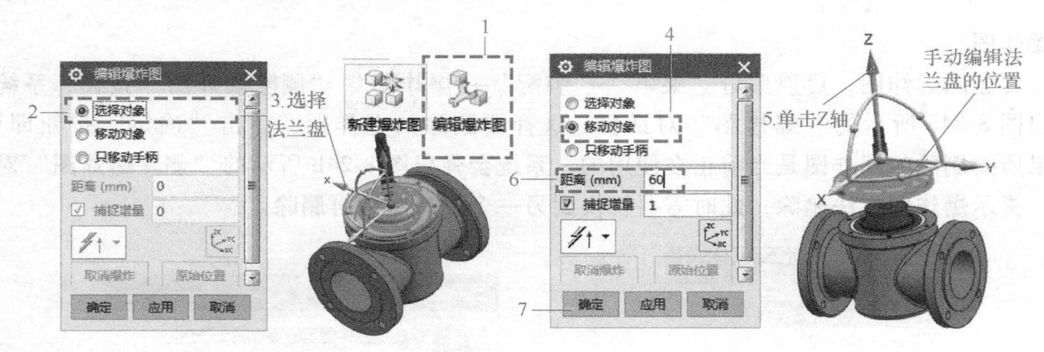

图 8-26 手动编辑一个部件的位置

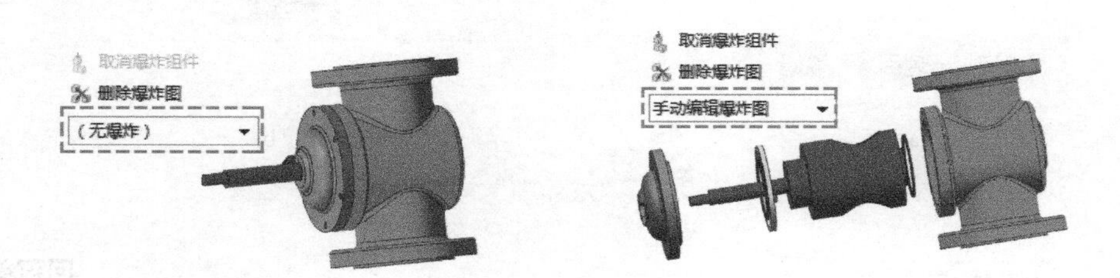

图 8-27 手动编辑后爆炸图中部件的新位置

信息补充站

"编辑爆炸图"对话框的几点说明

"编辑爆炸图"对话框（图 8-28）的操作存在先后顺序，各选项的说明如下：

1）"选择对象"选项用于定义需要手动编辑爆炸后位置的部件，可同时选择多个待编辑的部件。

2）选中"移动对象"选项后，按钮被激活。单击按钮，手柄被移到 WCS 位置。

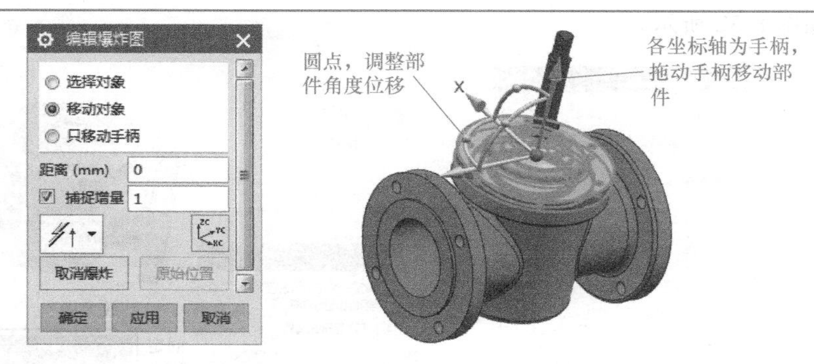

图 8-28 “编辑爆炸图”对话框

3）单击手柄箭头或圆点后，捕捉增量选项被激活，该选项用于设置手动拖动的最小距离，可以在文本框中输入数值。单击“取消爆炸”按钮，选中的组件移动到没有爆炸的位置。

4）单击手柄箭头后，选项被激活，可以指定部件爆炸的矢量方向。

8.8 装配综合实例

8.8 装配综合实例

本实例是完成阀门组件的装配过程，该组件包含阀盖、阀塞等5个部件，各部件之间存在接触、轴线对齐、嵌套等位置关系，需要用到软件中的“接触对齐”“固定”“对齐/锁定”等约束命令。通过本实例的练习，有助于读者掌握UG NX软件装配的一般操作过程，同时可帮助读者熟悉“装配约束”对话框中各选项的具体含义及其操作方法。

1. 知识目标

1）掌握构建合理的装配思路的方法。

2）掌握基础约束命令的选择和设置步骤。

3）掌握装配过程中适时显示与隐藏部分模型的方法。

2. 技能目标

通过一个实例装配，掌握完成简单模型装配体的技能，并能根据需求快速地动态调整装配方案。

3. 素质目标

1）培育学生爱岗敬业、立志成为国家所需高端技能人才的工作态度。

2）培养学生诚信待人、与人合作的团队协作精神。

3）培育学生敢于“坐冷板凳”、沉下心来刻苦钻研突破被“卡脖子”技术的精神。

4. 实施过程

步骤1：导入阀体并添加固定约束，操作过程如图8-29所示。

步骤2：导入阀塞并调整其位置后添加“对齐”约束，导入阀塞的方法与步骤1相同，在此不再赘述，其余操作过程如图8-30所示。

步骤3：导入密封环一，隐藏阀体，调整密封环一的位置后添加“对齐”约束，操作过程如图 8-31 和图 8-32 所示。

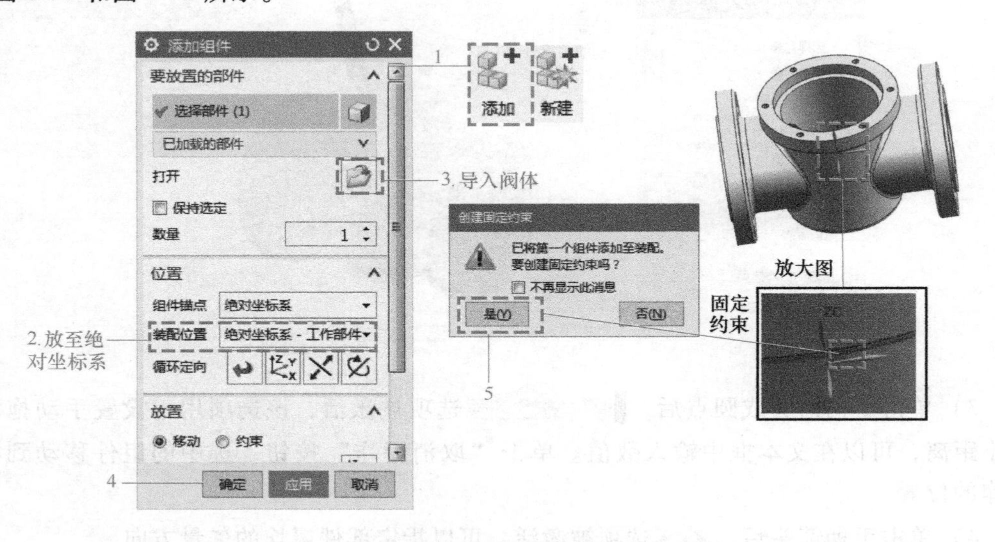

图 8-29 导入阀体并添加固定约束操作过程

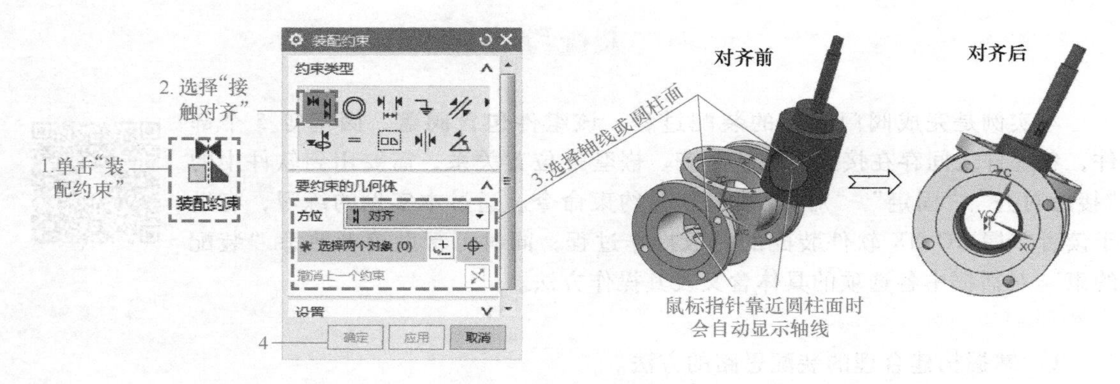

图 8-30 导入阀塞并添加"对齐"约束操作过程

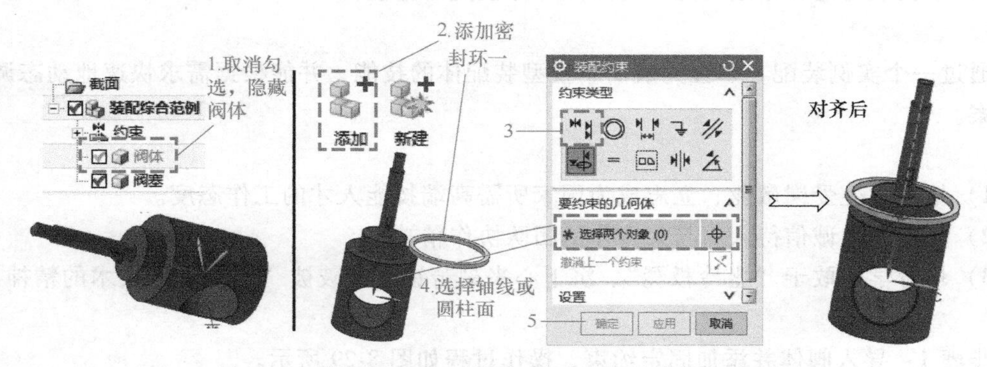

图 8-31 导入密封环一并添加"对齐"约束操作过程

步骤 4：导入密封环二并调整其位置，首先对齐密封环二和阀塞的轴线，然后使密封环二的底面与阀塞的顶面接触，具体操作过程如图 8-33 和图 8-34 所示。

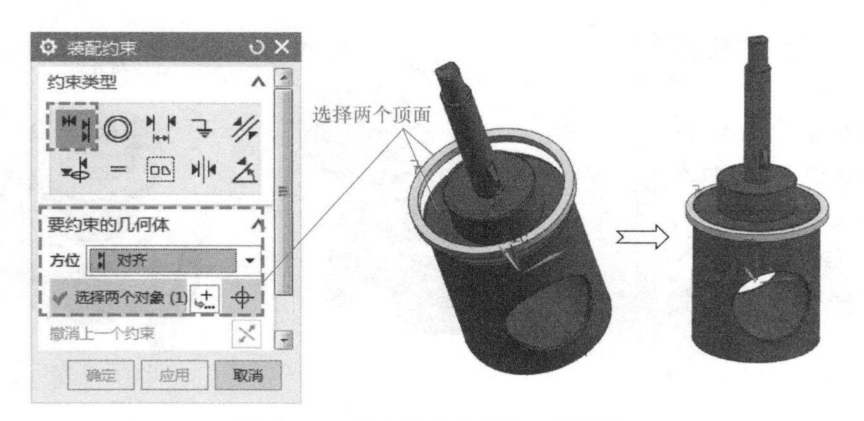

图 8-32　对齐阀塞与密封环一的顶面

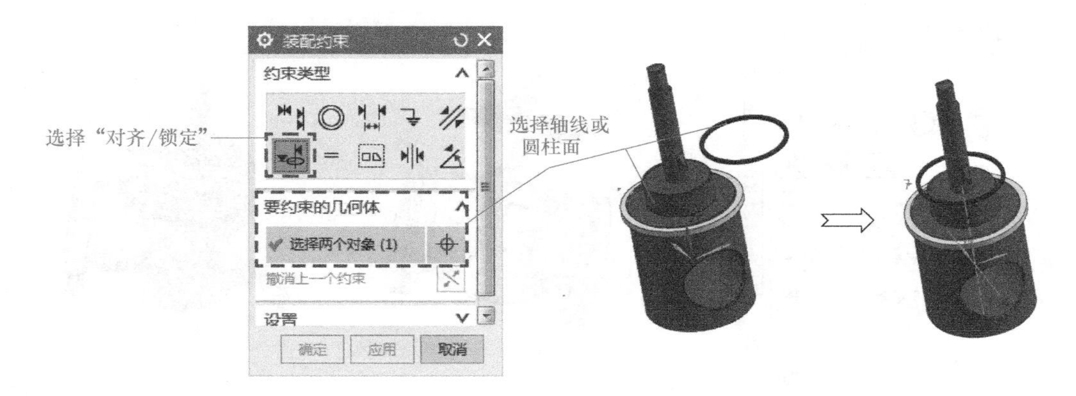

图 8-33　“对齐/锁定”约束阀塞与密封环二的轴线

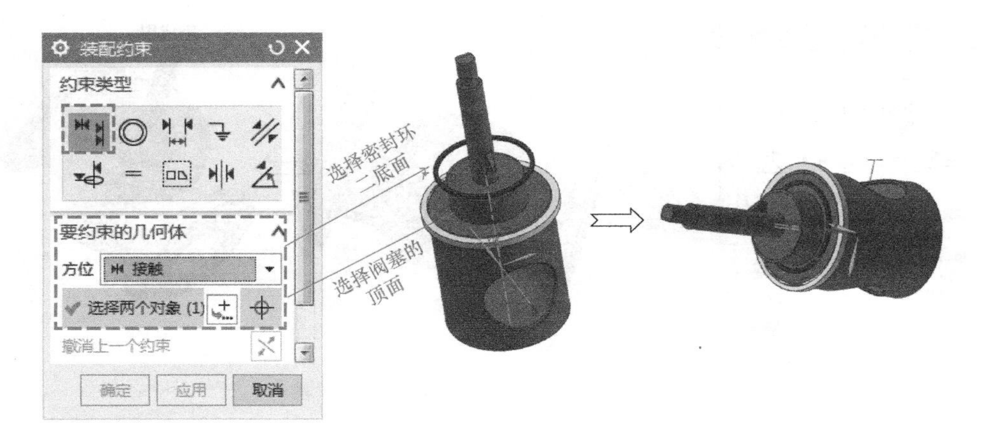

图 8-34　“接触”约束阀塞顶面与密封环二的底面

步骤 5：显示阀体，导入阀盖并调整其位置。首先对齐阀盖与阀体的轴线，然后让阀盖的底面与阀体的顶面接触，再选择阀盖上合适的螺钉孔轴线与阀体上的螺钉孔轴线对齐，保证阀盖与阀塞的转杆互不干涉，完成本实例的所有装配，具体操作过程如图 8-35～图 8-37 所示。

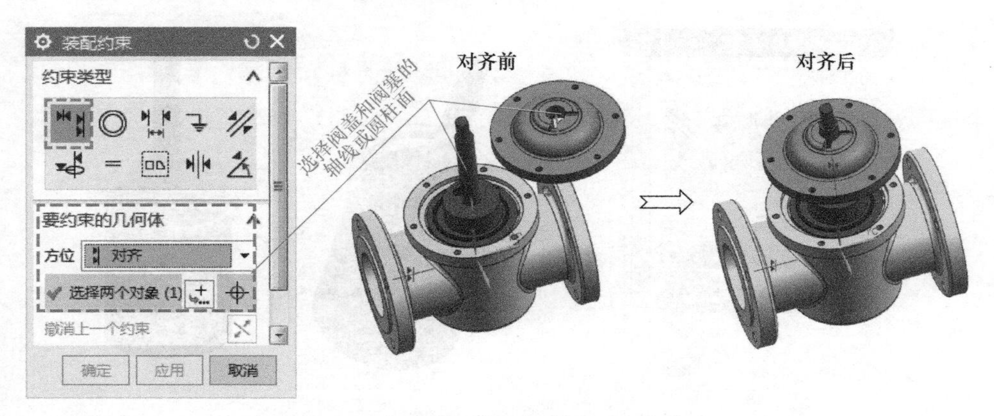

图 8-35 “对齐”约束阀塞与阀盖的轴线

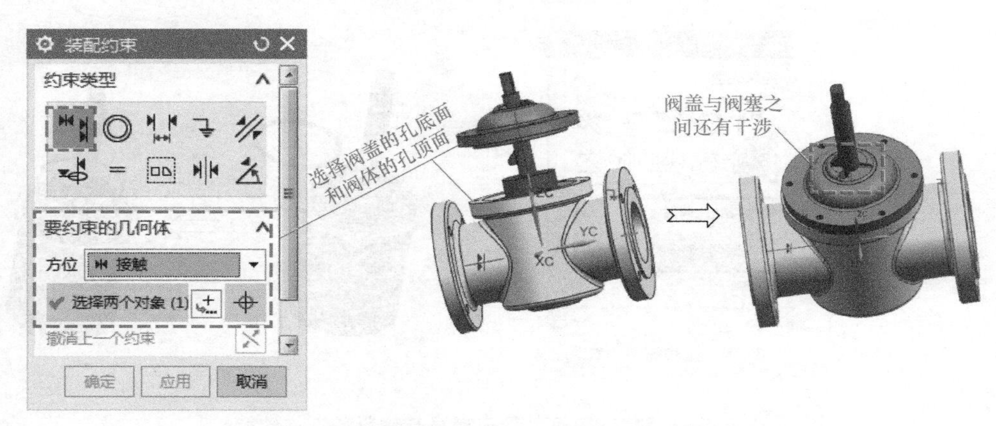

图 8-36 “接触”约束阀盖安装底面与阀体的安装顶面

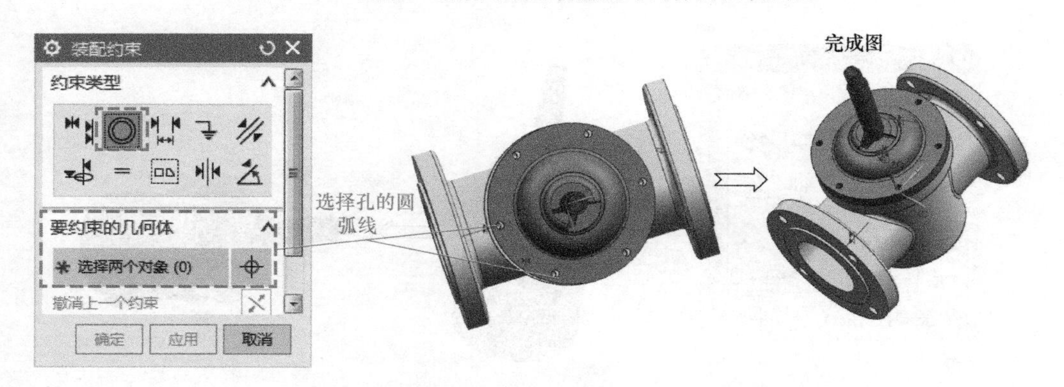

图 8-37 “同心”约束阀盖与阀体的安装孔

8.9 多截面动态剖

8.9 多截面动态剖

UG NX12.0 软件增强了动态剖切功能，可以通过模型导航工具来定义和显示所控制的多个截面，还能弹出一个包括网格显示的独立“2D 截面查看器”窗口，可以在绘图区清楚地看到模型的内部几何结构。下面以图 8-38 所示内容为例介绍多截面动态剖的一般过程。调用命令的路径为单击 “菜单”→“视图”→“截面”→“新建截面” 按钮。

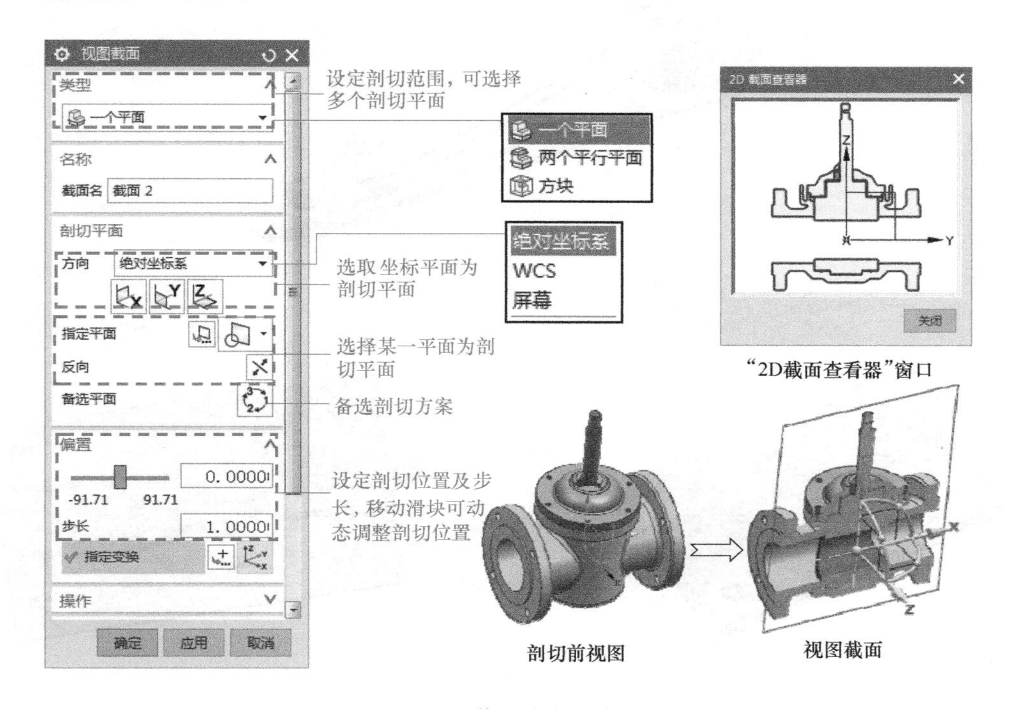

图 8-38　多截面动态剖的操作

习　　题

1. 请根据提供的零部件完成图 8-39 所示的模型装配。

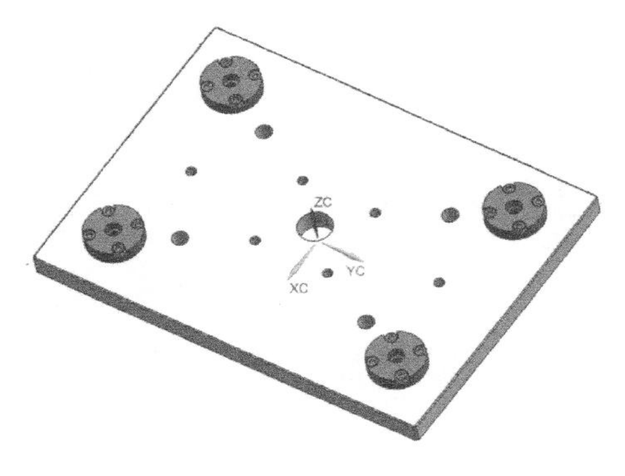

图 8-39　题图 1

2. 请根据提供的零部件完成图 8-40 所示的模型装配，要求各部件间的约束关系正确。

3. 请根据提供的零部件完成图 8-41 所示的模型装配，要求各部件间的约束关系正确，并创建爆炸图。

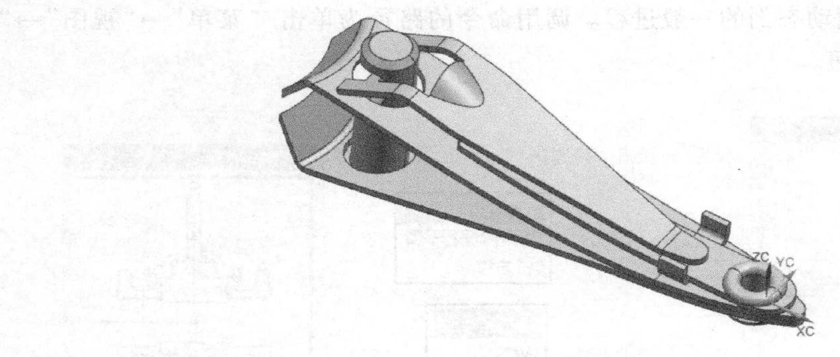

图 8-40　题图 2

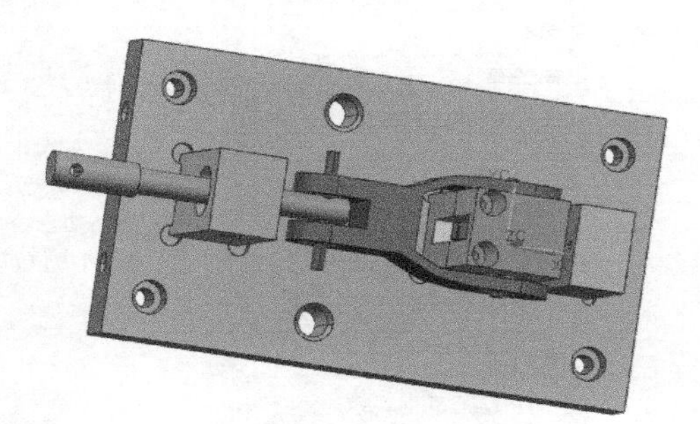

图 8-41　题图 3

第9章 基础建模应用实例

前面已经学习了 UG NX 软件三维建模的基本操作，本章将通过一些常见工程实例来介绍零件的建模过程和工程图的制作过程，以加深对各项命令操作的理解，同时培养识图和合理构建建模思路的能力。

9.1 实例一 带柄杯体的建模与工程图设计

本实例介绍带柄杯体的建模及其工程图样制作的操作过程，该产品的结构较为简单，建模过程简洁，思路清晰易懂，目的在于让读者初步体验产品建模的完整过程。

9.1.1 学习目标

1. 知识目标

1）掌握直线、圆角、修剪等命令的使用方法。

2）熟悉旋转、扫掠、边倒圆、抽壳等实体建模命令的操作过程。

3）熟悉添加基本视图、剖视图、局部放大图、移出断面图等的方法。

2. 技能目标

1）掌握基本图形绘制命令的使用方法。

2）具备使用基础实体建模命令完成简单模型创建的能力。

3）能添加模型基本视图、剖视图、局部放大图、移出断面图等。

3. 素质目标

1）培养学生认真细致、坚韧不拔、不断探索的做事态度。

2）培养学生的安全、质量、效率和环保意识。

3）培养学生良好的工作责任心和职业道德。

9.1.2 建模思路分析

9.1.2 带柄杯体的建模思路分析

本实例的建模案例为带柄杯体。杯子的主体为回转体，因此适合采用“旋转”命令完成；杯子的内部为空心，适合采用“抽壳”命令完成；杯柄建模难度稍大，宜先把柄部的轮廓线和截面线绘出，然后调用“扫掠”命令，具体的建模思路如图 9-1 所示。

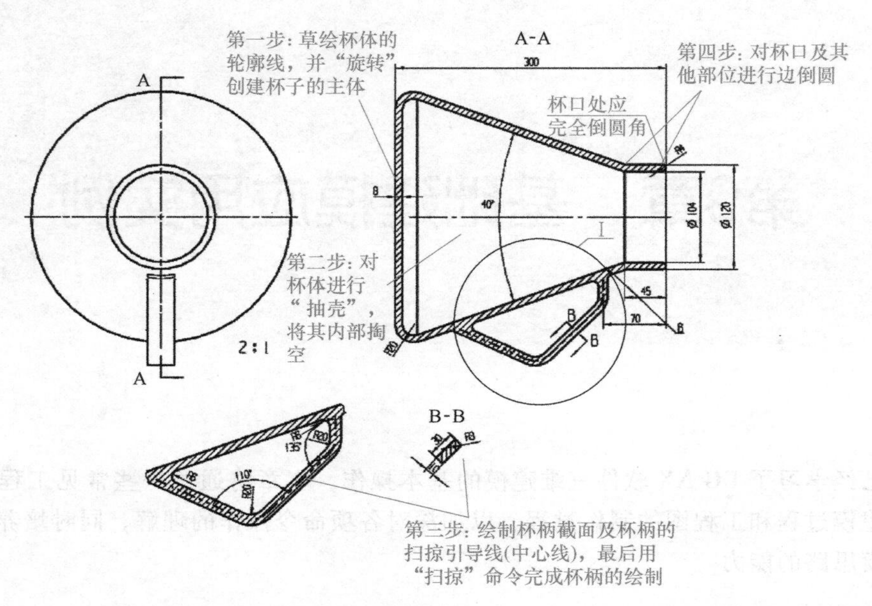

图 9-1　带柄杯体的建模思路

9.1.3　带柄杯体的建模过程

9.1.3　建模过程

依据上述建模思路，下面介绍每一步的详细操作。

步骤 1：启动软件，新建模型，完成基础设置，如图 9-2 所示。

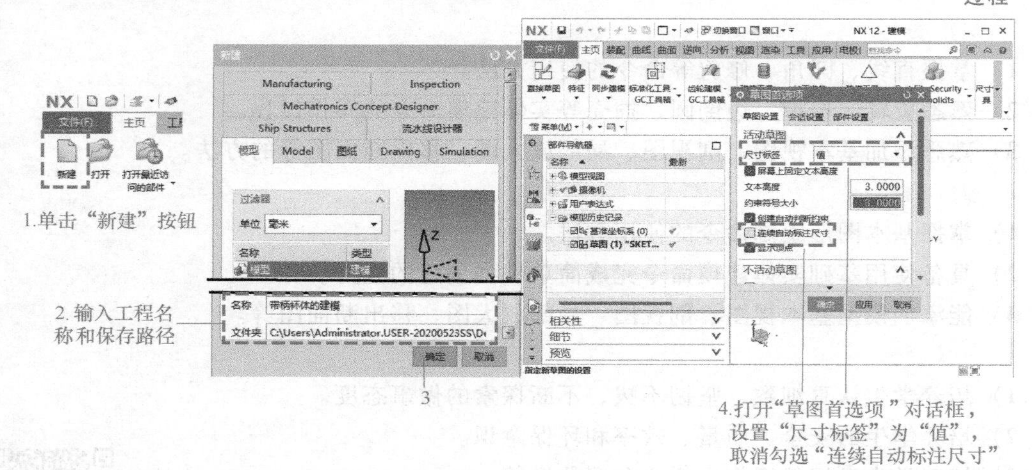

图 9-2　新建模型并完成基础设置

步骤 2：草绘杯体的轮廓线，并用"旋转"命令创建杯子的主体，如图 9-3 所示。

步骤 3：使用"抽壳"命令对杯子的主体进行抽壳，如图 9-4 所示。

步骤 4：参照工程图的尺寸参数绘制杯柄轮廓线和剖切线，使用"扫掠""复制面"和"修剪体"等命令完成杯柄的创建，如图 9-5 所示。

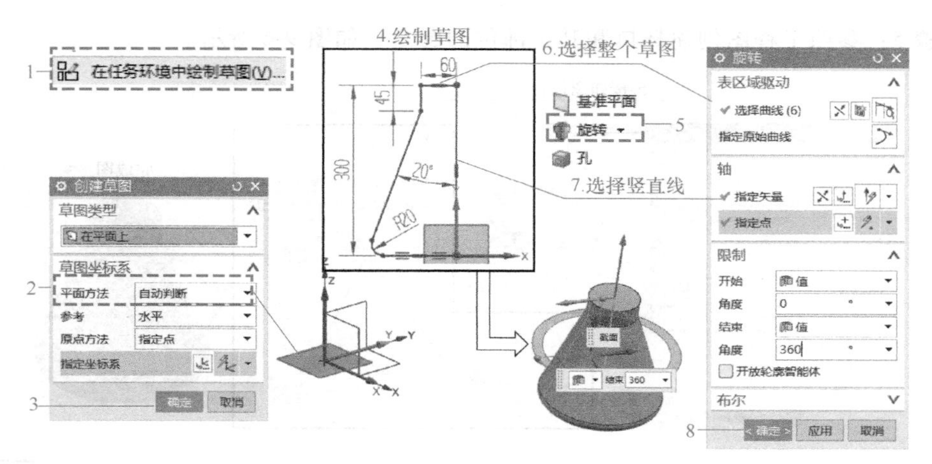

图 9-3 创建杯子主体

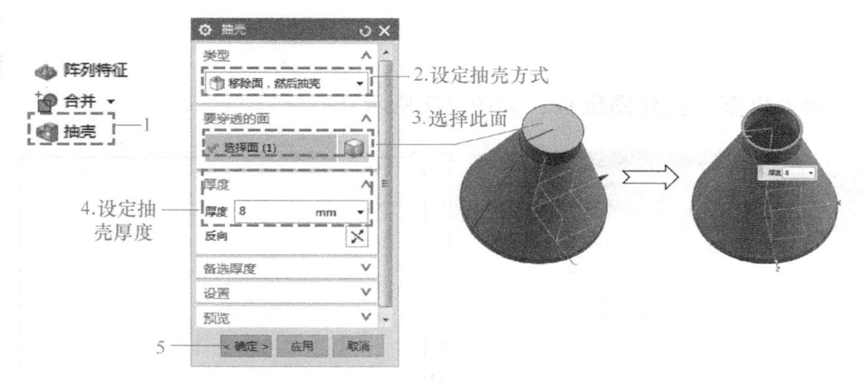

图 9-4 完成杯子主体抽壳

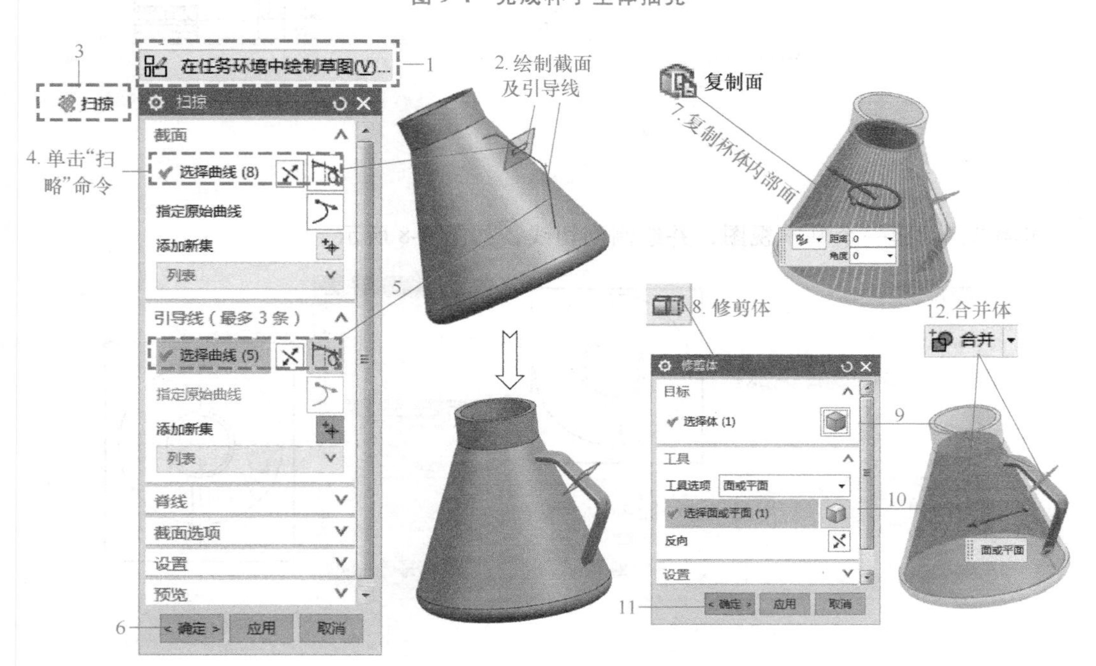

图 9-5 杯柄的创建

步骤5：参照工程图创建杯口和其余部位的圆角，如图9-6所示。

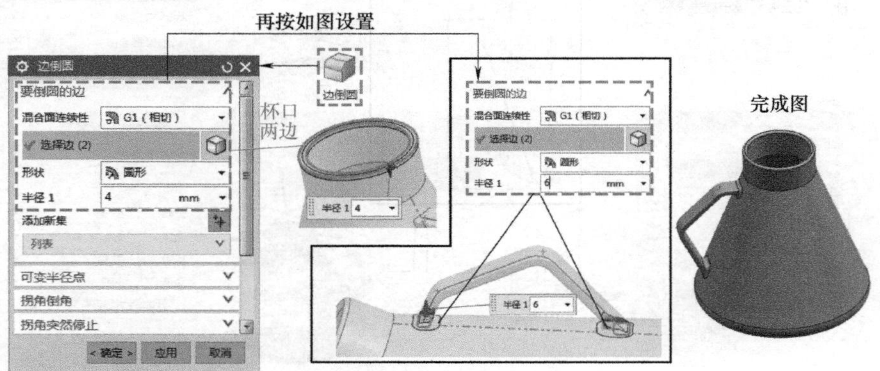

图 9-6　完成边倒圆

9.1.4　工程图设计

9.1.4　带柄杯体的工程图设计

步骤1：调入模型，新建图纸页，如图9-7所示。

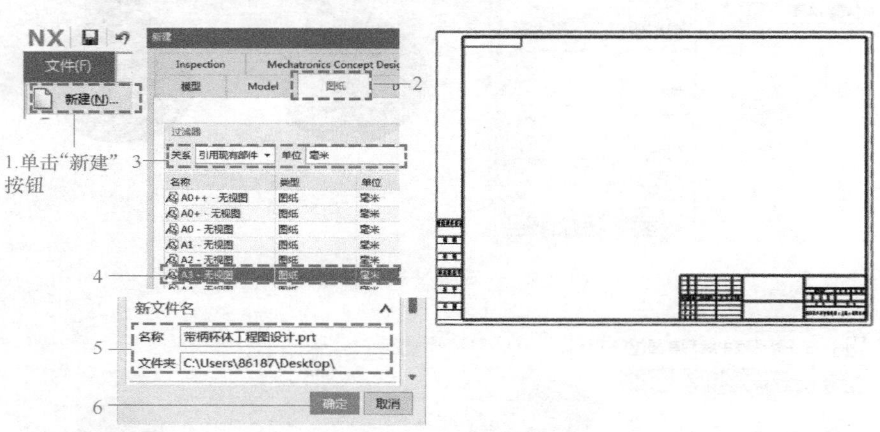

图 9-7　新建图纸页

步骤2：创建一个基本视图，并绘制剖切线，如图9-8所示。

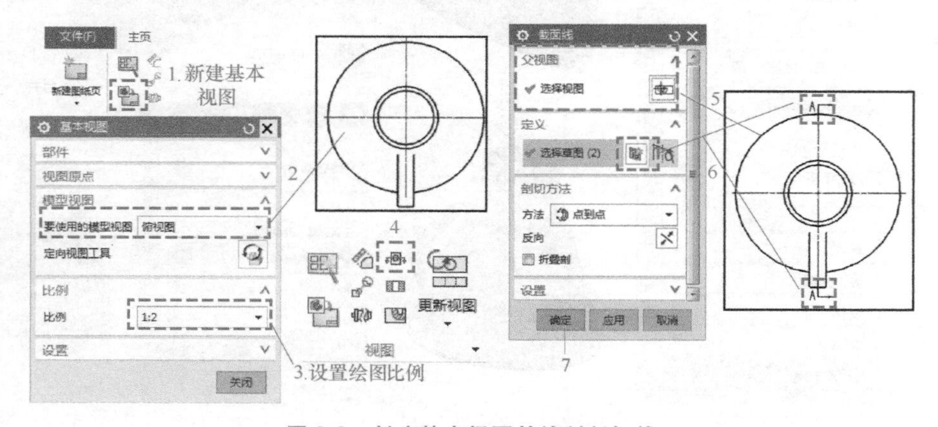

图 9-8　创建基本视图并绘制剖切线

步骤 3：创建基本视图的全剖视图，如图 9-9 所示。

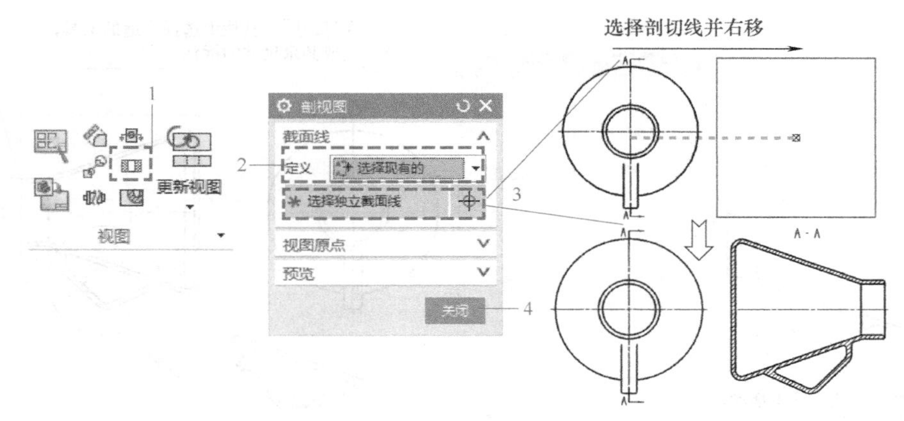

图 9-9　创建基本视图的全剖视图

步骤 4：创建杯柄的局部放大图，如图 9-10 所示。

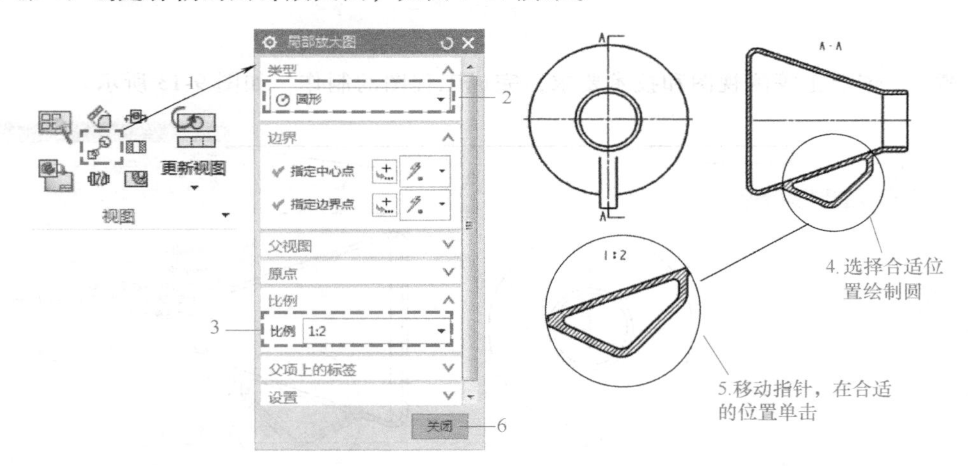

图 9-10　创建杯柄的局部放大图

步骤 5：创建杯柄的移出断面图，如图 9-11 所示。

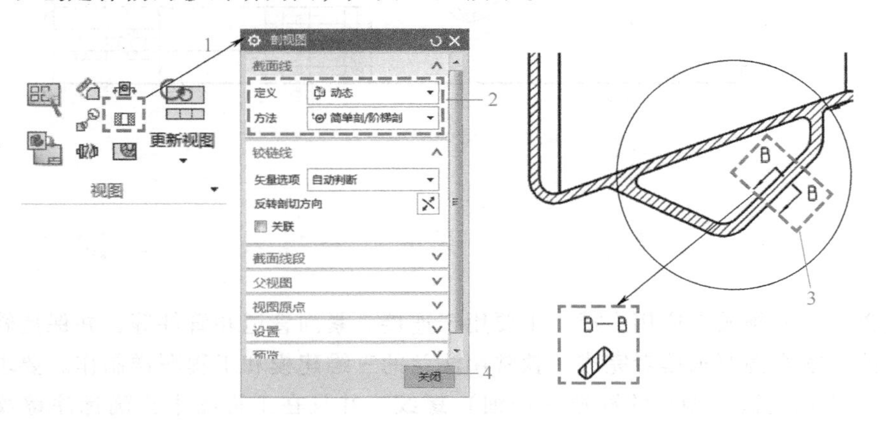

图 9-11　创建杯柄的移出断面图

步骤 6：创建各视图的尺寸和文字标注，如图 9-12 所示。

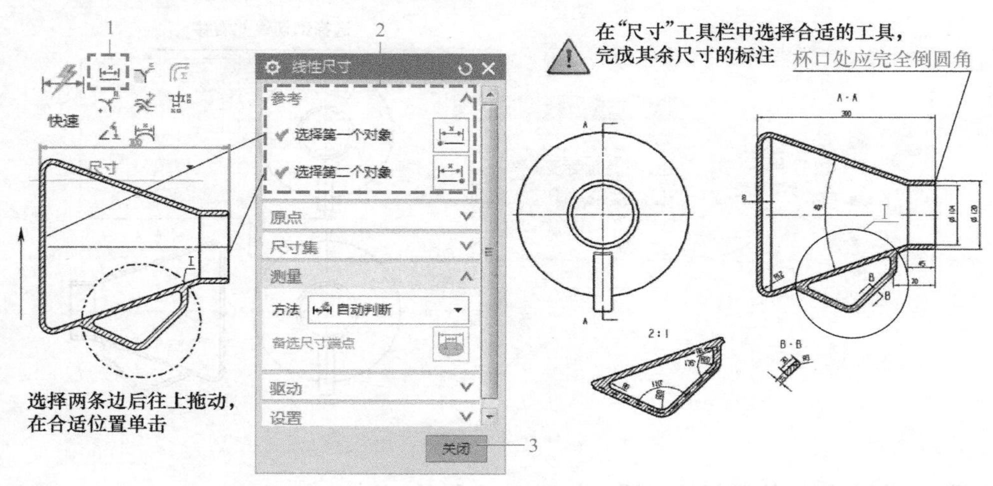

图 9-12　创建各视图的尺寸和文字标注

步骤 7：创建正等测视图和技术要求，完成工程图的制作，如图 9-13 所示。

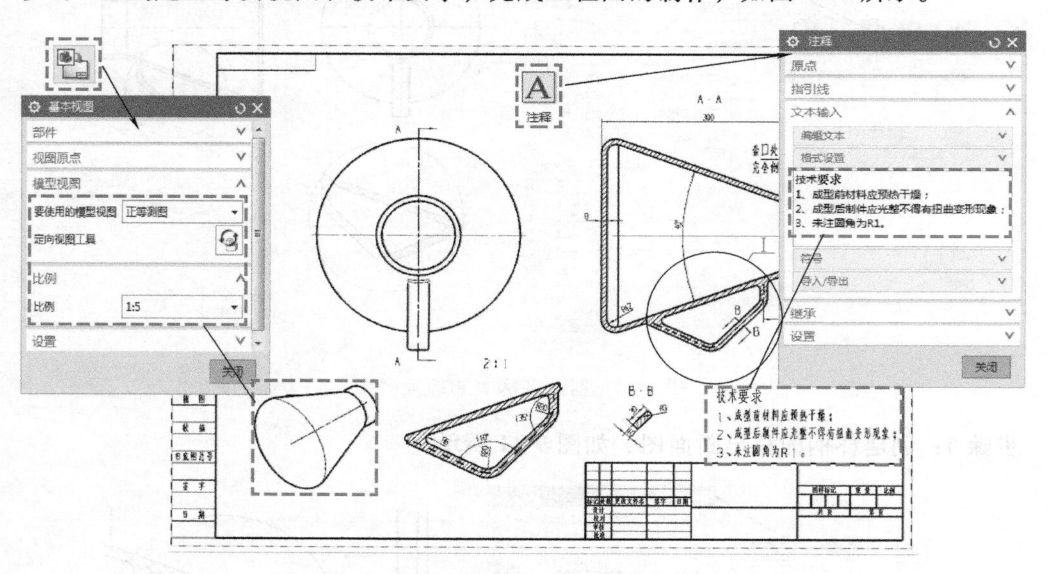

图 9-13　创建正等测视图和技术要求

9.2　实例二　法兰盘的建模与工程图设计

法兰盘在工业领域中应用广泛，主要用于连接、紧固管道和管件等，并保持管道和管件的密封性能。本实例要求读者完成一款常用法兰的三维建模和工程图样制作。要求读者能在 UG NX 软件中构建法兰端部的符号（详细）螺纹，并且在工程图中正确标注螺纹特征，正确运用软件中的拉伸、旋转、孔命令。

9.2.1　学习目标

1. 知识目标

1）掌握直线、圆、参考要素、尺寸标注、修剪等命令的使用方法。

2）熟悉旋转、孔、倒斜角、螺纹等命令的操作方法。

3）掌握创建基本视图、剖视图、局部放大图、分度线等的操作步骤。

2. 技能目标

1）具有参考线、尺寸标注、曲线修剪等命令的使用能力。

2）能给实体模型添加孔、螺纹特征。

3）能科学、合理地制作简单模型的工程图样。

3. 素质目标

1）培养学生的工匠精神、科学家精神和良好的职业素养。

2）培养学生良好的沟通能力和团队协作精神。

3）强化学生的环保与质量意识，养成善于分析、不断进取、规范操作的良好习惯。

9.2.2　建模思路分析

9.2.2　法兰盘的建模思路分析

本实例建模案例为法兰盘。法兰盘的主体为回转体，因此适合采取“旋转”命令创建；法兰盘的内部为空心，可采用“旋转”命令+布尔求差运算将其掏空；法兰盘底部的8个通孔可用“孔”命令创建，也可草绘后拉伸去除材料；端部的螺纹特征可用“螺纹”命令创建，具体建模思路如图9-14所示。

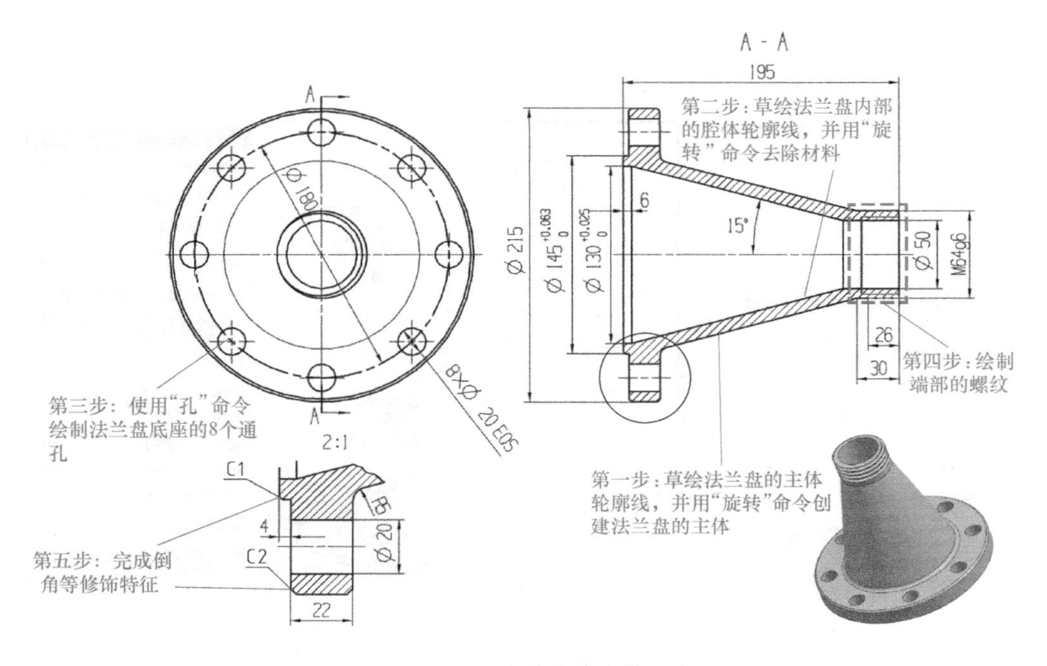

图9-14　法兰盘的具体建模思路

9.2.3 建模过程

9.2.3 法兰盘的建模过程

依据建模思路，下面介绍每一步的详细操作。

步骤1：启动软件，新建模型，完成基础设置，如图9-15所示。

步骤2：草绘法兰盘的轮廓线，并用“旋转”命令创建法兰盘的主体，如图9-16所示。

步骤3：草绘法兰盘内部的腔体轮廓线，并用“旋转”命令去除法兰盘主体的内部材料，如图9-17所示。

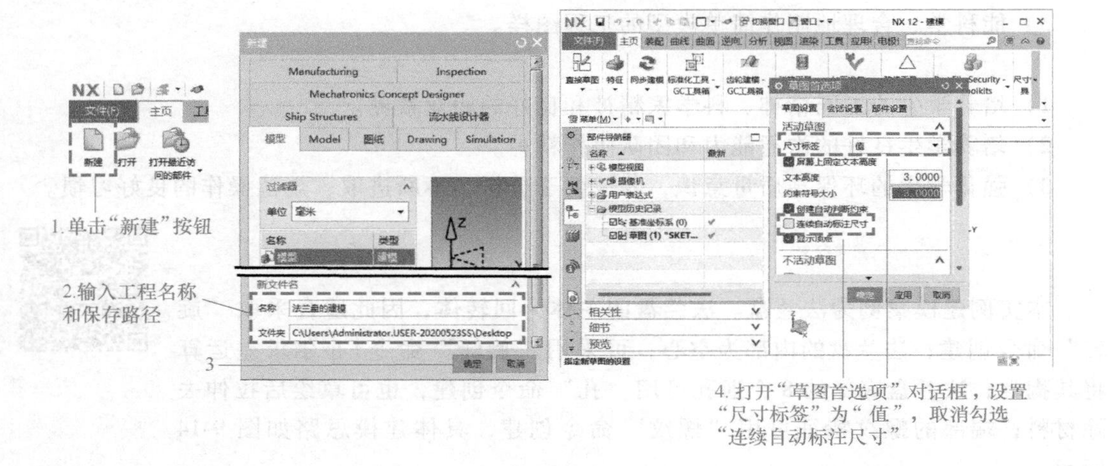

图9-15 新建模型并完成基础设置

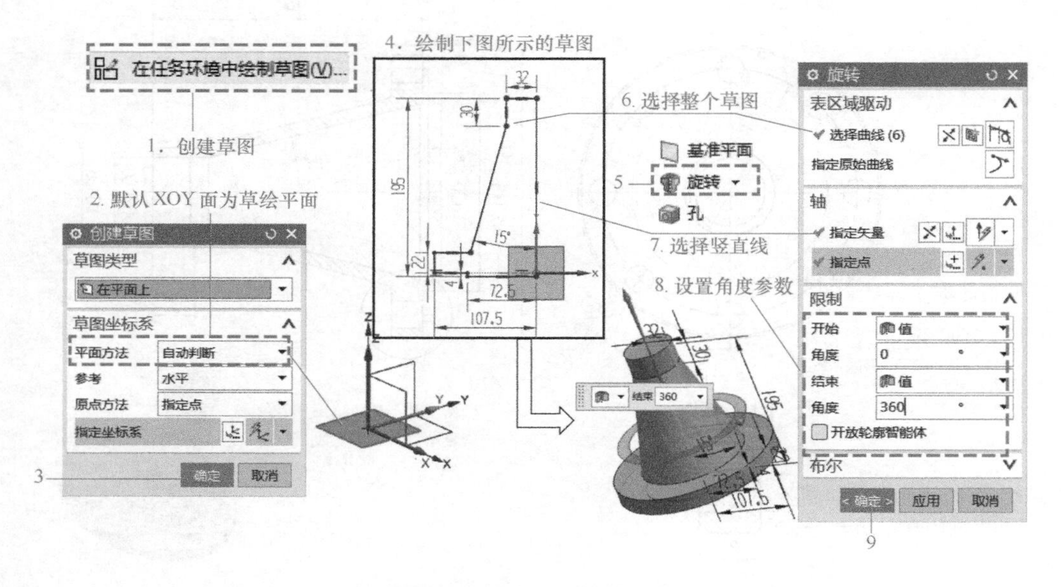

图9-16 创建法兰盘的主体

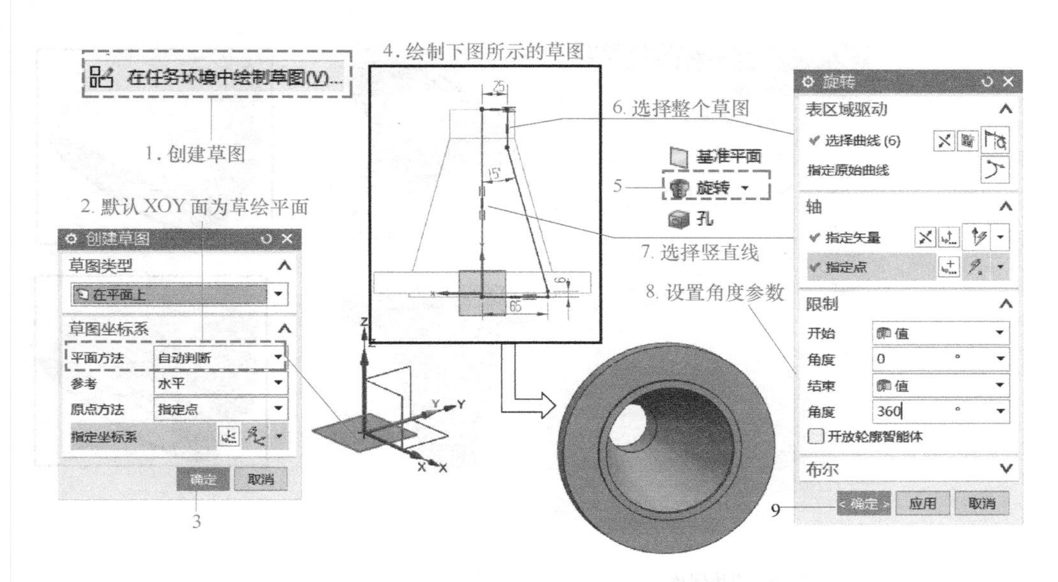

图 9-17　去除法兰盘主体的内部材料

步骤 4：使用“孔”命令绘制法兰盘底座的 8 个通孔，如图 9-18 所示。

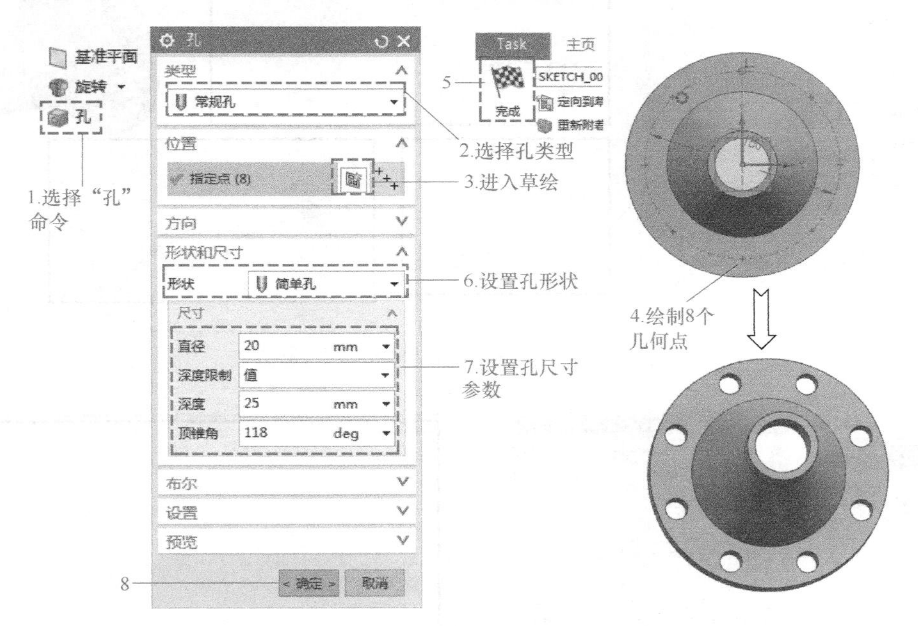

图 9-18　绘制法兰盘底座的 8 个通孔

步骤 5：绘制法兰盘端部的螺纹，如图 9-19 所示。

步骤 6：创建倒斜角等修饰特征，如图 9-20 所示。

9.2.4　法兰盘的工程图设计

9.2.4　工程图设计

步骤 1：新建图纸页，调入标题栏，如图 9-21 所示。

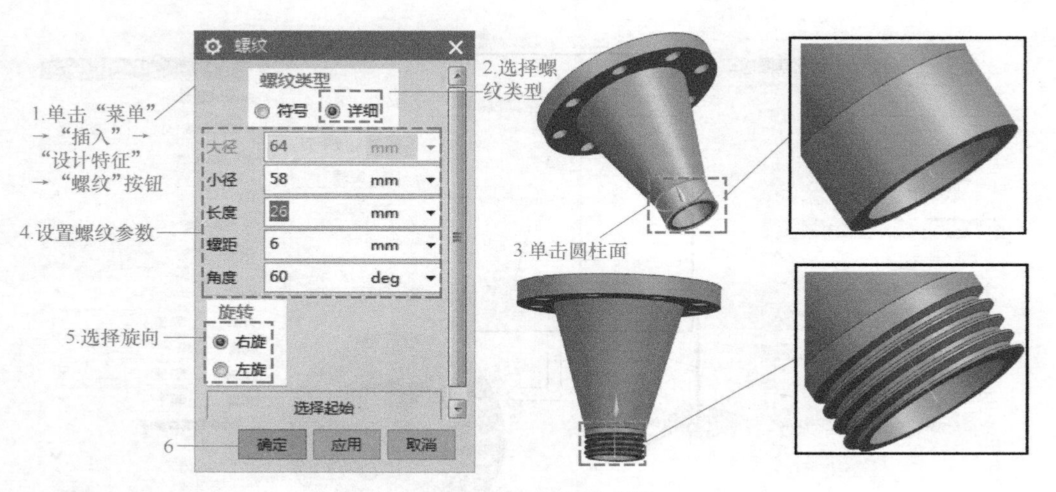

图 9-19　绘制端部的螺纹

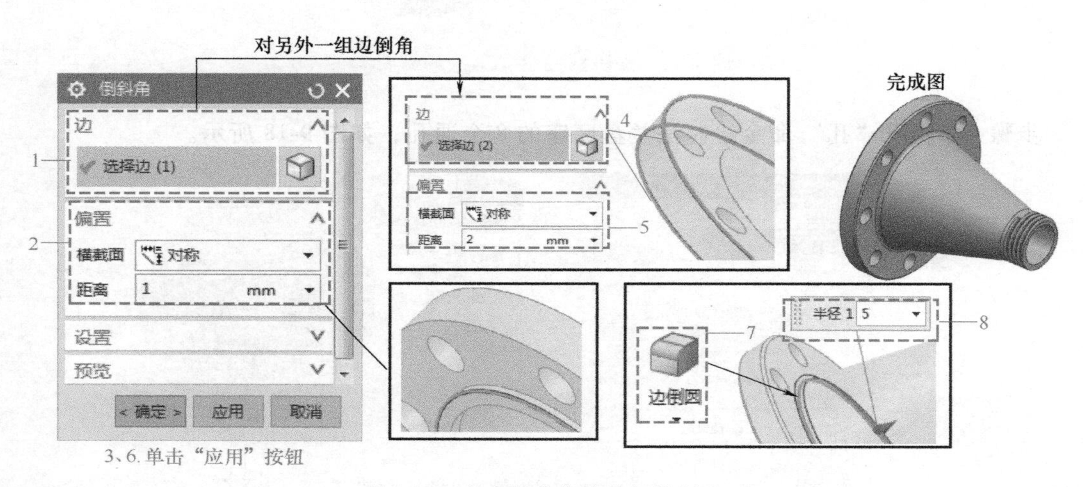

图 9-20　完成细节修饰特征的创建

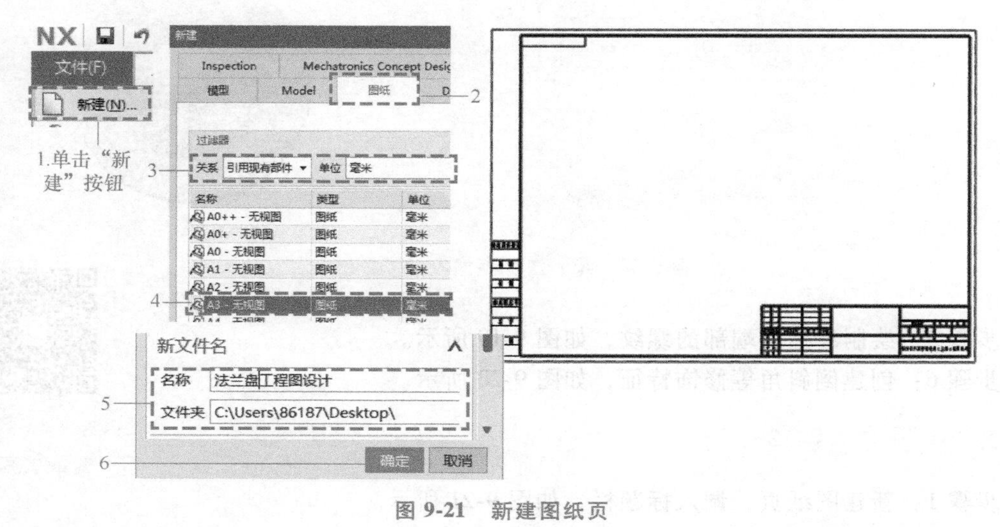

图 9-21　新建图纸页

步骤 2：创建一个基本视图，并绘制剖切线，如图 9-22 所示。

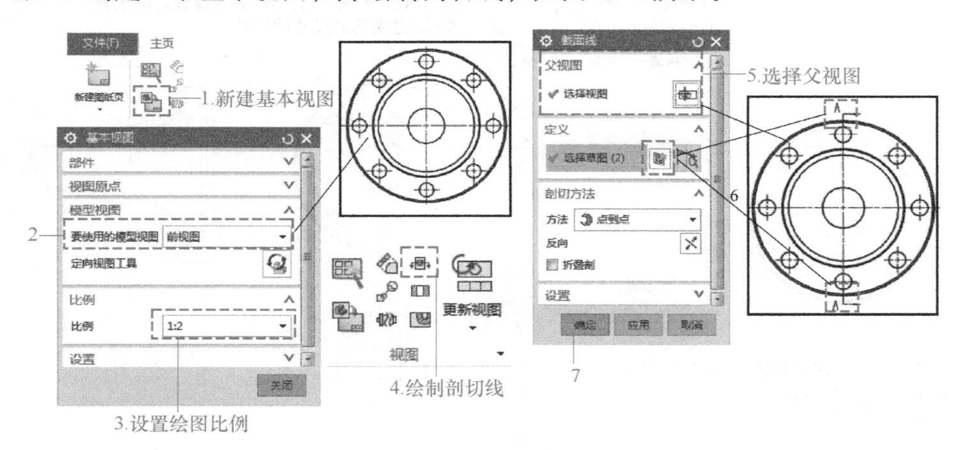

图 9-22　创建基本视图并绘制剖切线

步骤 3：创建基本视图的全剖视图，如图 9-23 所示。

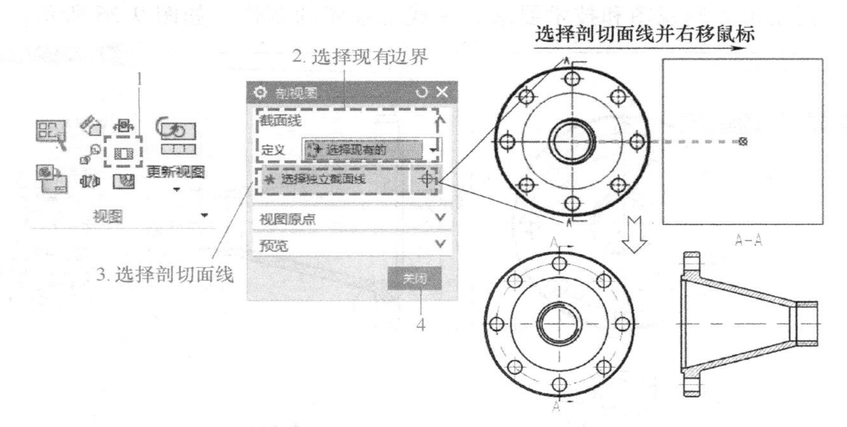

图 9-23　创建基本视图的全剖视图

步骤 4：创建法兰盘底部的局部放大图，如图 9-24 所示。

步骤 5：创建各视图的尺寸、极限偏差和文字标注，如图 9-25 所示。

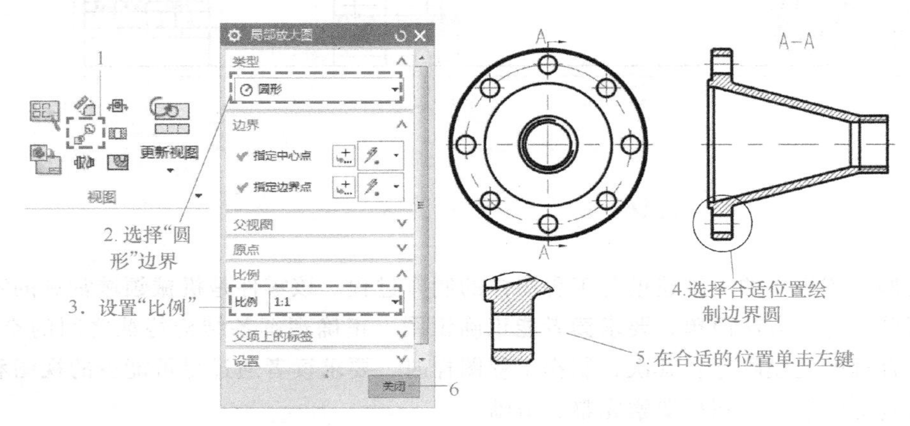

图 9-24　创建法兰盘底部的局部放大图

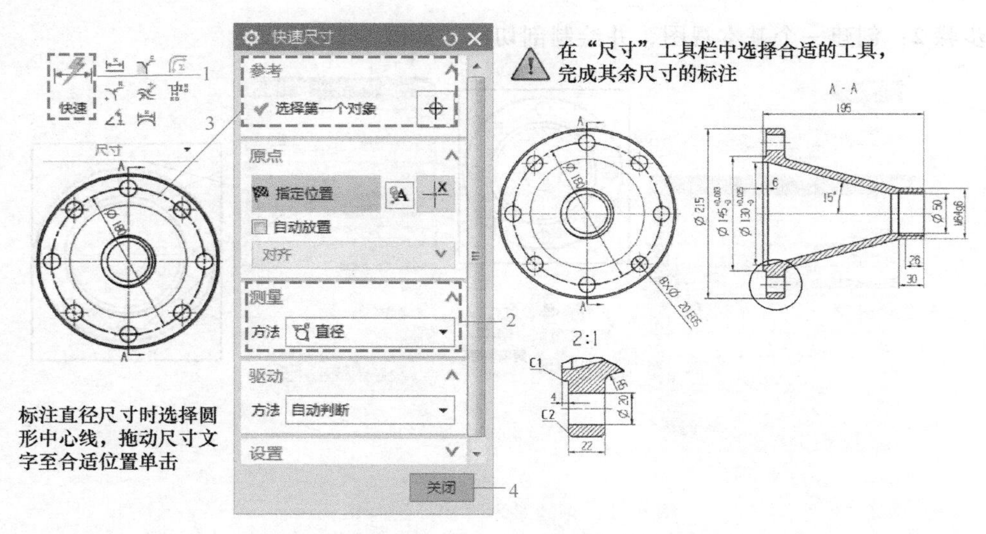

图 9-25　创建各视图的尺寸、极限偏差和文字标注

步骤 6：创建正等测视图和技术要求，完成工程图的制作，如图 9-26 所示。

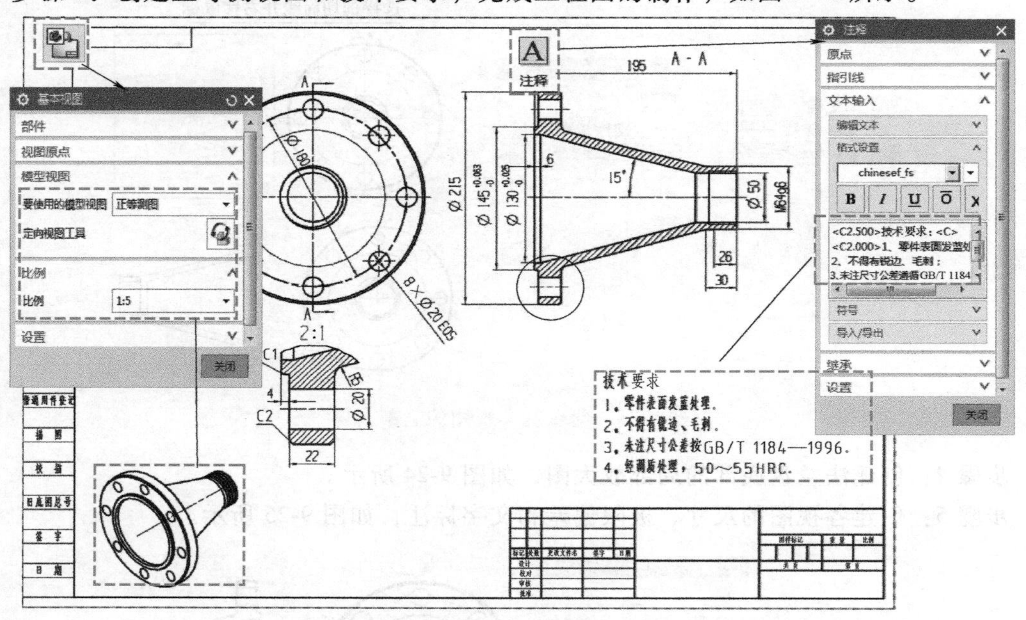

图 9-26　创建正等测视图和技术要求

9.3　实例三　机座的建模与工程图设计

本实例介绍机座的三维建模与工程图样的制作过程。该零件是机械领域常见的零件，结构特征简单，造型方法简单，要求读者能正确识图，正确理解各结构特征之间的空间关系，从而构建合理的建模顺序；其次，制作工程图样时，要求读者通过尽可能少的视图和标注表达零件的制造信息，且图样要素完整、清晰。

9.3.1　学习目标

1. 知识目标

1）熟悉各项草图命令，能够快速准确地标注尺寸。

2）掌握旋转、孔、倒斜角等实体建模命令。

3）掌握基本视图、剖视图、向视图等命令的操作方法。

2. 技能目标

1）具有熟练使用各项草图命令、三维建模命令的能力。

2）能根据零件的结构特点构建合理的建模思路。

3）能科学、合理地制作简单模型的工程图样。

3. 素质目标

1）培养学生自立自强、攻坚克难、锐意拼搏的进取精神。

2）培养学生合作共赢、博采众长的做事态度。

3）培养学生独立学习新知识、新技能的能力。

9.3.2　建模思路分析

9.3.2　机座的建模思路分析

本实例建模案例为机座。机座为箱体类零件，没有复杂的结构特征，建模方法以拉伸为主。本次建模的难点在于需要正确识图，弄清楚零件特征的方位；还要对建模过程有一个合理的规划，因为建模方法相同的情况下，不同的建模顺序也会得到不同的建模效果；对操作者的草绘能力也有一定要求。机座的建模思路如图 9-27 所示。

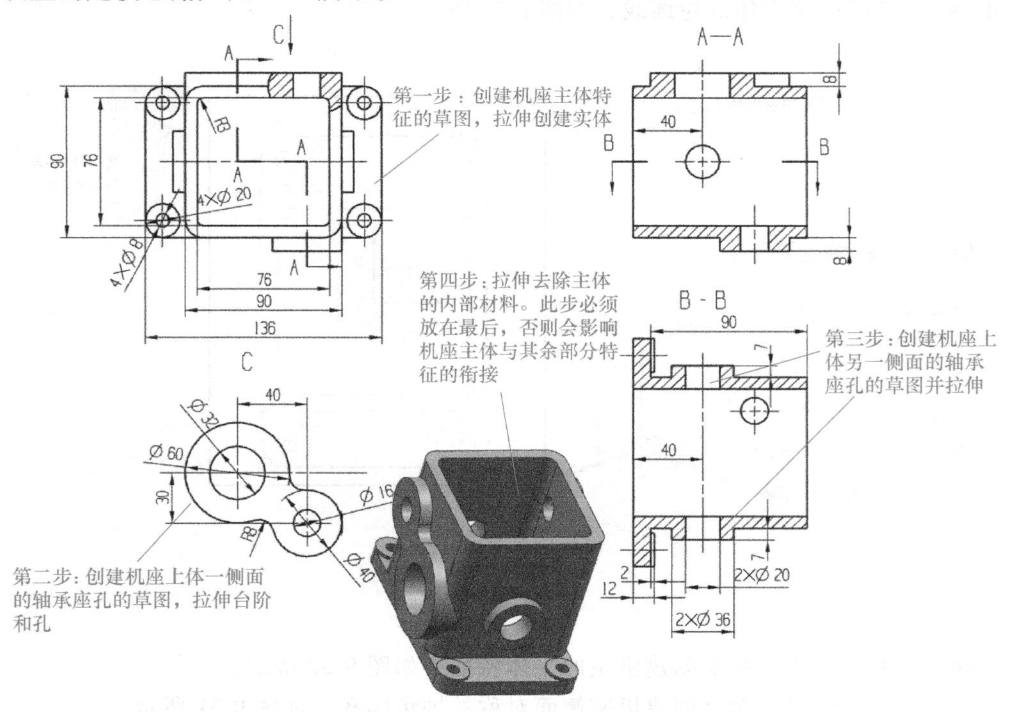

图 9-27　机座的建模思路

9.3.3　建模过程

9.3.3　机座的建模过程

依据建模思路，介绍每一步的详细操作。

步骤 1：启动软件，新建模型，完成基础设置，如图 9-28 所示。

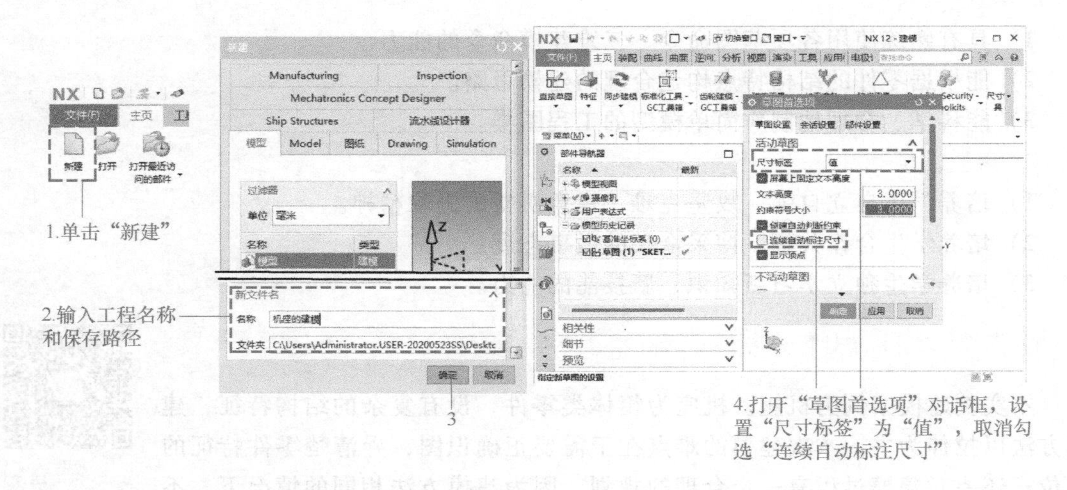

图 9-28　新建模型并完成基础设置

步骤 2：草绘机座主体的轮廓线，如图 9-29 所示。

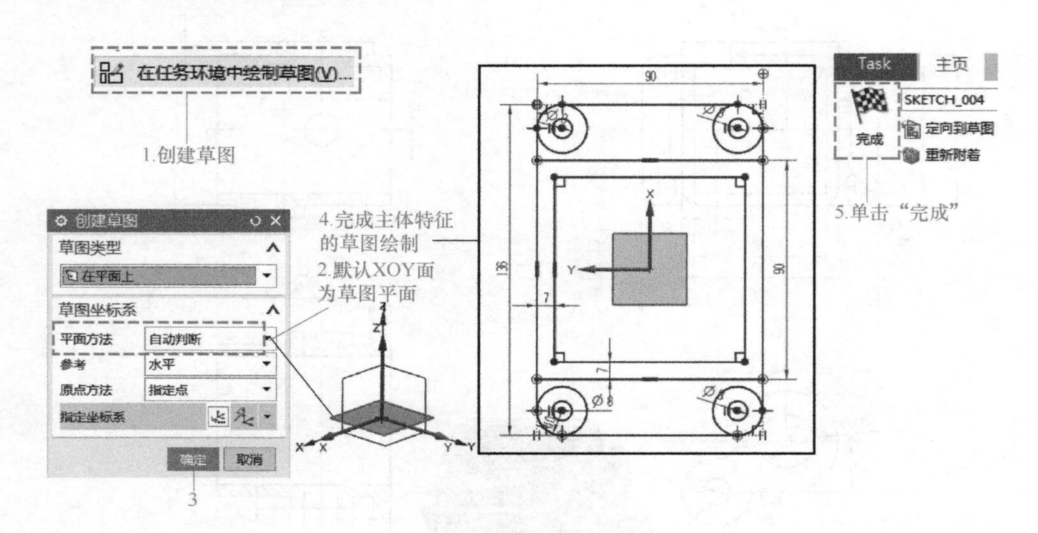

图 9-29　草绘机座主体的轮廓线

步骤 3：用“拉伸”命令创建机座的主体特征，如图 9-30 所示。

步骤 4：用“拉伸”命令创建机座侧面对称的轴承座孔，如图 9-31 所示。

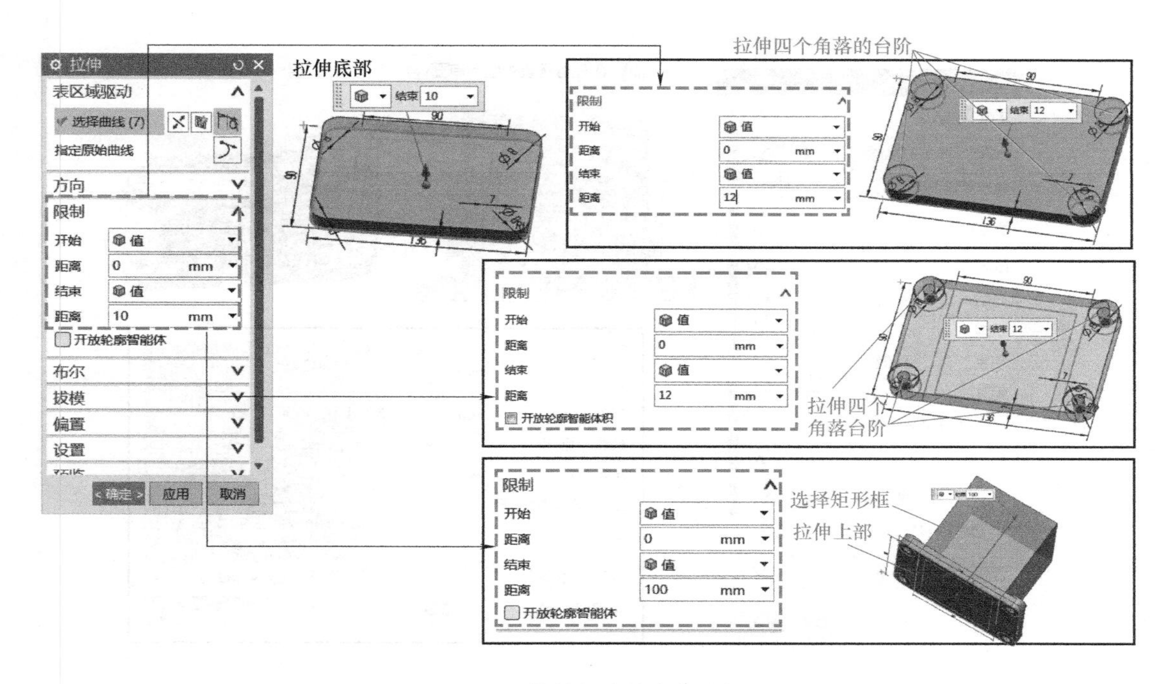

图 9-30　拉伸机座的主体特征

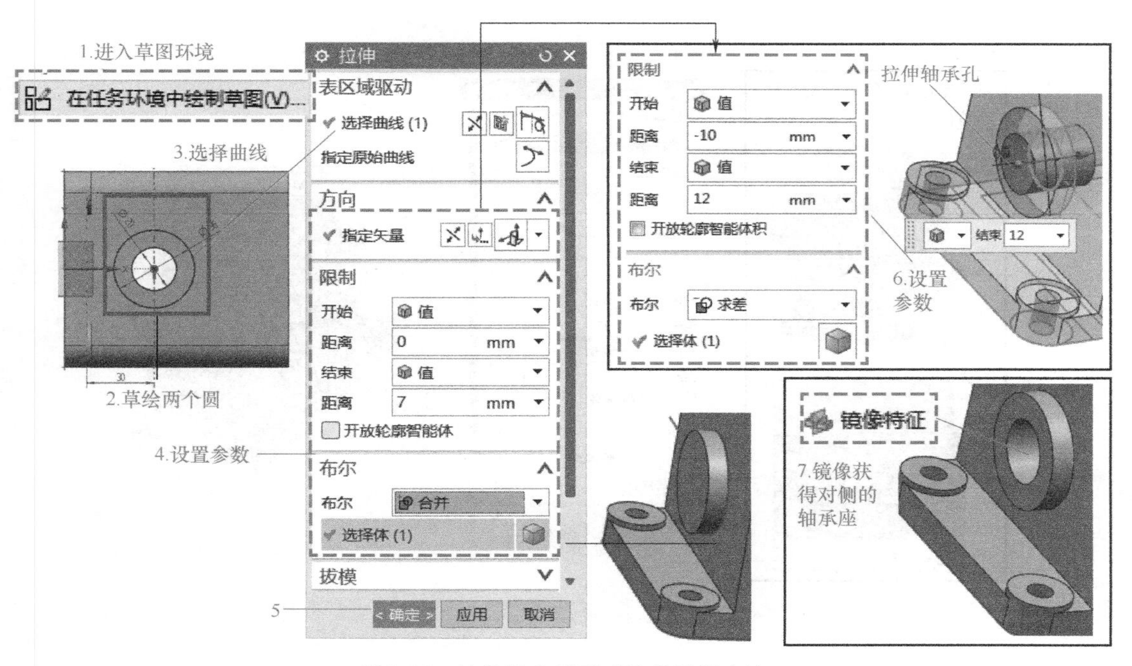

图 9-31　拉伸机座侧面对称的轴承座孔

步骤 5：用“拉伸”命令创建机座单侧的轴承座孔 1，如图 9-32 所示。

步骤 6：用“拉伸”命令创建机座单侧的轴承座孔 2，如图 9-33 所示。

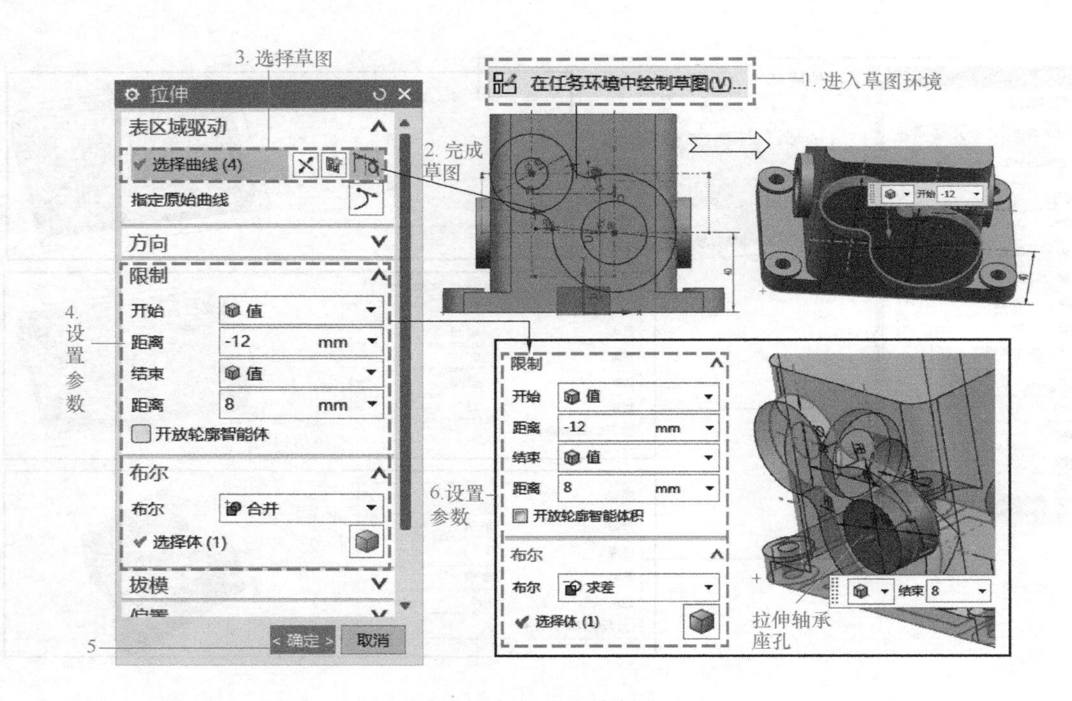

图 9-32　拉伸单侧轴承座孔 1

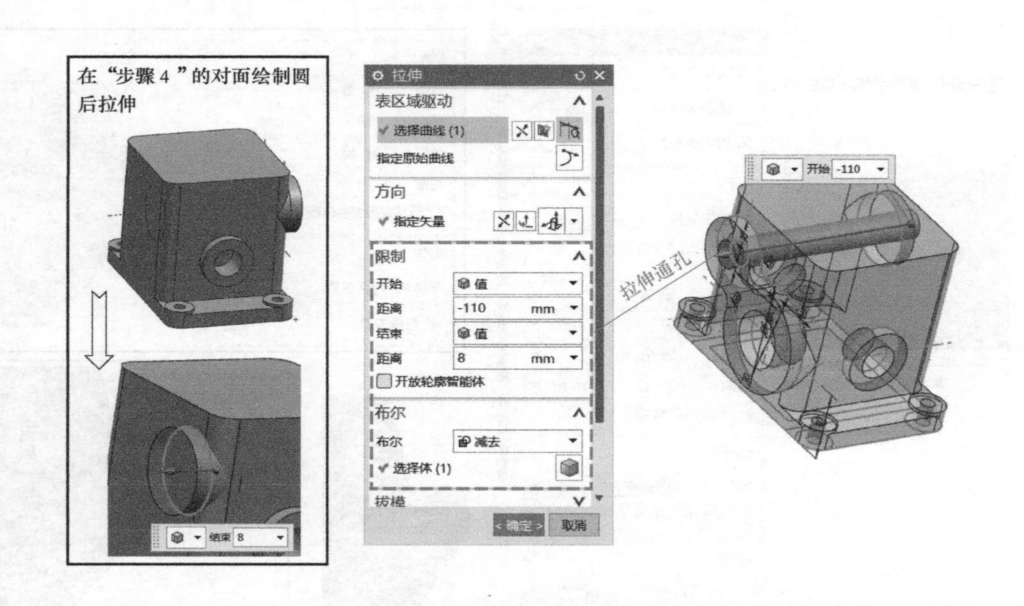

图 9-33　拉伸单侧轴承座孔 2

步骤 7：用“拉伸”命令创建机座中部的贯通孔，如图 9-34 所示。

步骤 8：完成倒圆角操作，完成模型创建，如图 9-35 所示。

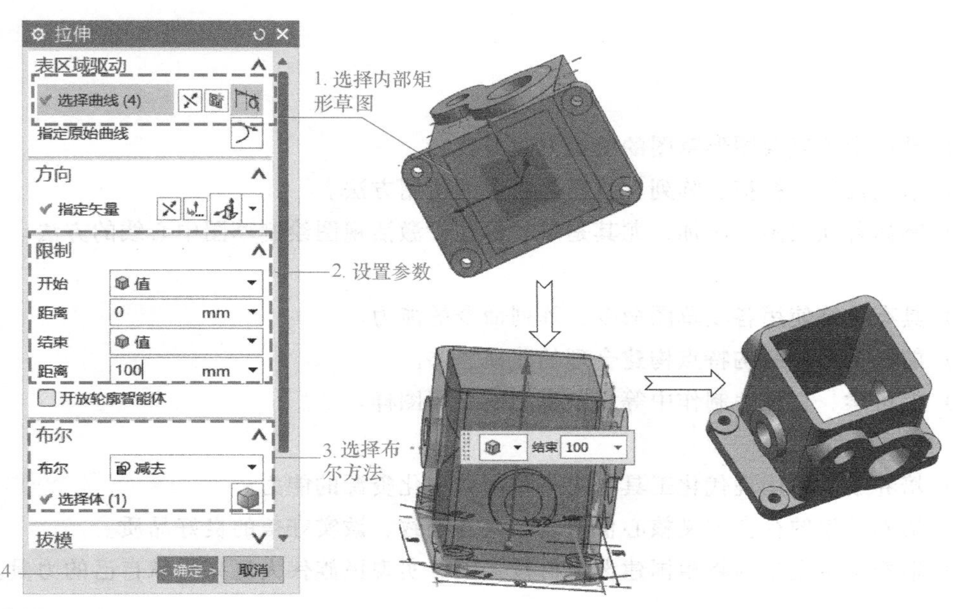

图 9-34　拉伸机座中部的贯通孔

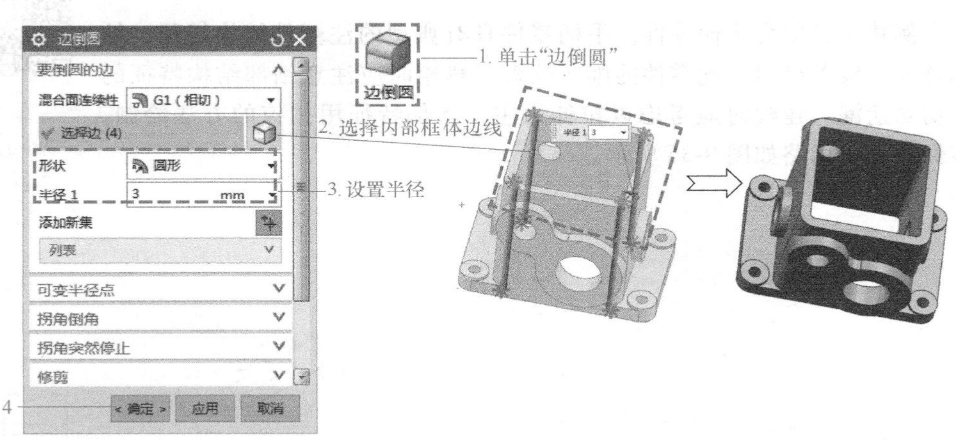

图 9-35　内部边线倒圆角

9.3.4　工程图设计

9.3.4　机座的工程图设计

该实例的工程图设计过程较为简单，可参考 7.9 节中的实例，此处不再介绍。

9.4　实例四　手柄的建模与工程图设计

本实例为读者介绍手柄的三维建模及其工程图制作方法。要求读者在理解零件三维结构的基础上，合理构建产品的建模思路，在 UG NX 软件中选择合适的命令完成零件的建模，要求结构特征完整、尺寸正确；制作工程图时，要求读者能正确选择视图表达零件的轮廓，且图样信息标注正确、完整。

9.4.1 学习目的

1. 知识目标

1）掌握中等复杂图形草图的绘制方法与技巧。

2）掌握拉伸、扫掠、阵列、拔模等命令的使用方法。

3）掌握各项视图的添加，尤其是尺寸标注、激活视图绘制草图中心线的方法。

2. 技能目标

1）具有熟练使用各项草图命令、阵列命令的能力。

2）能根据零件结构特点构建合理的建模思路。

3）能科学、合理地制作中等复杂模型的工程图样。

3. 素质目标

1）培养学生使用现代化工具收集与整理数字化资源的能力。

2）培养学生的社会主义核心价值观和认真细致、诚实守信的良好品质。

3）培养学生立志为将祖国建设为科技强国、实现民族伟大复兴贡献自己的力量。

9.4.2 建模思路分析

9.4.2 手柄零件的建模思路分析

本实例建模案例为手柄零件。手柄零件具有典型的注塑件结构特征，结构匀称合理，线条优美。此零件的细节较多，草绘时应注意细部结构特征的绘制，切勿遗漏。建模时应考虑以拉伸为主，环部特征用扫掠的方法绘制。手柄零件的建模思路如图 9-36 所示。

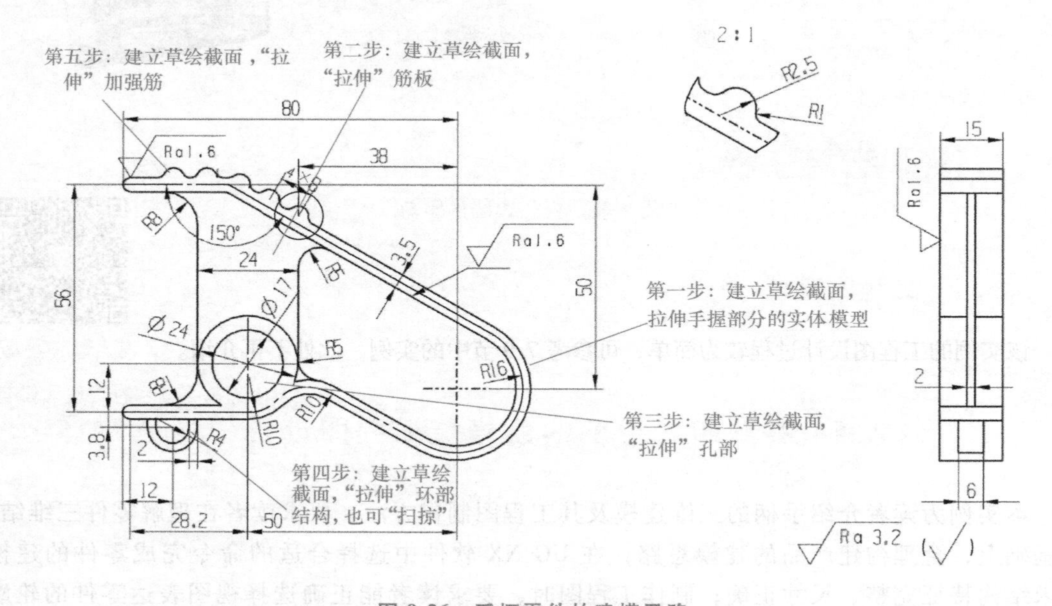

图 9-36 手柄零件的建模思路

9.4.3　建模过程

依据建模思路，介绍每一步的详细操作。

步骤1：启动软件，新建模型，完成基础设置，如图9-37所示。

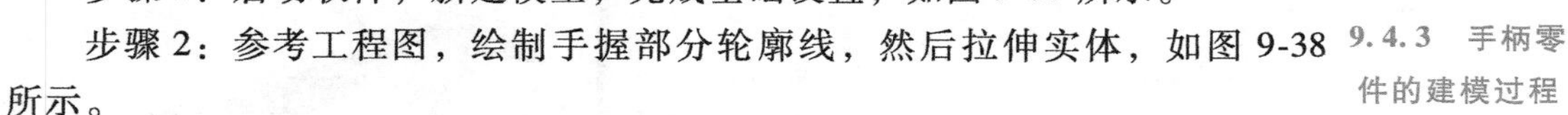

步骤2：参考工程图，绘制手握部分轮廓线，然后拉伸实体，如图9-38所示。

9.4.3　手柄零件的建模过程

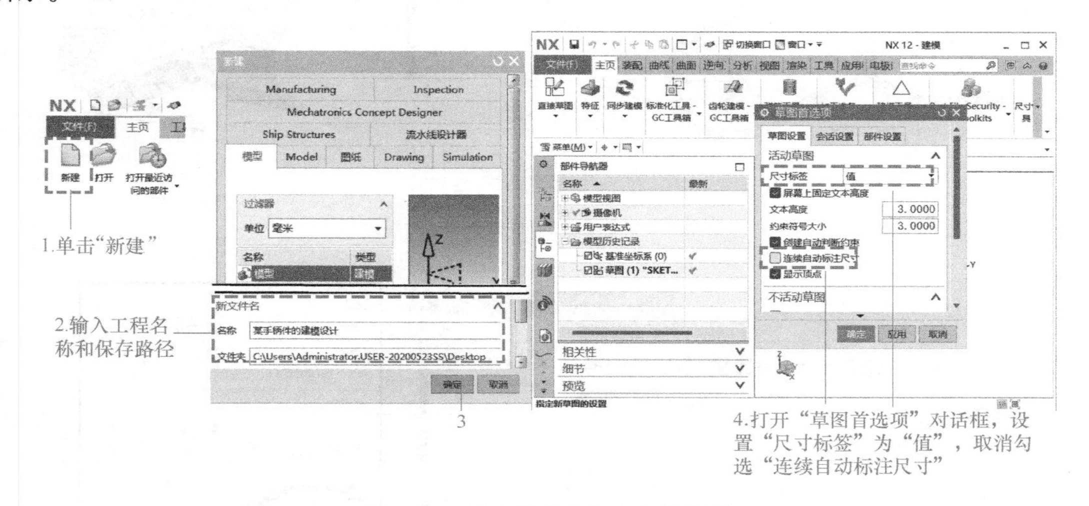

图9-37　新建模型并完成基础设置

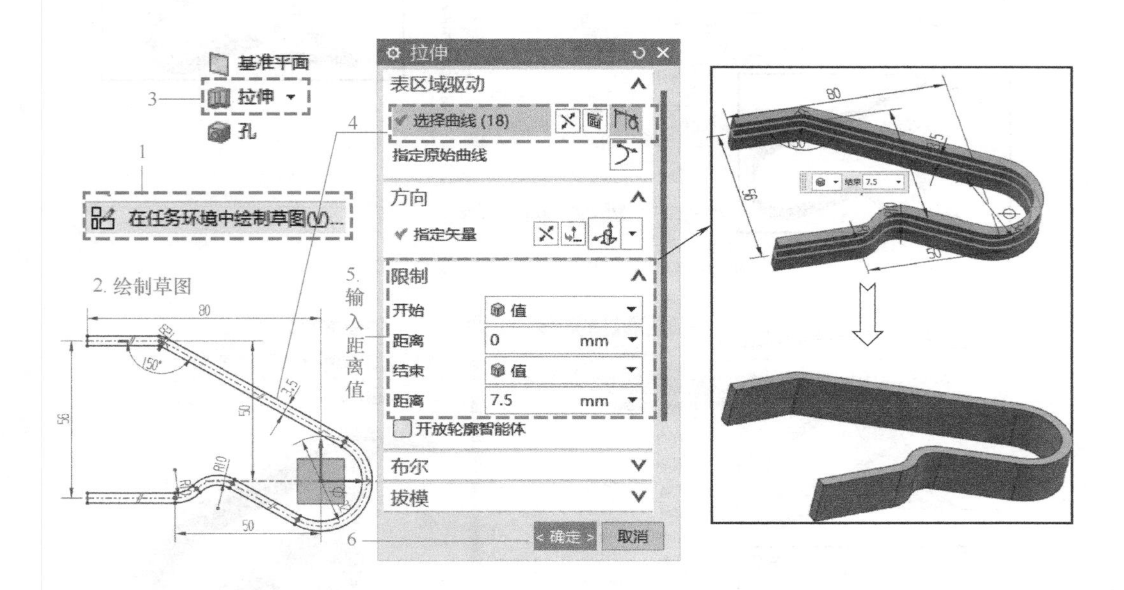

图9-38　完成手握部分的实体建模

步骤3：参考工程图，绘制中部筋板的轮廓线，然后拉伸实体，如图9-39所示。

步骤4：参考工程图，绘制筋板上孔的轮廓线，然后拉伸实体，如图9-40所示。

步骤5：参考工程图，绘制环部特征的草图，然后拉伸实体，如图9-41所示。

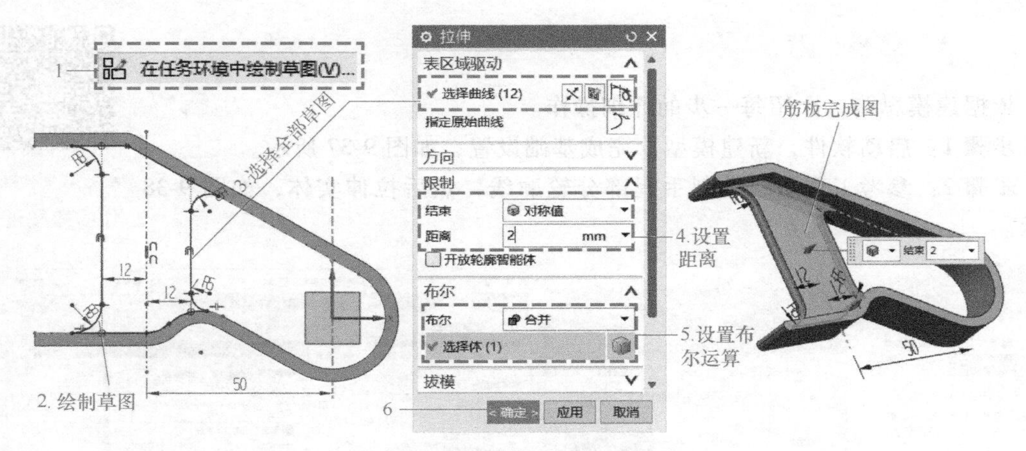

图 9-39　完成中部筋板的实体建模

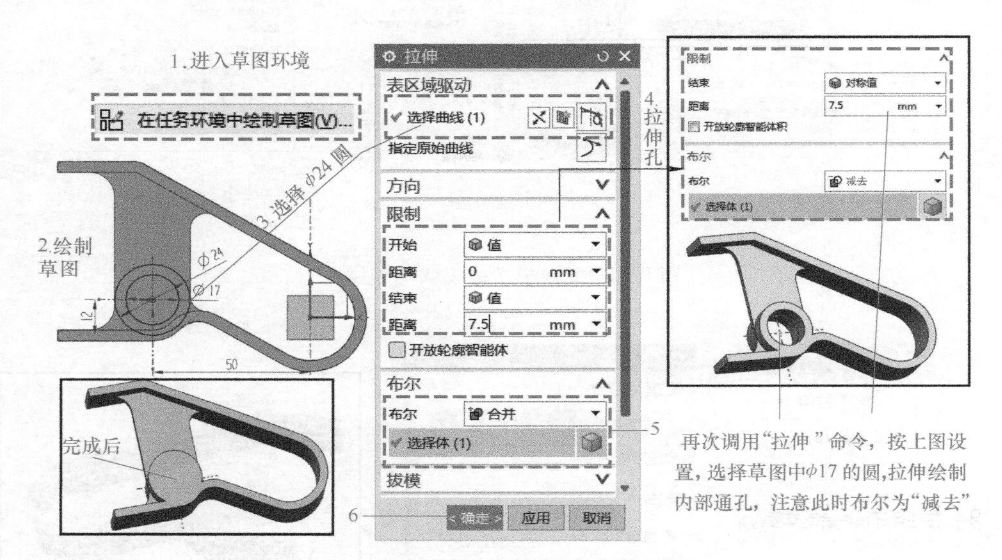

图 9-40　完成筋板上孔的实体建模

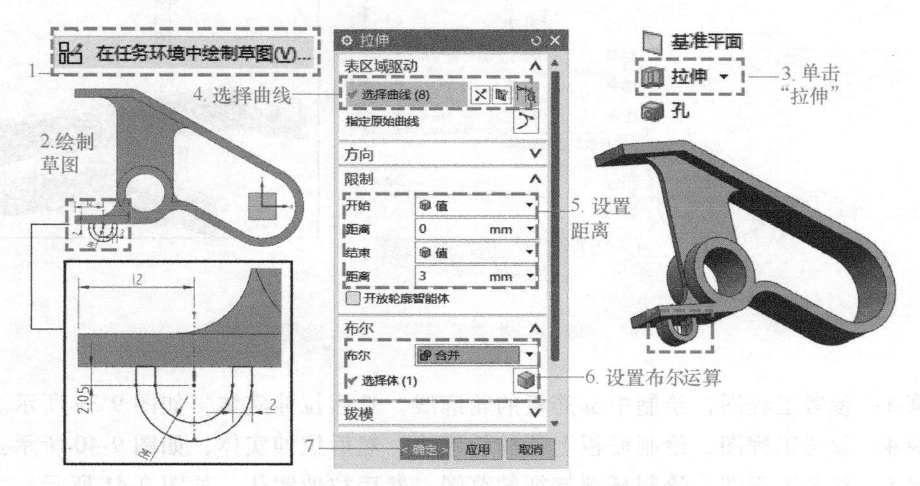

图 9-41　完成环部特征的实体建模

步骤 6：绘制加强筋特征的草图，然后拉伸创建实体，如图 9-42 所示。

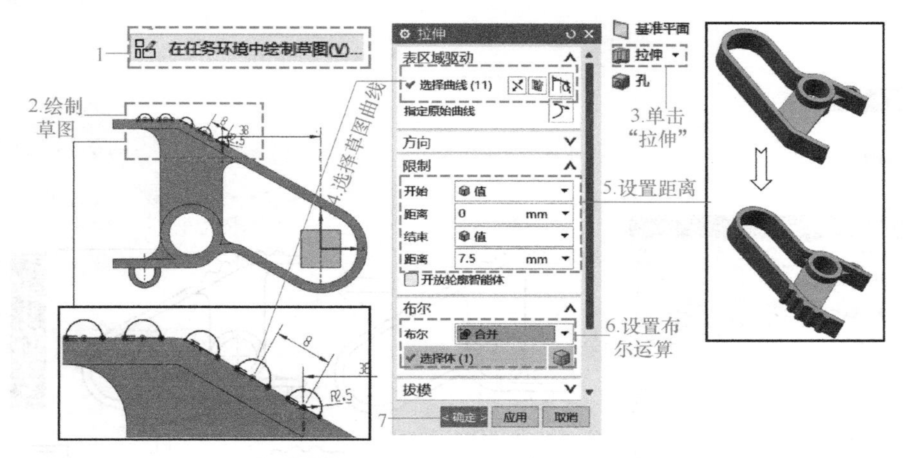

图 9-42　绘制加强筋

步骤 7：对图样要求的各处进行边倒圆，完成实体模型的创建，如图 9-43 所示。

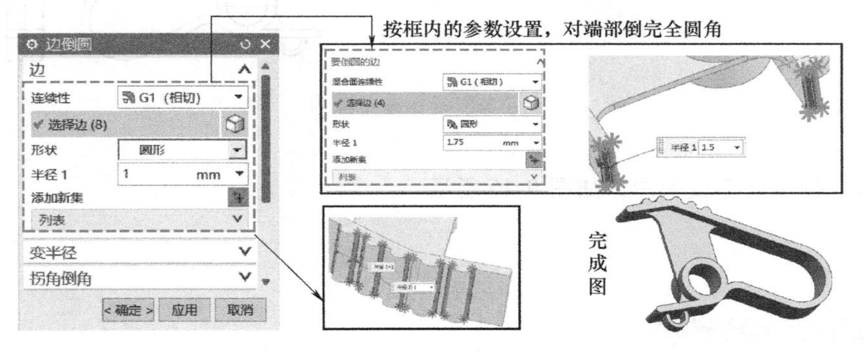

图 9-43　完成边倒圆特征

9.4.4　工程图设计

9.4.4　手柄零件的工程图设计

步骤 1：新建图纸页，调入标题栏，如图 9-44 所示。

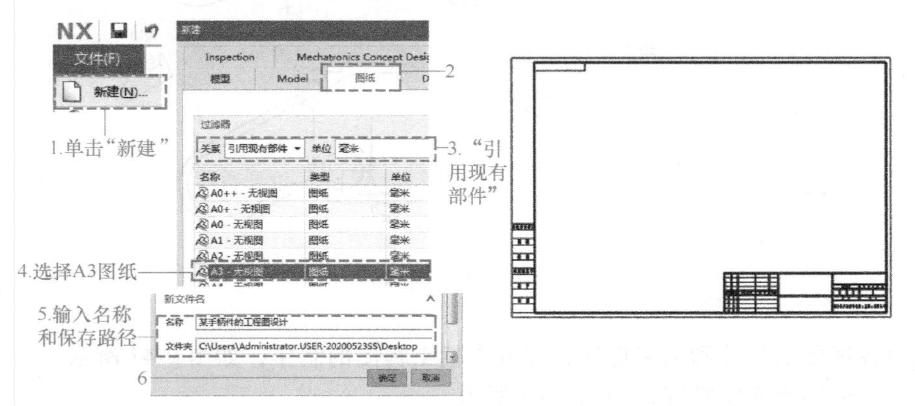

图 9-44　新建图纸页

步骤 2：创建基本视图，即主视图和左视图，如图 9-45 所示。

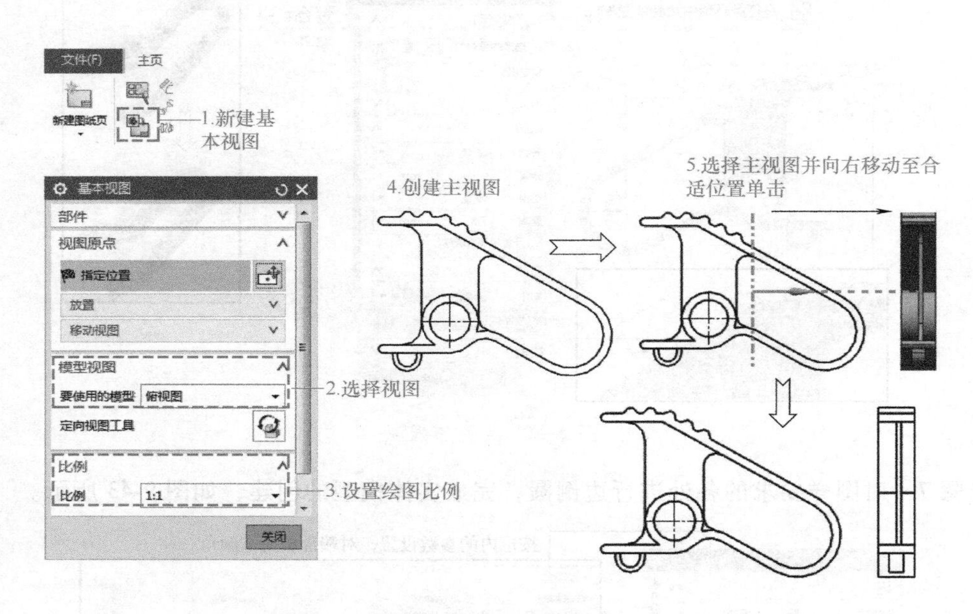

图 9-45　创建基本视图

步骤 3：创建局部放大图，如图 9-46 所示。

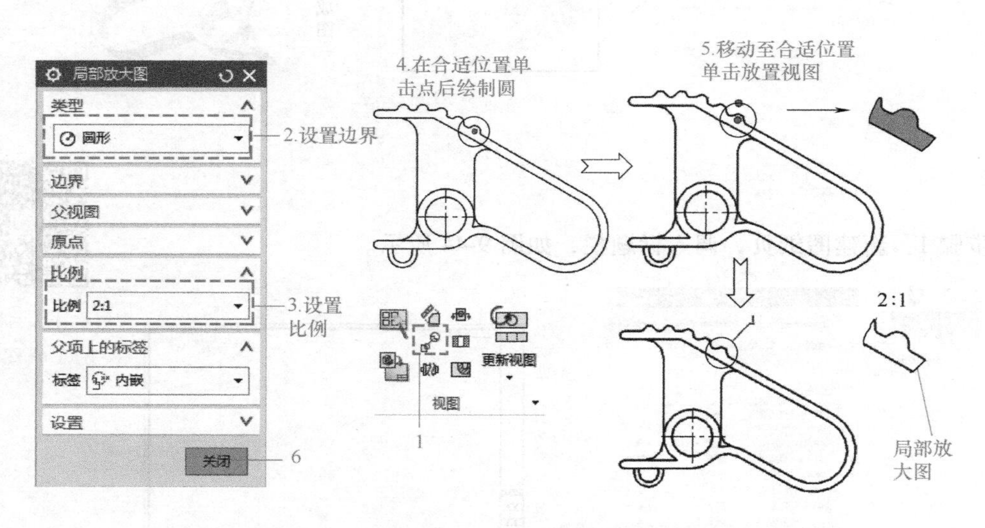

图 9-46　创建局部放大图

步骤 4：创建各视图的尺寸和文字标注，完成手柄工程图的制作，如图 9-47 所示。

步骤 5：标注零件的表面粗糙度，如图 9-48 所示。

步骤 6：创建正等测视图和技术要求，完成工程图的制作，如图 9-49 所示。

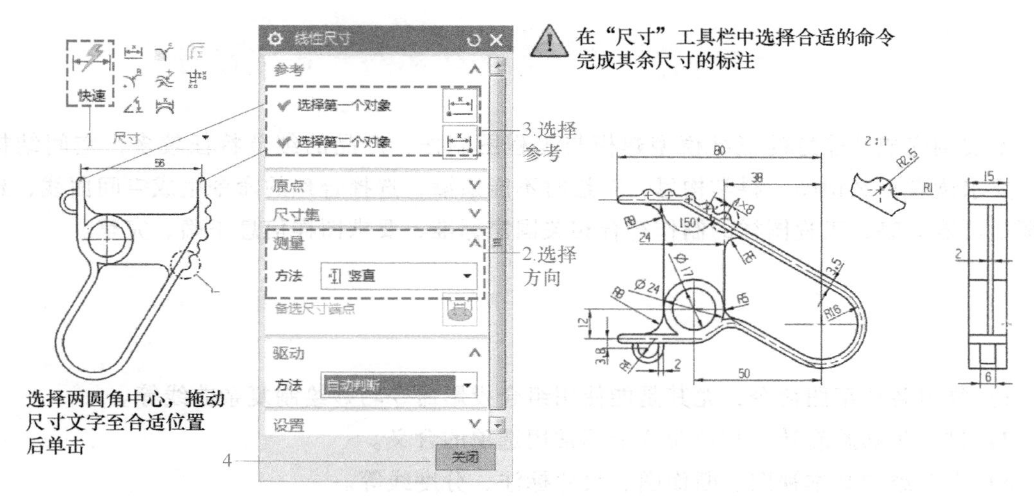

图 9-47　标注各视图的尺寸和文字标注

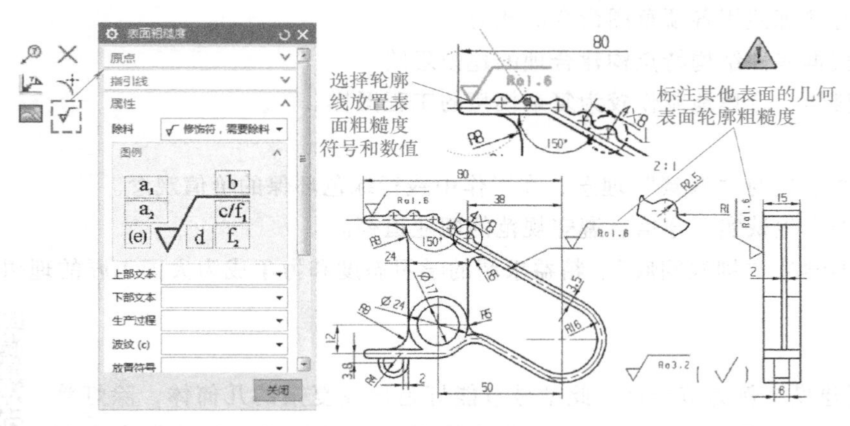

图 9-48　标注零件的表面粗糙度

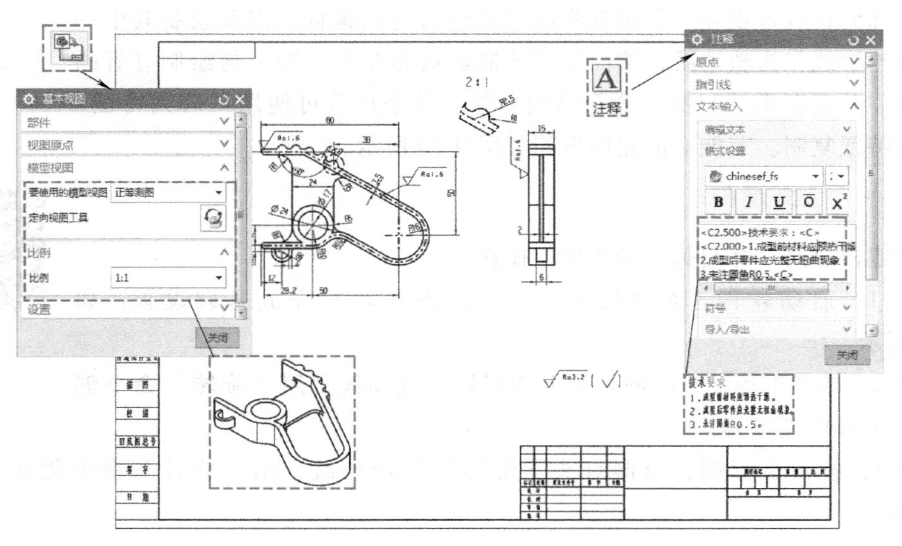

图 9-49　创建正等测视图和技术要求

9.5　实例五　节能灯的建模与工程图设计

本实例完成节能灯的三维模型建模与工程图制作，产品的细节特征较多，空间结构复杂，要求读者正确识图、科学构思，草绘时不能遗漏，选择合理的命令生成空间曲线，建模步骤尽可能简略；工程图样的制作符合相关国家标准，要求图样信息正确、完整。

9.5.1　学习目标

1. 知识目标

1）复习各项草图命令，尤其是能使用组合投影命令巧妙绘制复杂曲线等。

2）进一步熟悉旋转、扫掠命令中不常用选项的含义。

3）学会添加基本视图、断面图、尺寸标注、分度线等。

2. 技能目标

1）具有熟练使用各项草图命令的能力。

2）能根据零件结构特点构建合理的建模思路。

3）能科学、合理地制作较为复杂模型的工程图样。

3. 素质目标

1）树立学生的“双碳”理念，在工作中践行绿色环保的价值观念。

2）培养学生诚实、守信、遵守规范的职业道德。

3）培养学生“刨根问底”、精益求精的学习态度和力争成为大国工匠的理想抱负。

9.5.2　建模思路分析

9.5.2　节能灯的建模思路分析

本实例建模案例为节能灯。此型号节能灯是比较复杂的几何体，除灯管之外的结构特征是回转体，可以绘制截面轮廓之后再调用“旋转”命令创建；灯管部分比较难创建，仔细观察后可知灯管为扫掠体，需要绘制其中一根灯管的轮廓线作为轨迹线，然而如何绘制此线是难点，随后再绘制灯管的截面轮廓，其后调用“扫掠”命令绘制灯管，其余灯管可使用“阵列特征”命令完成特征复制。节能灯的建模思路如图 9-50 所示。

9.5.3　建模过程

9.5.3　节能灯的建模过程

依据建模思路，介绍每一步的详细操作。

步骤 1：启动软件，新建模型，进入绘图模块并完成基础设置，如图 9-51 所示。

步骤 2：参考工程图，绘制灯头上部回转体剖切线，用“旋转”命令创建实体，如图 9-52 所示。

步骤 3：参考工程图，绘制灯头下部回转体剖切线，用“旋转”命令创建实体，如图 9-53 所示。

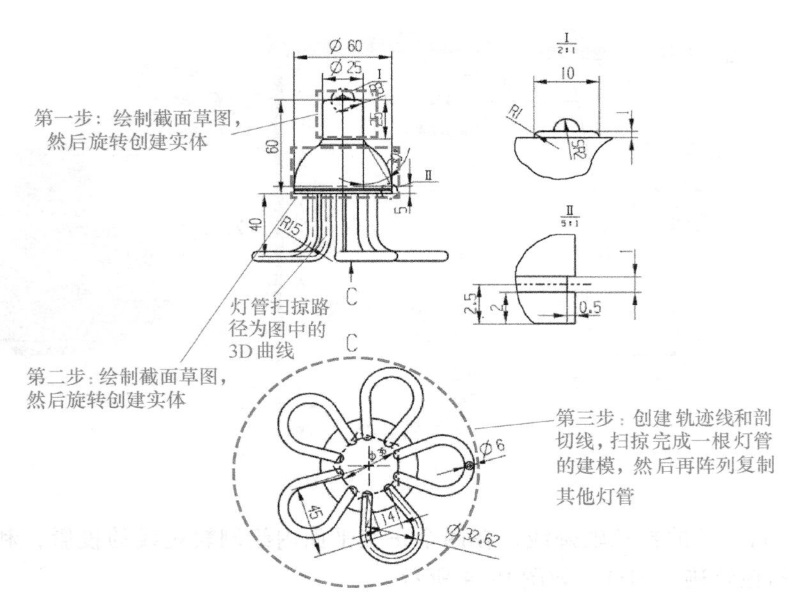

图 9-50　节能灯的建模思路

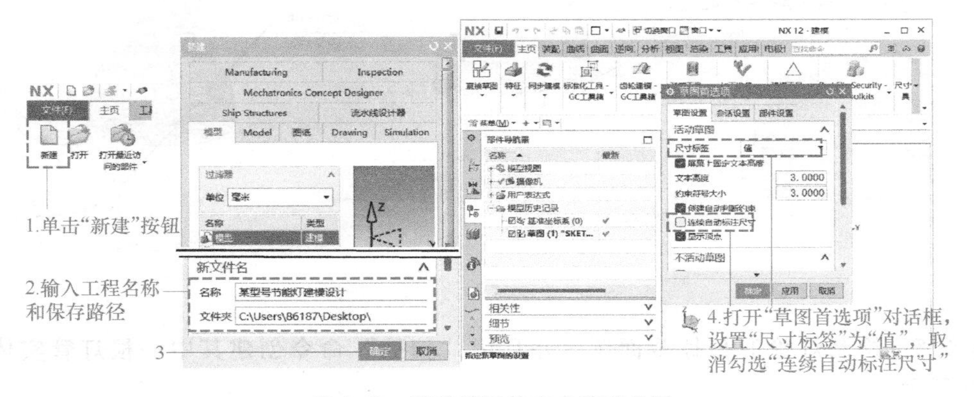

图 9-51　新建模型并完成基础设置

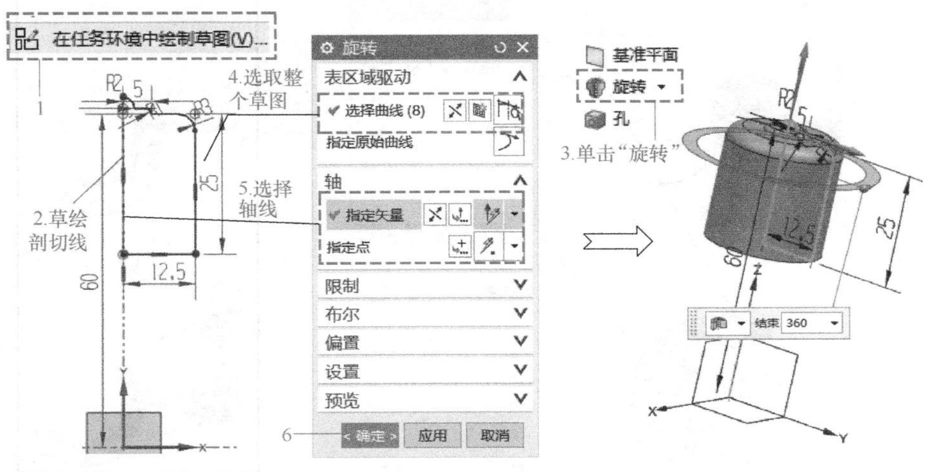

图 9-52　绘制灯头上部实体结构

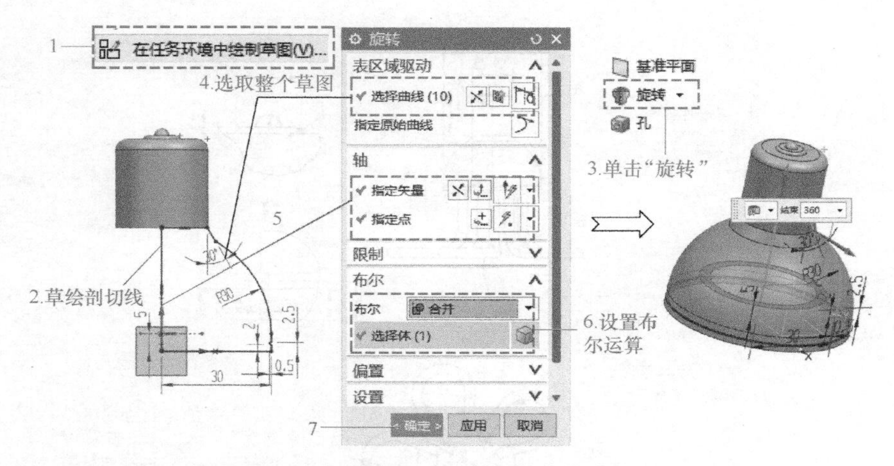

图 9-53　绘制灯头下部回转体结构

步骤 4：绘制灯管的扫掠轨迹线，在两个正交平面内绘制轨迹线的投影，利用“组合投影”命令绘制扫掠轨迹（3D），如图 9-54 所示。

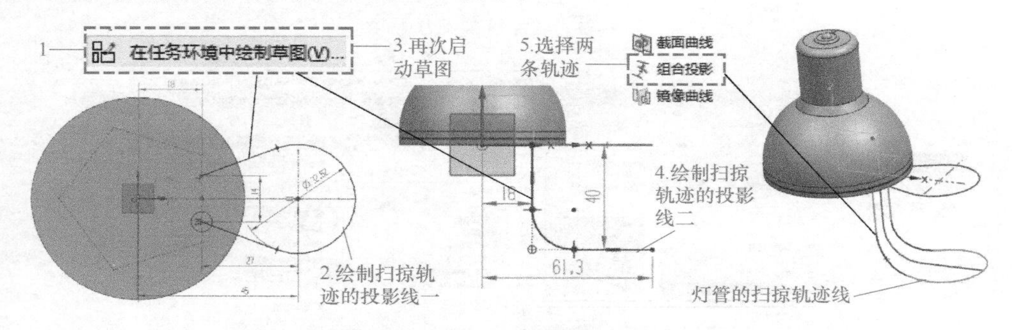

图 9-54　绘制灯管的扫掠轨迹线

步骤 5：绘制灯管的扫掠截面圆，并且用“扫掠”命令创建其中一根灯管实体，如图 9-55 所示。

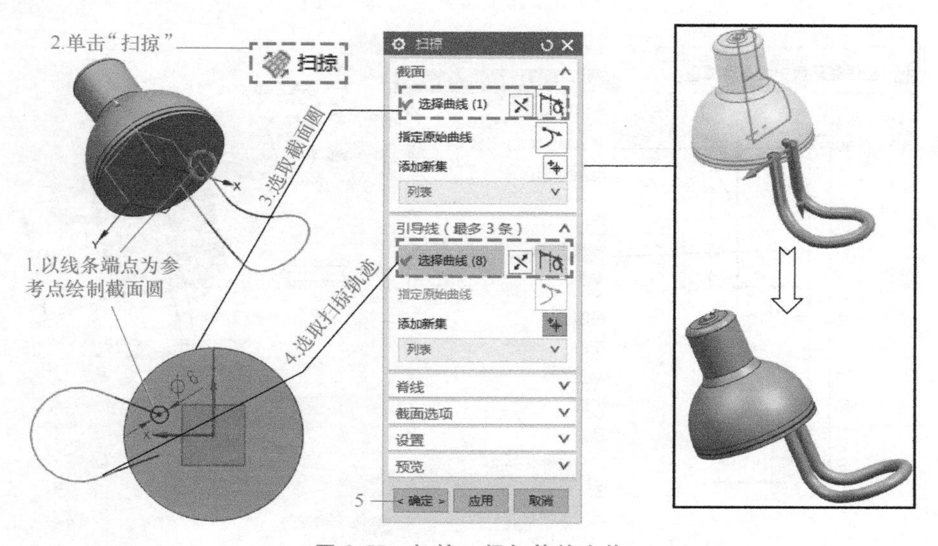

图 9-55　扫掠一根灯管的实体

步骤 6：选择灯管实体进行阵列操作，完成其余灯管实体的创建，完成建模，如图 9-56 所示。

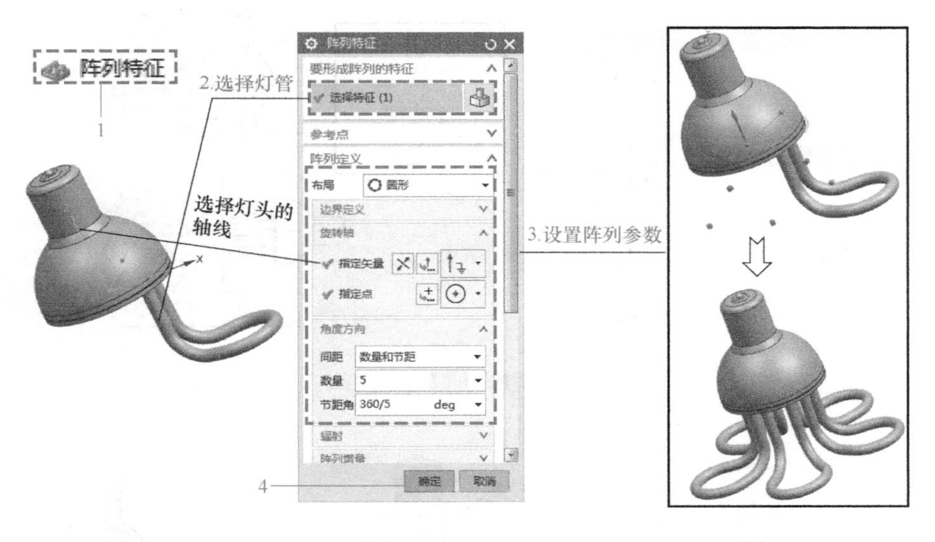

图 9-56　阵列复制其他灯管实体

9.5.4　工程图设计

步骤 1：新建图纸页，调入标题栏，如图 9-57 所示。

9.5.4　节能灯的工程图设计

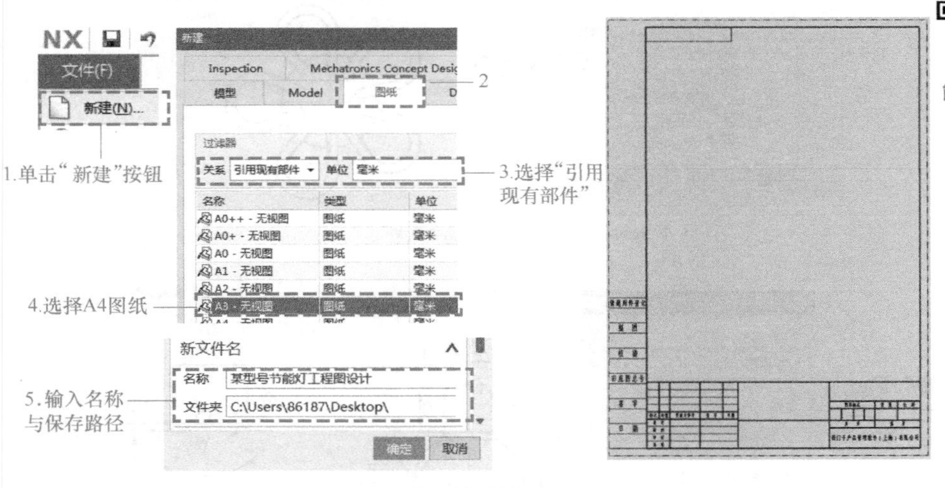

图 9-57　新建图纸页

步骤 2：创建基本视图和向视图，如图 9-58 所示。

步骤 3：创建灯管的断面图，如图 9-59 所示。

步骤 4：插入局部放大图，如图 9-60 所示。

步骤 5：创建各视图的尺寸和文字标注，完成某型号节能灯的工程图制作，如图 9-61 所示。

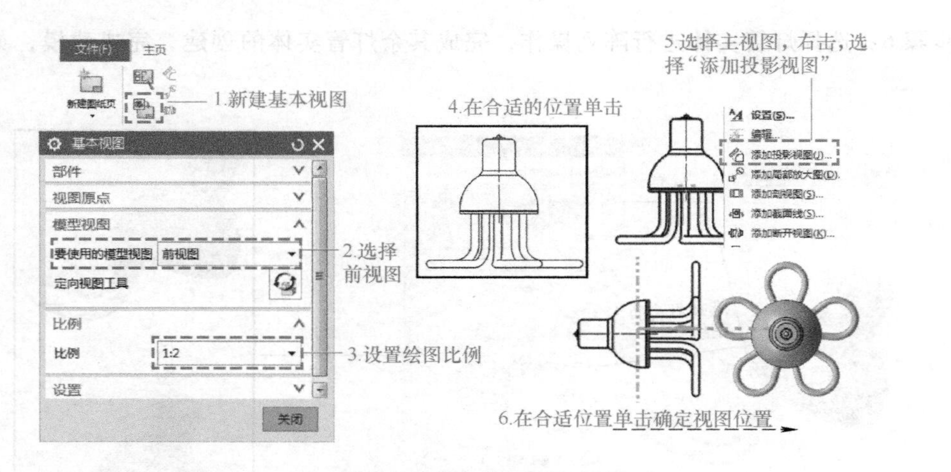

图 9-58　创建基本视图和向视图

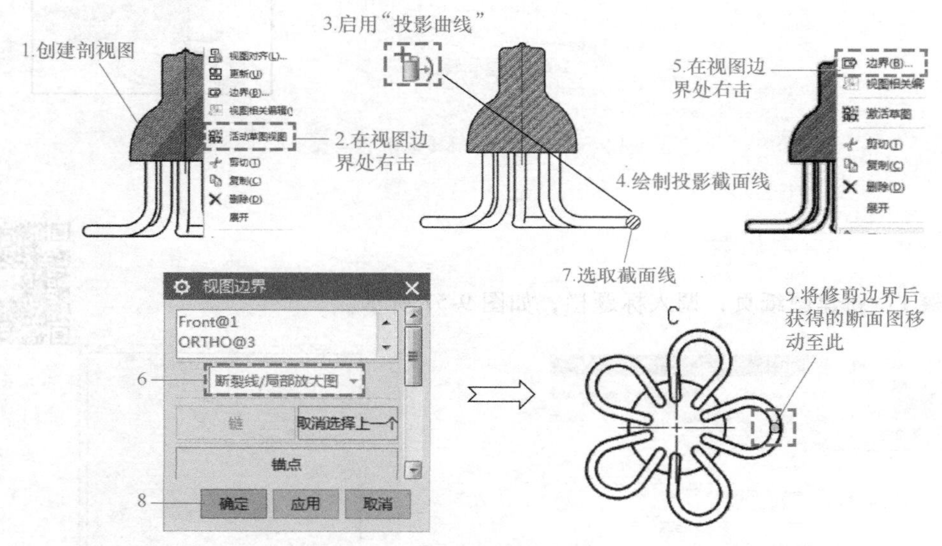

图 9-59　创建灯管的断面图

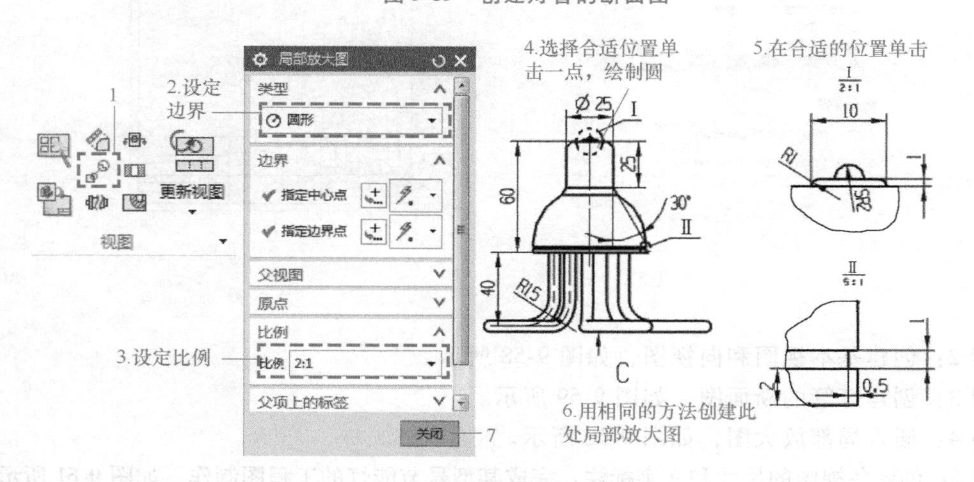

图 9-60　插入局部放大图

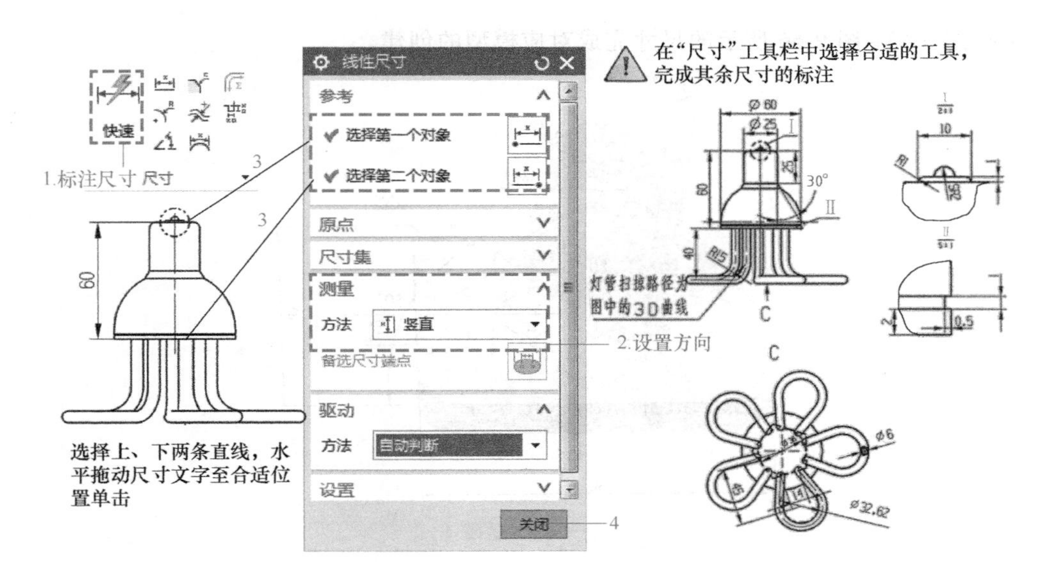

图 9-61　标注尺寸及文字

步骤 6：创建正等测视图，完成工程图的制作，如图 9-62 所示。

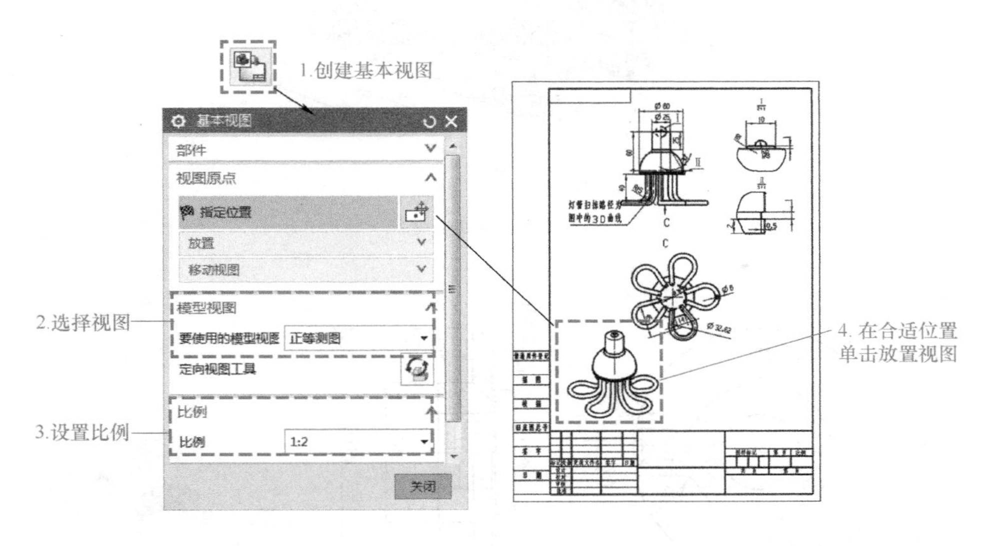

图 9-62　创建正等测视图

习　题

请按图 9-63 ~ 图 9-66 所示的尺寸完成对应模型的创建。

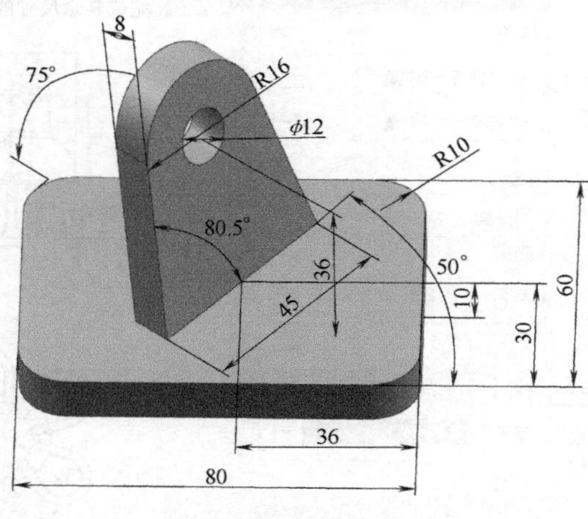

图 9-63　题图 1

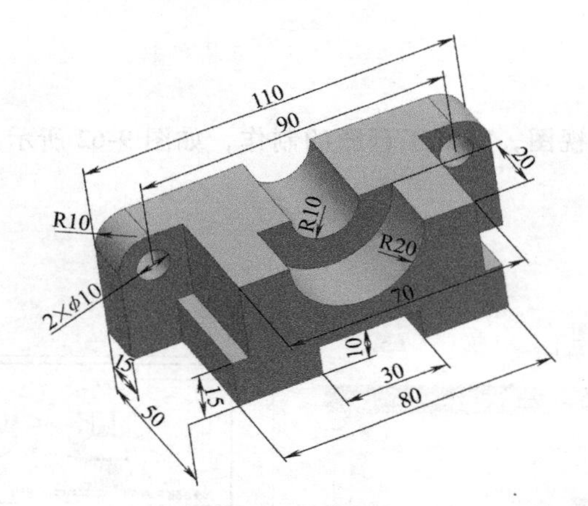

图 9-64　题图 2

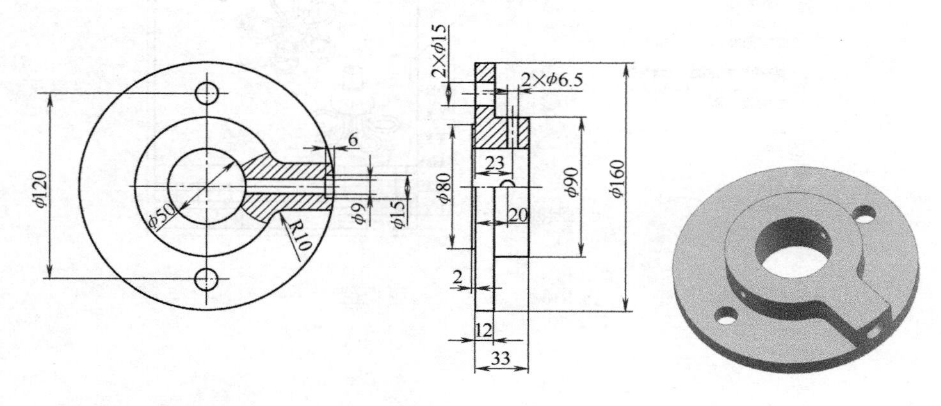

图 9-65　题图 3

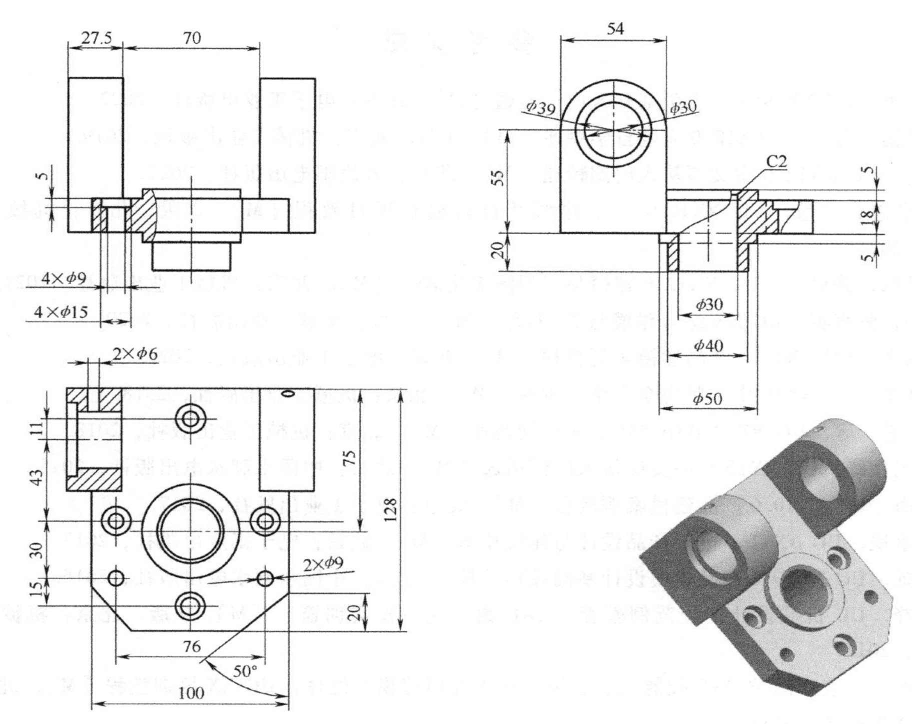
27.5
70
5
4×ϕ9
4×ϕ15
54
ϕ39
ϕ30
C2
55
20
5
18
5
ϕ30
ϕ40
ϕ50
2×ϕ6
11
43
30
15
75
128
2×ϕ9
20
76
50°
100

图 9-66　题图 4

参考文献

[1] 张云杰. UG NX1953 中文版基础入门一本通 [M]. 北京：电子工业出版社，2022.

[2] 钟日铭，等. UG NX12.0 完全自学手册 [M]. 4版. 北京：机械工业出版社，2019.

[3] 刘生. UG NX12.0 中文版从入门到精通 [M]. 北京：人民邮电出版社，2021.

[4] 徐家忠，金莹. UG NX10.0 三维建模及自动编程项目教程 [M]. 2版. 北京：机械工业出版社，2021.

[5] 王灵珠，许启高. UG NX12.0 建模与工程图实用教程 [M]. 北京：机械工业出版社，2021.

[6] 张伟，张海英. UG NX 综合建模与3D打印 [M]. 北京：机械工业出版社，2020.

[7] 陈丽华. UG NX12.0 产品建模实例教程 [M]. 北京：电子工业出版社，2020.

[8] 孔祥臻. UG NX10 中文版完全自学一本通 [M]. 北京：机械工业出版社，2018.

[9] 胡仁喜，等. UG NX12.0 中文版从入门到精通 [M]. 北京：机械工业出版社，2018.

[10] 天工在线. UG NX12.0 中文版从入门到精通 [M]. 北京：中国水利水电出版社，2018.

[11] 刘海. UG NX10.0 产品建模案例教程 [M]. 北京：电子工业出版社，2017.

[12] 付永民. UG NX11.0 电子产品设计与建模技术 [M]. 北京：电子工业出版社，2017.

[13] 刘帅. UG NX10.0 产品建模设计基础教程 [M]. 北京：中国水利水电出版社，2016.

[14] 袁锋. UG 机械设计工程范例教程（CAD数字化建模实训篇） [M]. 3版. 北京：机械工业出版社，2015.

[15] 魏峥. 工业产品类CAD技能二、三级（三维几何建模与处理）UG NX 培训教程 [M]. 北京：清华大学出版社，2011.